小野泰著

汲古叢書94

宋代の水利政策と地域社会

汲古書院

宋代の水利政策と地域社会

目　次

第一部　宋代の水利政策 …… 3

宋代の水利政策と地域社会

第一部　宋代の水利政策

序　章（問題提起）

《要約》

宋代史の特徴は、君主独裁制の確立と、社会経済の発展、庶民文化の普及に見いだせるであろう。本研究は、宋代社会経済の発展を基礎から支えた水利の問題を、軍事・治水・農政・漕運といった全体の政策面と、湖田問題・流域開発・州城の治水といった地域社会面との視点から、それぞれ考察することを、主たる目的とする。(1)

第一部・宋代の水利政策

序章「問題提起」　本研究全体の問題提起。第一章「宋代水利政策の展開とその特徴」　北宋期を中心に政治・財政面から概論する。第二章「宋代運河政策の形成」　北宋期の淮南を中心に考察する。第三章「宋代治河政策の諸問題」　北宋期の黄河治河論争を中心に考察する。第四章「南宋時代の水利政策」　高宗期の終わり頃から孝宗期について、漕運体制の再編と圩田政策の推移から考察する。

第二部・地域社会と水利

第一章「明州における湖田問題」　北宋末・南宋初の守湖派と廃湖派の論争を中心に考察する。第二章「広徳湖・東銭湖水利と地域社会」　明州での水利田開発の実相を、二つの湖水の荒廃を通して考察する。第三章「浙東台州の水利開発」　台州黄巌県について、南宋中期の提挙常平朱熹との関わりを軸に、開発に携わった人々の分析を通じて考察する。第四章「浙東台州の都市水利」　台州城の修築と治水対策の問題を、地方志と文集の記事を基に考察する。

概観

宋代の水利政策は、多岐にわたっている。㈠宋初は軍事目的の塘泊や屯田の設置が中心であり、㈡江南が版図に入ると、この地の水利開発や、塩田等、瀕海の基盤整備が主要な課題となってくる。これらの開発や整備は、承平の代で、人口増・経済の活況に因る所が大きいが、真宗朝の景徳元年（一〇〇四）の対遼「澶淵の盟」の結果、財政負担が急増した事に起因している。仁宗慶暦年間前半のいわゆる「慶暦の治」は、言路を開き、欧陽脩・范仲淹らの若手・中堅官僚が政界に進出し、彼ら南人の意見が一定採用されると同時に、南方（江南・東南）の様々な基盤整備が始まった事を意味する。㈢軍事的な緊張に即応するため、漕運により、国都にまた北辺に軍糧その他を輸送するシステムが整備された。一方で、軍糧・塩・茶等の様々な物資を流通する過程で、各地の中核都市が発達し、さらには市鎮網が急速に拡がっていった。㈣また、宋代は、黄河が度々決壊・氾濫を繰り返し、その流路をめぐるいわゆる「回河論争」が展開した。新法・旧法対立時期には、災異説・天譴論がたたかわされた。㈤王安石による新法の実施は、水利政策にも大きな影響を及ぼした。積極策としての水利開発だけでなく、黄河治水、汴河の多目的利用としての淤田法、漕運の改革とそれに従事する衙前や胥吏の改革、水利に関する資金源の再編成など、多岐にわたる。他方、対するいわゆる旧法党の反対論は、単に祖宗の法を墨守するだけの守旧派、既得権益を甘受する封建勢力と位置づけるだけでは、当時の時代相を十分に反映できない。問題点・共通点・後世への影響を的確に捉えていく事が肝要である。その後、政争等、政治の乱れで北宋は弱体化し、滅亡するのだが、その政治は、水利政策の上にどのように反映されていったのかを検討していく事が必要となろう。

一、宋代前期の農業政策全般

一般に、宋代の経済に関するイメージは、五代の分裂・武断政治を克服し、北方民族に対する軍事的劣勢に悩みながらも、東南六路を開発し、漕運を実施、商人の活動が盛んとなり商品流通も発達、経済は大いに発展した、というものであろう(2)。しかし、建隆元年（九六〇）当初から、統一的な農政、六〇〇万石の開封への漕運政策が実施されていた訳ではない。建国当時は華北中心の北方政権であり、たとえ統一は視野に入れていたとしても、実際には地方政権であり、五代以来の農政や税体系の特徴を備えていたはずである。更に、加えて言うならば、五代十国の分裂対立時期に、宋代の南方発展（呉越国、後の両浙路など）の基礎が築かれていたことが、例証されている。

清徐松等編『宋会要輯稿』（以下、『宋会要』と略記）食貨一一―二六、戸口雑録には、

太祖開寶九年（九七六）、天下主客戸三〇九萬〇五〇四
太宗至道三年（九九七）、天下主客戸四一三萬二五七六
眞宗天禧五年（一〇二一）、天下主客戸八六七萬七六七七、：口一九九三萬〇三二〇
仁宗天聖七年（一〇二九）、天下主客戸一〇一六萬三六八九、：口一六五四萬一二二八

とあり、宋の建国から一六年後及び六九年後までの五〇余年の間、主客戸の捕捉数は約三、三倍に増加している。いわゆる十国の平定過程をまず李燾編『続資治通鑑長編』（以下、『長編』と略記）から見ていく。

建隆元年（冬十月）壬申、……有司請ふらくは、諸道が具する所の版籍の數に據りて天下の縣望を升降せんことを、と。四千戸以上を以て望と爲す、仍ほ請ふらくは、三年に一たび戸口の籍を責し、別に升降を定めんことを、

と。之に從ふ。總べて九十六萬七千三百五十三戸。（按ずるに、總數符はず。應に九十六萬七千四百四十三戸に作るべし。）此れ國初版籍の數也。

（『長編』巻一）

とあるように、建国当初の主客戸数は、僅かに一〇〇万戸弱に過ぎなかった。当然、租税や農業政策も、この版籍数から出発したはずである。建隆元年に宋朝政権が成立した当初は、江南の大部分はまだその版図に入っておらず、順次平定していく過程で、十国各国の税制を踏襲、軽徭薄賦とは称されるものの、付加税の一部政策的な撤廃に止まっていた。また、形勢版簿も申告制であり、正確な土地面積の測量は実施されていなかった。税額は原額主義に基づいており、増税は本来企図していなかったとされる。さまざまな制度が未整備であり、それらの優先順位は、平和裏に国内を再統一する事を前提としつつ、①対北方戦線・軍団の維持、及び軍制の整備、②軍糧・物資等の補給路、及び供給システムの整備、③民生の安定、及び協力体制の確立、等であったと考えられる。江南の編入は、遅れて太宗の代、開宝八年（九七五）の南唐、太平興国三年（九七八）の呉越の降伏まで待つ事になる。一方で漕運路の整備はそれ以前から始まり、新たな支配地の軍糧も始めとする軍需物資を、いかに京師に集め、そしてそこから前線に送るかという重要且つ根本的な課題を解決する有効な策が求められていた。こうした軍糧・物資の大量輸送は、現実問題として官費や徭役のみでは到底不可能で、いきおい商人達の協力が必要となる。そこで、塩引（専売品である塩の販売許可証）をはじめとする様々な物資（茶・明礬・酒等）の営業許可証の交付と引き換えに、彼ら商人達の資本力を利用した輸送・流通体制が構築される。宋朝は農業生産に特に留意し、水利開発等を積極的に行ったとされる。

『長編』等で、①十国平定順と地域、②漕運関連年表等を作成し、両者の関係を眺めると、宋初華北においては、人口は相対的に多く、農業技術も高かったが、戦乱により人口流動・避難が度重なり、水利施設の荒廃が深刻で、農業生産の水準は、辛うじて自足の域を上下していただろうと、推測されている。唐代後半の時点での開発の趨勢は、『新唐書』地理志で検証が可能である。既に述べたように、十国の平定により人口と田土が増加していく中で、しかし全土で一斉に農地開発・水利開発が展開した訳ではない。冗兵・冗官の問題等により財政難が深刻となる中で、何度かの波を経て、仁宗朝の「慶暦の農政」、神宗朝の「熙寧の農政」といった、大規模な政策が実施される。

宋の領土収復年表

↓①乾徳元年二月（九六三）	南平（荊南）、三州一七県	：一四萬二三〇〇戸
↓②同年三月（九六三）	楚（湖南）、一四州・一監六六県	：九萬七三八八戸
↓③乾徳三年正月（九六五）	後蜀、四六州二四〇県	：五三萬四〇二九戸
↓④開寶四年正月（九七一）	南漢、六〇州二一四県	：一七萬〇二六三戸
↓⑤開寶八年（九七五）	南唐（江南）、一九州・三軍一〇八県	：六五萬五〇六五戸
↓⑥太平興国三年四月（九七八）	清源（閩）、二州一四県	：一五萬一九七八戸
↓⑦同年五月（九七八）	呉越、一三州一軍八六県	：五五萬〇六〇六戸
↓⑧太平興国四年五月（九七九）	北漢、一〇州一軍四一県	：三萬五二二〇戸

二、農政の発展時期

ここで考慮に入れるべきは、当時の社会・経済の変動であり、こうした変動を受けて、政策転換が行われた点である。もし、祖宗の法を変えて新たな農政を実施するとなれば、それなりの議論・手続きを経て、合意形成が図られなければならない。例えば、水利施設を復旧する場合、その規模にもよるが、受益者負担の形で、いわゆる「食利人戸」

という表現により形勢豪戸には資金・資材が、一般農民（佃戸・自作農を含む）には労働力が、それぞれ割り当てられたとして、損益の勘定が当然図られるはずである。史料上散見する、水旱災時の賑救事業とは異なり、先行投資を含む大事業となると、県・州・路、中央と、幾度もの上申を経て、官費による公金支出を願い出る場合がある。資金の回収は、民田からの租税、官田経営ならば、そこからの租税、等の形で将来的には回収可能だが、施設本体の維持管理費用にも、これ又含めて見込んでいかなければならない。このように通観していくと、如上の財政難が、遂に「積極的農政」への転換をもたらした。と同時にその推進主体が変更していく問題も含んでいる。夙に言及されているように、江南出身の官僚が次第に政権中枢に進出し始め、経済的にも大きな比重を占めつつあった。いわば、既得権益を代表する勢力と、新興勢力を代表する、それぞれの官僚やそれと結びついた商人・地主間の角逐が、次第に大きくなっていったのである。

熙寧の農政についていえば、従来から、これも指摘されているように、確かに江南の水利田開発が大幅な増加を見せている。また、同時に、ここで検討すべき課題は、「王安石の新法」と総称されるこの時期の一連の行財政改革全体を見渡す視点である。水利田開発について言えば、『中書備対』の数字は、両浙・江東等の開発実績を雄弁に物語っているが、華北の従来からの農業先進地帯でも、水利施設がかなりの程度復旧され、生産力は回復していたはずである。更に淤田法が実施された点からも窺えるように、京畿周辺での食糧自給率を向上させることや、同様に西北諸路でも又、東南六路からの漕運依存を少しでも軽減させようとした努力の一環として、この史料全体を捉えることができるのである。こうした営為の根本にある理念は、新法・旧法勢力の対立という混乱した局面の中で、別の展開を見せる。地方の有力者のある部分が、政権中枢の権門勢家と結びつき、地域共存社会での水利秩序・生態系を狂わせながらも、「国家多難な際」に、「租米の増額」との理由をいわば切り札にして、囲田・圩田・湖田等が形成されていった。

江東の圩田は、仁宗朝以来大量の飢民を集め、巨大な輪中地帯を形成、一円的な農田形成として、北宋では范仲淹の「答手詔条陳十事」、沈括の「万春圩図記」、南宋では楊万里の「圩丁詞十解」、韓元吉の「永豊行」、『景定建康志』等の記述によって、万春圩や永豊圩といった著名な圩田が知られる。

浙西の太湖平原では、広大な囲田地帯が形成されていた。范成大の『呉郡志』に出てくる「蘇湖熟すれば天下足る」の諺は、肥沃な水郷地帯の代名詞として捉えられているが、実際には低湿地で、東側に微高地を抱えているため、縦浦横塘といわれる大小無数のクリークを組み合わせ、いかに潦水を排出するかが最重要の課題であった。そこで、北宋中期には「水学」が盛んになり、郟亶・単鍔・趙霖などが、水利興修や治水事業に関わった。

浙東では、杭州湾の南岸沿いの越州・明州等で、陂湖が次第に埋め立てられ、湖田が形成された。湖田が新たな租米を生み出すとの、いわば「錦の御旗」の下、湖面が縮小し、深刻な水旱災をこの周辺の農地に招いた。時の権力者と、在地の形勢豪戸とが結びつく、という形で、こうした「新田開発」はかなり進展したと考えられる。

三、漕運・経済政策全般

次に、漕運の問題を考察する。漕運とは、国家によって、租米その他の税物を、主に運河を使って、各地から首都その他へ輸送する事である。まず、漕米額の変遷と、輸送制度・輸送形態の問題。京師開封は、水運が四通八達した立地だが、前述のように、この職役は全くの無償ではなく、一定の限度を設けて経費は支給されていた。しかし、持ち出し分は自弁で、欠損も自弁、船頭・水夫・挽牽夫等もすべて自己裁量での雇用であった。やがて衙前の役が重難であり、屢々負担戸が破産した事から、役法の改革が行われた。至和二年の措置では、郷の一等戸が、県の一等戸へと、些末な改革が行われたに過ぎない。これに対し、熙寧年間の王安石による募役法では、広く中・下等戸からも免役銭を徴収し、希望者を募り、輸送等の業務を代行させていた。これは、この時の独創ではなく、東南地方で既に一般的であった投名・長名衙前を追認・拡充したものに過ぎない。両者はいずれも河渡銭や酒場を報奨として与えられていた。青山定雄氏は、衙前が船頭・水夫を募り、兵士を挽舟・警備の卒とした江路は、太宗頃より、漸次使臣・軍大将等の武官武吏が廂軍を使役し、之に当たる事が多くなり、差役より募役に改まると、全く武官武吏が衙前に取って代わった、とする。

汴河で京師開封まで漕運する汴綱も、元来使臣・軍大将等の武官・武吏が役兵を駆使して運輸に当たっていたからで、仁宗頃から役兵を募人に代える事が非常に顕著になり、冬季半年休業への不安から、不正を働くようになっていった。転般法は備蓄米の役割も兼ね備え、社会の安定装置となっていたが、同時に不正の温床ともなっていた。華北一帯で屯田が広く実施されると、軍事目的と軍糧確保に大きな役割を果たした。

また、漕運と密接に結びついた塩の製造・流通・販売の問題も、重要である。淮南塩の存在によって、その集積地揚州は、単なる地域経済の中心以上の役割を与えられ、南渡の際には臨時首都の候補ともなり、明清時代には塩商の拠点として、文化的にも極めて大きな存在を示すようになった。しかし、回船の際、最も重要な積載品であった塩も、官般官売法から通商法へと変わり、漕運方法も次第に転般法を続ける意義を失い、徽宗の末年には直達法となった。加えて、発運司管掌の糴本銭が中央に繰り入れられた事は、歉歳に係る、各路漕運額からの不足分調整機能を果たし得なくなることも意味し、上供米と市糴米を併せた漕運を、客商が直達する端緒を開いた。従来の官般官売法下では、北辺の軍糧調達に際し、入中糧草の見返りに、商人に塩鈔を交付し、商人に任意の地方での塩の販売を許可するという便宜を与えていた。

南宋では都（行在）が江南に在った事で、漕運はほとんど問題がなかった。代わりに、淮水の線が北辺となり、淮東・湖広総領所で軍糧を調達させ、総領所管区毎の管掌とした。その前半期は、いかに金との戦時体制に即応して租課を確保し、各管区に軍糧を調達するかが最大の課題であった。紹興末年から乾道・淳熙年間にかけては、水旱災が頻発した。朝廷では、それに対する荒政を施し、士人の意見に配慮しつつ、軍糧を調達しなければならなかった。対金関係の安定化に伴い、圩田等の水利田は各地で開掘され、無理な租課が軽減され、水利秩序も回復が図られた。しかし、その後再び戦端が開かれると、こうした水利田は、軍量調達のためまもなく復活した。

都市の発達についても、様々な研究が蓄積されている。ただし、厚みはかなりの偏在を見せている。まずは、国都である開封と臨安（杭州）。次に、各地方の中心としての成都・揚州・蘇州。その他、小地域の水系の核（コア）に立地し、運河や海港沿線に連なる事例として、楚州・湖州・越州・明州・温州・泉州・広州。その他、渡津の立地として、蒲州・河州等での中潬、滑州、防洪に備え続けた台州等の事例がある。(3)ただし、都市内部の社会構造、周辺農村地域との経済構造についても、解明すべき点はいくつも残されている。水利用益権の分配、災害時の復旧負担の分担規定、日常的な管理等、水利史研究の範疇についても同様である。

四、黄河治水の問題

黄河治水（治河）の問題も、宋代水利史研究の大きな柱の一つである。宋初は専治機構が設置されていなかったが、次第に整備されていった。また、沿河州県には、力役としての河夫の役が残っていた。これは、やがて雇夫が主流となり、工本錢も比較的優遇されていた。今日に残る、元沙克什撰の『河防通議』は、宋沈立の原著であり、埽工が既に導入されていた事も確認できる。元・明・清との技術的な系譜を研究する上での指標となるだろう。宋代は前代に比べ、度々黄河が氾濫している。その原因として、後漢の王景の治河による河道の河床が泥沙で次第に上昇し、氾濫しやすくなっていた事、後梁期、禦敵のため、三度に亙り、人為的に破堤した事、気候条件の長期的影響、等が挙げられる。その治河対策は、『宋史』河渠志、『長編』、『長編紀事本末』、『宋会要』、各『文集』等に詳細に記録されている。これらは、技術的、数量的な記録も含むが、多くが士大夫の議論と言え、宋代史の特徴を表している。黄河の特性を科学的に認識する見方、河床の浚渫船等、科学的な工法も一部で現れた。ただし、これらの議論は、純粋な対策論に止まらず、時として政治的な対立が持ち込まれることもあった。仁宗朝では、有名な「河獄」に発展した。更に神宗朝になると、新法・旧法両派を中心とした政争の中で、これらの「河議」が戦わされた点も、加えて特筆しなければなるまい。「回河東流」の議も、こうした背景から捉えていく必要がある。

五、①熙寧前後の水利開発――若干の事例――

「浙西の治田・治水論争」……郟亶は、蘇州崑山の人で、嘉祐二年（一〇五七）の進士、熙寧三年（一〇六九）以後、蘇州水利を論じ、「六失六得」・「治田利害七事」を上奏し、両浙路提挙興修水利となり、自説に基づき、五年間で二〇〇〇万夫、府下計一〇県の各県で毎日二二〇〇夫を動員する大規模な興修事業を実施しようとした。熙寧五年（一〇七二）一一月から工事に入ったが、人民が強く反対したため、翌六年五月には、工事は中止、郟亶は罷免された。一方単鍔は、常州宜興の人で、嘉祐四年（一〇五九）の進士、官途に就かず、生涯水利問題の解決に尽力した。

郟亶の水利学が、治田派と呼ばれ、蘇州周域の堤岸を高くし、圩内の圃場整備に重点を置き、直接の増収増益のための整備事業・投資であったのに対し、単鍔の水利学は、治水派と呼ばれ、太湖周域の水災を除去するには、どうしたらよいか、との立場に立ち蘇・常・湖三州に跨って総合的に考察した内容となっている。また、その分析の視角は、㈠自然地形や水系といった自然分野に関するもの、㈡唐末・五代から最近に至るこの地の水利の維持・修理と、地方政治・社会経済の構造といった社会・人文分野に関するもの、に大別できる。単鍔は、蘇・常・湖三州の地形・水勢を考察し、西側の中江から太湖に流入する諸水を江寧府溧陽県にある銀林・分水等の五堰で調節し、同時に太湖水の排出路を開濬することが必要である、とする。そのため、排水路にあたる呉松江一帯に作られた、漕運のための長橋や挽路用の石堤などが排水を妨げ、水害を深刻化させていると、分析していた。そのため、郟僑・趙霖も単鍔の説を取り入れるなど、後世にも影響を与えている。南宋の范成大の手になる『呉郡志』は、郟亶・郟僑・趙霖の各水利論は詳細に載せるが、単鍔のものは、他地域のものも含むためか、節録のみの紹介となっている。明代、帰有光の『三呉水利録』、張国維の『呉中水利全書』では、その全文が収録されている。また、明末清初になったと考えられる顧炎武の『天下郡国利病書』でも、全文が収録され、また南京（江寧）高淳県の条で、伍堰が取り上げられている。

②新法の推進とその課題

旧法党が新法党の水利政策に反対する理由として、①政治理念の相違、②政治的手続き論の相違、③北人と南人との地域対立などが考えられる。これらを、水利政策をめぐる論争として捉える。司馬光は、「上乞罷條例司常平使疏」（熙寧三年正月、一〇七一）や「應詔言朝政闕失状（上六事）」（熙寧七年四月、一〇七五）の中で、〝無闇に水利開発を行わない事〟を訴えている。また、「乞罷免行状」（元豊八年、一〇八五）では、当時問題となっていた役法について、雇銭で就役者を雇う募役法に反対、その理由として、〝郷戸衙前で破産する者は、愚かで才幹がないから仕方ない〟という自己責任論を展開していた。蘇軾は、「上神宗皇帝書」（熙寧二年二月、一〇六八）の中で、〝新法を性急に推進しようとしているが、成果を急ぎすぎ、功課を求める余り水利開発もかえって混乱と弊害を生み出す元になる。今一度、祖宗の法に戻るべきである〟と説き、事実元祐年間に実施した杭州での救荒対策は、常平倉依存の従来型であった。同六年に著した「進単鍔呉中水利書状」では、根本的な水害対策と開発との整合を希求している。

蘇轍は「制置三司条例司論事状」（熙寧二年七月、一〇六八）の中で、〝中央から、農田水利等に関する相度利害官を一々地方に派遣するのは、かえって相互不信を招く〟と制置三司条例司（後、司農寺）で強引に進められる農田水利政策に、反対の意を表している。尚、気象条件との関連では、宋代の気温は、稍冷涼で、水害が多いが、新法の始まった熙寧年間は旱害が多いとされる。

六、地域社会と水利

第二部では、浙東の明州と台州の事例から、地域社会と水利の問題を考察する。水利開発や治水を行う際、常に問題となるのが、当事者間の利害対立である。第一章では、明州で起こっていた湖田化をめぐる大きな論争を取り上げ、その背後にある地域社会の対立を考察する。次に、第二章では、明州鄞県における湖水水利の問題を、広徳湖の湖田経営から、また東銭湖の開濬問題から、それぞれ考察する。第三章では、台州黄巖県における水利開発の問題を、地方官の対応と、開発のにない手となった人々との関係を、朱熹の対策を通じて在地の人々の諸相を浮かび上がらせ、考察する。第四章では、台州城をめぐる治水対策と州城修築の問題を、工事の担当官や労働力、費用の分析を台州の地方志と、この地と関係の深い文集に収録された史料から復元する。そして、地域社会と水利を考察する前提として、水利に関する共同体の問題を、「附節」として先行研究に拠って概観しておく。

七、附節　郷村と共同体

［共同体に関して］

ここでは、水利に関する共同体を、やや広義に捉えて考察する。直接の治水・灌漑に関する事柄の他に、農業を営む環境、郷村での社会生活にまで対象を広げた。そして、共同体の構造を最も有機的に説明している清水盛光氏の論に従って考察していく。（清水盛光『中国郷村社会論』岩波書店、一九五一年）

【第三篇　通力合作と郷村の共同性、第一章「相互援助のための通力合作」第一節〝農耕作業に現はれたる通力合作の形式〟三九二～四四四頁】[4]

清水氏は、「中国の郷村における『通力合作』の例として歴史上有名なのは、宋の『弓箭社』と元の『鋤社』の二つである。」として、共同保全のための通力合作から「弓箭社」を、農耕作業における通力合作から「鋤社」を、それぞれ例挙している。このうち、「鋤社」については、

其北方村落之間、多結爲鋤社、以十家爲率。（王禎『農書』巻三、鋤治篇）

とあるが、さらに溯って『周礼』と『詩経』には、すでに農耕上の通力合作を期待し、また要求するところの思想が含まれていたという。まず、鋤社的なもの即ち農耕生活における互助合作の例として、蘇軾の「眉州遠景楼記」の中

で三代・漢・唐の遺風を有っているとして、藕を合せて以て相助ける（合藕以相助）様を記している。また、王禹偁『小畜集』中の「畬田詞」にも相助刀耕す（相助刀耕）と、上雒郡、即ち陝西省商州の例を引いている。ついで、明・清の事例を地方志中から集め、「換工」・「伴工」といった耕種・薅草等の農作業時の通力合作を例証している。同時にこれらには日午の共食聚飲の場合も多く見られるという。また、数はわずかだが、「集工」（治田のために多数の労力を集めること）、「工班」（隣人の間から家毎に一丁を出し、一斑を組織し、またそれを指揮する包頭を置くこと）等の用例を見出している。

「換工」：今鄉俗、薅草時、…通力合作、謂之換工。（陝西同治洵陽縣志）

耕種田土、毎換工交作、夏時耘耨、邀多人併力耘之、…好事親隣、毎於日午用爆竹、餉以酒食、耘者愈力。（湖北同治宣恩縣志）

換工は倩助、相助、併力或いは通力合作の関係を意味し、いずれも耕種や薅草に際して行われた。日午の共食聚飲を伴う例もあった。

「伴工」：田多人少、彼此相助、曰伴工。（山東光緒登州府志）

四月望至七月望日、謂之忙月、富農倩傭耕、或長工或短工、佃農通力倩耦犁、曰伴工。（浙江萬曆秀水縣志）

「伴工は田多くして人少ない場合の習俗と、田が少ない者、または佃農の間に行われる習俗として伝えられたものの二種がある。その労働の性質は、換工と何ら異なる事がなかった。なお、浙江乾隆海寧県志では、

芒種前後、郷村各具牲酒、祀土穀神、謂之發黄梅、各聚飲而後挿青、彼此相助、曰伴工。

とあり、土穀神を祀って聚飲した後、稲苗の植え付けの為の伴工即ち相助が行われた。」としている。

清水氏は、これらの用例の機能的な差異に注目する。換工と伴工は、通力合作に於ける行為の互助性を表現した名称であるのに対し、集工と工班は、労働の集合性に重点を置いて作られた語であるという点においてである。更に、工班という組織が、単に農耕上の相互援助だけを目的とするのみならず、農閑期に於ける築堤や採薪のためにも利用された事、各班ごとに一名の指揮者を置いた事実にも注目する。ここから、氏は工班が永続的且つ統制のある一個の団体として組織せられた事、郷村に於ける相互援助が農耕以外の生活面にも行われ、また同じ組織が築堤の如き協同保全の目的のためにも利用せられた点にも着目している。この部分のまとめとして、氏は「中国の農耕生活に於ける相互援助は、広汎な地域にわたって行われるものであり、元代にのみ特有の習俗と解してはならない。鋤社的精神は、恐らく中国に於ける古い伝統の一つであり互助合作は中国の農耕生活に固有の習俗の一つである。」と述べる。そして、この制度が、耕種・耘耨・挿秧・収穫当の各作業について行われる事、その理由として、労働力を一時に必要とする農忙の時期に不可欠の組織であった事を説く。しかも、労力の提供に対しては、「ただ饗応を以て報いるだけで、労働の対価としての賃金を供与せず、王禎『農書』でも鋤社の人々は事を楽しんで仕事に赴いたと記載されているなど、共働者間の友好の感情がこの制度の根本基調をなし、その感情は主として郷村の睦隣性に根ざしたものであることは疑いなかろうと思ふ。」としている。

【第二章「共同保全のための通力合作」、第一節〝治水灌漑に現はれたる通力合作の形式〟五二一～五六〇頁】

次に、治水灌漑に関する通力合作を考察する。以下も清水説の適宜引用である。『朱文公文集』に載る二つの勧農文に、

陂塘之利、農事之本、尤當協力興修、如有怠惰不趍時工作之人、仰衆列狀申縣、乞行懲戒、如有工力浩瀚去處、

私下難以糾集、卽仰經縣自陳官修築。

陂塘水利、農集之本、今仰同用水人、叶力興修、取令多蓄水泉、準備將來灌漑、如事于衆、卽時聞官糾率。

（淳熙六年一二月の「勸農文」、卷九九　公移）

（紹熙三年二月の「勸農文」、卷一〇〇　公移）

とあって、共に鄕民の協力による陂塘の興修をすすめる。官箴書とされる袁采の『袁氏世範』では、「田主出食、佃人出力」という実態が記されている。郟亶の水利書では、当時蘇州一帯が抱えていた水利の問題、即ち治水灌漑における通力合作の欠如を取り上げている。宋の乾道六年一二月に、監行在都進奏院李結が蘇、湖、常、秀地方の治田の利便を論じて「敦本」、「協力」及び「因時」の三目を掲げ、郟亶の文を引きつつこれを説明したのはそのためである(5)。これらについて、「右に擧げたのは、いづれも地方官の勸諭と知識人の水利説とに現はれた堤岸堰壩の修築及び保護に關する通力合作論であつた。これらの文は、すでに治水と灌漑とに於ける通力合作の不可缺性を明示するが、その通力合作が、民衆白身によって自治的に行はれた例も、少からず存在してゐる。」と結論づける。そこから清水氏は最近における一例として、王宗培の述べた浙江地方の「堰壩会」と「江塘会」とを紹介する。即ち王宗培によれば、浙江省の江湖に接した地区は、地勢低窪のために、水漲の季節になるとしばしば水患に襲われる。そこでこの地方の紳董の発起により「堰壩会」を設け、田地の多寡や取水の遠近を考えて、労働力・工事物資・舟車などを徴発し、相共に携えて圩岸の構築に当らせた。これは、民衆によって自治的に組織された通力合作団体の好例である。これに対して江塘会は、専ら塘閘の共同保護を目的とする団体である。両者が共に水の問題を契機とする郷村の自治的協力組織であることは確かである。

次に、明末清初の人、陳瑚の「築囲説」を挙げる。陳瑚によれば、大戸の賠糧の苦しみと小民の饑餓とは、ただ村岸の修築によつてのみ救われる。そして村岸の修築は、村民の協力のある場合にのみ始めて可能となる。その協力の具体的方法として、袁采と等しく田主の出財と佃戸の出力とを説き、これを以て「同舟共濟、不易之分」であると解している。そこで、彼はこのような見地から村中の二三の友人と語らい、詳細なる「築囲事宜」を作って、共同治水の指針を村民に与えようとした。陳瑚の「築囲事宜」は、全篇一七個条より成るが、清水氏は、そのうち四条を挙げている。即ち、陳瑚は村内一五圩の各々について、佃戸およそ一〇家毎に田甲一名を置き（第三条）、さらに公直勤慎の者一、二名を村内より公推して総管となし、田圩の工事の際には総管をして田甲を督催せしめ、田甲をして佃戸を督催せしめる（第四条）と共に、「照田起夫」し、二〇畝毎に一人の割合で工夫を集め（第六条）、もし工務が期によらずまた定式に従わない場合には、その違犯の罪に対して、軽い者は罰酒を出させ、重い者は官に告げて枷責させた（第七条）(6)。

「築囲事宜」の性格は、一面では公の事業たる側面を持っていた。その証左として、田甲の工役免除や総管の一部田賦蠲免規定、簿冊を三冊作り、県・区・村で保管した事から地方官庁の許可を得て行われたものである点、等を挙げうる。ただ、あくまでも陳瑚を中心とする村内有力者の企画と指導とに基づくものであるという(7)。

また、冀朝鼎が「中國に於ける治水工事の殆んどすべてが、公共の事業としてのみ營まれたことを指摘し、自發的に作られる治水のための協力組織は村落を以て最大の範圍となし、一村の力に餘る事業の大部分は地方長官の干渉下に行はれたと書いてゐるが私は右に述べた蔚村の築圍事業を以て、村を單位とする私的共同治水の典型的な事例に數へたいと思ふ。が私的な共同治水を一村のみの範圍に止まると見る冀朝鼎の主張には、多少の誇張があるやうに思はれる。(8)」として、例えば、浙江民國新昌縣志に

後溪堤　麻車村後、由村人公築、以保田壩。　庵前堤　麻車村上、……由村人公築、以保田廬。
獅子堤　蘭洲麻車兩村共築。

とある一村公分築の他に二村共築の例、また廣西光緒臨桂縣志所引の陳弘謀の「横山大堰記」に、陳弘謀の郷里横山村近傍侍の大堰は、陳氏兄弟の出資と横山村以下四村の合力によって構築されたとある例から、治水或は灌漑のための合作も、自ずから一村を超えて、しかも自治的に行われざるをえないと述べている。加えて、「農民による堤防の共同修築は、宋代詩人の感興をそそる當時の郷村の一景物となつてゐたことが知られるのである。」として、陸游・真徳秀の詩を挙げている。(9)

さらに、以上の「陂塘堰壩の類の構築修理に際して行はれる通力合作の諸形式」の他に「河渠或は河道と呼ばれるものの掘鑿、啓開、浚渫」もまた、「一村若くは數村の協力によつて行はれてゐる。」として、山西咸豊太谷縣志に載せられた司馬灝文の「烏馬河渠碑記」と、同じく山西光緒襄陵縣志所輯の孫成基の「重開上汧呑河渠興利除害碑記」、山西康熙臨汾縣志所引の楊起元の「修滂河渠記」を引き、後の二例では、通力合作の範圍が三村から九村にまで及んでいる事を例示する。

また、数村と数村との水争いに関する史料のうち、宋代王居安の「黄巖浚河記」を引く。(10)

紹興以前、初未有閘門、大率爲埭以堰水、頗爲高田之利、而下田病之、水潦大至、下郷之民、十百爲羣、挾梃子挾梃持刃、以破埭、遂有鬭爭之事、郷人於是始議建閘。

とあり、この河道沿いに上郷と下郷とが対立していた。即ち高田と下田とが利害を異にしていて、遂に破埭し、械鬪の事態となった。そこで、両郷の人は協議の上、水位を調整可能な閘を建設するに至ったと。こうした水争いの様子を、袁采、『袁氏世範』(11)巻三・治家では、

今人、……及用水之際、脱臂交爭、有以鋤耰相毆至死者、縱不死、亦至坐獄被刑、豈不可傷。

とあり、械鬪がいかに深刻であったかを物語る。こうした水争いをいかに収めるか、ここにその解決策として、一村

若しくは数村毎に水の使用量を一定するいわゆる「分水」の法が採用された。その歴史は古く、『漢書』召信臣伝に、

召信臣……遷南陽太守、……爲人勤力、有方畧好爲民興利、務在富之、躬耕勸農、出入阡陌、……信臣爲民作均水約束、刻石立於田畔、以防分爭。

とある。顧炎武は、召信臣を中国における分水の法の創始者であるといっている。これも宋代の例としては、『宋会要』（食貨七―一五、水利・上）の至和元年八月二〇日、光州仙居県令田淵の言に、

遇愆亢、使水須衆議同開決、自上及下、均勻灌漑、不得壅障。

とあり、袁采、『袁氏世範』巻三・治家では、

及用水之際、遠近高下、分水必均、非止利己、又且利人、其利豈不博哉。

とあり、公平な分水のみが等しく上下を利せしめるものである事を説いている。この法はさらに後世に伝わったとして、明清の地方志の史料を例示している。分水の単位は村落が多く、分水の量も村によって異なっている事が多い。水程は、村を単位とすると同時に、村のもつ灌漑面積にほぼ比例して定められている。稀に、単なる比率のみを以てその用水量を指定する場合も存在したが、実際的適用に当たっては、やはり日数による使用制限が採用されたであろう。村落は水の使用に関して特に強い閉鎖的な共同関係にあり、集団性をもつ事を示しており、地縁的共同性をもった「地縁共同態」であると規定している[12]。そして、官憲は明らかに村落が水の使用における利害の共同圏をなす事を認めていたと指摘する。

註

（1）　日本における宋代の水利史研究は、戦前からの優れた研究蓄積を誇っている。岡崎文夫・池田静夫両氏による研究が先駆

的な業績である。一方、周藤吉之・玉井是博氏等も土地制度史の面から研究を進めていた。戦後になり、佐藤武敏氏を中心として中国水利史研究会が設立され、今日に至っている。この間の経緯は、拙稿「中国水利史研究会　四十年の歩み」（『中国水利史研究』三七号、二〇〇八年）を参照されたい。

（2）　中国での、農業開発や水利史全般にわたる研究は、枚挙に遑がない。ここでは、全体を見渡した研究を、いくつか挙げる。

①汪家倫・張芳著『中国農田水利史』農業出版社、一九九〇年一二月。同書では、対象を農田水利に限定して論じられる。まず緒論において、自然地理の諸条件により、丘陵山地・平原盆地・江河湖海の三大地形と農田水利を、また気候条件により、保水と排水、治水と利水の観点が重要である事を示す。次に、社会・歴史との関係では、西周時代には既に小規模灌漑が見られ、その後関中・成都の両平原を基本経済区にしてその後の統一と発展をもたらしたと述べる。やがて、長期に亙る混乱や分裂を背景に、基本経済区は江南を中心とした南方へと移動する。また、粮食作物も、春秋時代までの黍・稷から菽・粟へと、更に北の麦と南の稲へと推移する。江蘇省の里下河地区の例では、排水の完備と共に、稲麦両熟制が進んだ。この事実は、品種・土地の改良、土木技術の向上等、人々の不断の努力の賜であるという。随所に入れられた主要水利工程や各水利施設の分布図、分類表も有益である。また、記述のバランスが非常によく、頁数も各時代に配慮された構成となっている。

②鄭学檬『中国古代経済重心南移和唐宋江南経済研究』岳麓書社、一九九六年一二月、二〇〇三年一〇月再版。鄭氏は総論で、果たして六朝時期に、全国の経済重心は南移したか、という問いかけから筆を起こす。六朝時期の江南は一つの新興経済区で、経済・技術の基礎が形成される時期であって、直ちに経済重心の南移とは呼べない。氏によると、経済開発は量的変化の過程、経済重心の転移は質的変化の過程であるという。その影響は、人口圧力が生存環境を悪化させた事、江南に重賦をもたらした事、政治と経済の中心が分離した事、等にあるという。次に、唐宋時代の自然環境が与えた影響。唐の気候は温暖で、宋は寒冷に転じた。これは、唐と宋を比べて、小麦の収穫期が遅れている事、両税の納期がやはり一月ずつずれている事から推論できるという。水文の変化。北方は、降水量の不均等と開発による水土流出が著しくなった事、南方は気候温暖で雨量も豊富であった事でこうした悪循環には陥らなかった。また、植生の変化について。北方では早くから平原

と山区の森林が伐採され、粮食確保のためのモノカルチャー農法が中心となってしまった。南方は植生の自力更生が可能で、経済作物の多種経営を行った事で、こうした影響が小さかった。土壌の影響。南方は本来豊かではなかったが、土地改良の結果豊穣な土地になったのだという。研究者は往々にして、唐宋間における経済重心の南移を北方からの人口の南遷と南方の優れた自然条件に帰結して結論づけたがるが、地制の宜しきに因った、或いは市場流通網を作り上げた、江南人士の科学的営為によるものだと強調する。その例証として、両浙の治水・治田を次第に理論化・科学化した郏亶・僑父子、單鍔の水利学を挙げている。以下、技術進歩、制度変遷、唐宋江南経済研究に章分けし、主題を多角的に論証している。

③漆俠『宋代経済史』(上)・(下) 上海人民出版社、一九八七・八八年。浩瀚な内容の大著である。上冊、第一編が「宋代農業生産与土地諸関係」で、全十二章からなる。氏は、淮水を境に南北に分けた場合の「北は南に如かず」という言い方の他に、「西は東に如かず」という表現を持ち出す。宋代の境域を仮に峡州(湖北宜昌)を中心として、北は商雒山秦嶺から、南は海南島に至る直線で区切る。「北は南に如かず」とは量的な格差であるのに対して、「西は東に如かず」とは、量的な格差のみならず、労働人口の分布、生産技術や方法、農田水利建設など、一連の格差によってもたらされたとする。次に、主戸と客戸について。客戸とは、〝土地を借りて住み・耕し、牛を借り、豪家に租を納める〟者を指す。宋代を通じて三〇数%の比率であった。第一等・第二等及び第三等戸の一部が地主階級を構成し、これに大商人と高利貸を加えると、六・七%を占める。客戸・第四等・第五等戸・第三等戸の一部、手工匠人、中小商人等で、九三・四%を占める。次に、墾田面積の拡大について。開宝九年(九七六)〜元豊六年(一〇八三)で、戸数増加率は約五、五倍に対し、墾田の増加率が約一・五倍にしかならない点に注目する。これはつまり、隠田と漏税の問題であるとする。元豊六年の墾田面積は四六一万四千余頃の記載があるが、実際には七二〇万頃以上であったと推測している。具体的な水利事業の発展について。両宋三百年の間、水利の重要性は益々重みを加え、議論上だけではなく、実践も重ねた。そこで、転運使から州県官に至るまで、各地で水利が興修され、いずれも相応の成果を挙げた。中央政府は時ならず農田水利の詔令を発し、かつまた農田水利も興建を、地方官の考課・黜陟の一要素とした。特に王安石変法の期間は、水利建設が非常に重視され、熙寧三年農田推理法が出され、農田の開墾と水利の建設を積極的に推し進めた。安石は、反対派には聊かも動ぜず、法令を貫徹した。地域的には、開墾が多かっ

た両浙路・江南東西路・福建路・成都府路が取り上げられ、いずれも人々のたゆまぬ精励がもたらした成果である、とする。下冊の第四編、第二十六章で、交通運輸や漕運を扱っている。

④程民生『宋代地域経済』河南大学出版社、一九九二年。「各地区の生産環境」、「農業経済の地域特徴」、「各地商業及び物資流通」、「各地区地方財政の特徴と区域別の経済政策」、「区域経済の歴史変化」といった章立てで、地域経済を多角的に分析している。

⑤韓茂莉『宋代農業経済』山西古籍出版社、一九九三年。〝自然条件〟や〝人口・土地〟と〝農業生産〟との関係から説き起こし、五つの地域（〝黄河中下游区〟・〝東南区〟・〝荊湖区〟・〝西南区〟・〝嶺南区〟）と〝農業生産と土地利用の特徴〟、更には〝粮食作物の分布〟や〝主要経済作物の地理分布〟を分析している。

⑥その他、後世のもの・通史を扱ったもの。呉宏岐『元代農業地理』西安地図出版社、一九九七年。〝各地区・行省〟毎に、〝水利の発展〟の記述が比較的詳しい。宋代との比較に有効である。唐啓宇編著『中国農史稿』農業出版社、一九八五年。〝農田〟・〝漕運〟等の分野で、通史的に要領よくまとめられている。彭雨新・張建民『明清長江流域農業水利研究』武漢大学出版社、一九九二年。馮賢亮『明清江南地区的環境変動与社会控制』上海人民出版社、二〇〇二年。

（3）愛宕元「唐代の蒲州河中府城と河陽三城――浮梁と中潭城を伴った城郭――」、中村治兵衛「宋代黄河南岸の都市滑州と商人組合『行』」（いずれも、唐代史研究会編『中国の都市と農村』汲古書院、一九九二年）、伊原弘「中国の港町――海の港泉州――」（シンポジウム「歴史の中の港・港町Ⅰ――その成立と形態をめぐって」中近東文化センター、一九九四年）、岡元司「南宋期浙東海港都市の停滞と森林環境」（『史学研究』二二〇、一九九八年）、拙稿「宋代浙東の都市水利――台州城の修築と治水対策――」（『中国水利史研究』二〇号、一九九〇年）

（4）①区域を立てずして共に一事を治む。各其能力を出しあひ共同して事をなすこと。（石山福治『最新支那語大辞典』一四七八頁）②全部の力を合わせて一つのことをする。（愛知大学編『中日大辞典』）

（5）郟亶の水利書は、本稿第一部・第一章「宋代水利政策の展開とその特徴」で、李結が蘇、湖、常、秀地方で提案した「治田三議」（「敦本」・「協力」・「因時」）は、本稿第一部・第四章「南宋時代の水利政策」で、それぞれ考察する。

尚、付言すれば、関連する諸研究は、ほとんどが何らかの自律的慣行や慣習の存在を想定しているのに対し、高橋芳郎氏「宋代浙西地帯における水利慣行」（『北大文学部紀要』二九—一、一九八一年。後『宋代中国の法制と社会』汲古書院、二〇〇二年）、濱島敦俊氏「明代江南の水利の一考察」（『東洋文化研究所紀要』四七、一九六九年等。後『明代江南農村社会の研究』東京大学出版会、一九八二年）は、それらの欠如と、逆に公権力の大きさを強調する。

（6）「築囲事宜」

一、毎圩必有田甲、太倉謂之圩長、即周官土均稲人之遺意、凡田事責成田甲則易辦、如治兵之有十伍長也、其間或一人獨充、或二人朋充、村中十五圩、共二十餘人、大約田甲一人所管、佃戸十家爲率、當嚴其督課、厚其體恤、免本身工役、田主仍照所種之田給米、以示優異、其有舊無田甲者、僉報夫長一名代之。（第三條）

一、田圩既大、工役既衆、非擇人統理、則散而無紀、須於村中公推一二公直勤愼者、總管其事、仍免田若干畝、起工之日、總管督催田甲、田甲督催佃戸、如身之使臂、臂之使指、庶幾有所統領、無渙山散不一之弊。（第四條）

一、照田起夫、大約二十畝出夫一名、十畝者二人朋充、五畝者四人朋充、其年老鰥寡、免其工役。（第六條）

一、先期幾日、揷標分段、令田甲播告各戸、至期照段如式挑築、田甲躬行倡率、日出而作、日入而息、某日起工、某日完工、不許歸家、午飯致悞、工務有不依期不和式者、輕則罰酒犒衆、重則稟官枷責、若田甲不行簡擧、幷究。（第七條）

（7）陳瑚の「築囲事宜」については、明清の水利史・社会経済史研究の視点からも検討されている。①森田明氏は、「築囲事宜」と「確菴文藁」治病説に拠り、水利をめぐる組織のあり方から、共同体的な水利事業の自主的性格を重視する。（「明代江南における圩田水利の一考察」社会経済史学三三—五、一九六七年。後『清代水利史研究』亜紀書房、一九七四年所収。）②川勝守氏は、水利に国家権力の介在を認めつつも、佃戸が工役を負担するならば、佃戸による地縁的結合が水利の機能を維持していたとする。そして、他圩とのつながり、「連圩結甲」への下地を見出している。（「明末清初、江南の圩長について」東洋学報五五—四、一九七三年。後『中国封建国家の支配構造』東京大学出版会、一九八〇年所収。）③濱島敦俊氏は、水利事業で見られる国家権力の水利への介入の進行を、官によって意図的に設定された遙役制度改革の一環と捉える。（「明代江南

の水利の一考察」東洋文化研究所紀要四七、一九六九年。後『明代江南農村社会の研究』東京大学出版会、一九八二年所収。）

（8）冀朝鼎からの引用は、冀朝鼎『支那基本経済と灌漑』佐渡愛三訳・白揚社、一九三九年。（第四章「支那国家の経済的機能としての治水の起原」、〃（9）公共的作用としての治水〃八七頁）

（9）陸游『剣南詩稿』巻五四、郷居。『同上』巻六八、農家。真徳秀『西山先生真文忠公文集』巻一、律詩、長沙勧耕。

（10）王居安の「黄巖浚河記」の舞台、台州黄巖県については、本稿第二部・第三章「浙東台州の水利開発」で詳しく論じている。黄巖県では、この河道沿いに上（高）郷と下郷とが対立しており、その後も対立がつづいた。明代には、下郷が太平県として分県する事になる。

（11）袁氏『世範』については、古林森廣氏の「南宋の袁采『袁氏世範』について」（史学研究一八四、一九八九年。後『中国宋代の社会と経済』国書刊行会、一九九五年所収。）

（12）明清での史料は、華北の河南・山西など、むしろ水の少ない所の地方志が多い。華北を扱ったものとして、森田明氏『山陝の民衆と水の暮らし』（汲古書院、二〇〇九年）があり、基層社会における水利組織の問題を最近の調査資料集を活用して深く掘り下げた研究である。

宋代財政の基礎データ

両税収入に対する漕運額の比率

年代		両税収入（万石）	漕運額（万石）	漕運額／両税	
至道３年	997	2,171.2	580	26.7%	①
天禧５年	1021	2,279.2	600	26.3%	②
治平元年	1064	1,807.3	576	31.9%	③
熙寧10年	1077	1,788.7	600	33.5%	④
元祐元年	1086	2,445.0	600	24.5%	⑤

出典
①：『長編』巻42
②：『長編』巻97
③：蔡襄『蔡忠恵公文集』巻18、「論兵十事疏」
④：『文献通考』巻４、田賦考
⑤：『文献通考』巻24、国用考

東南六路の田地面積と漕運割当額の比較

	各路田地（頃）	全国田地（頃）	比率	漕運定額（万石）	漕運割当額（万石）	比率
淮南路	973,571	4,616,556	21.1%	600	150	25.0%
両浙路	363,442		7.9%		150	25.0%
江南東路	429,449		9.3%		100	16.7%
江南西路	452,231		9.8%		100	16.7%
荊湖南路	332,041		7.2%		65	10.8%
荊湖北路	259,885		5.6%		35	5.8%
東南六路	2,810,619	4,616,556	60.9%	600	600	100.0%

出典：蘇轍『欒城後集』巻15、「元祐会計録収支敍」

歳時別の収入総額に対する穀物収入の比較①

項目	至道３年額	天禧５年額
穀	2,171.7	2,279.2
銭	465.0	735.8
絹	162.0	161.0
紬・絁	27.3	18.1
絲線	141.0	135.5
綿	517.0	399.5
茶	49.0	166.8
芻茭	3,000.0	1,899.5
藁	268.0	168.0
薪	28.0	28.0
炭	50.0	-0.4
鵞翎・雑翎	61.0	73.9
箭幹	87.0	134.0
黄蠟	30.0	35.0
布		50.6
韉		81.6
麻皮		39.7
塩		57.7
紙		12.3
蘆廃		36.0
総計	7,057.0	6,511.8
穀比率	30.0%	35.0%

出典：『長編』巻42、『長編』巻97

比較②

項目	元祐元年
谷（石）	2,445
合計(貫石)	8,249
谷比率	29.6%

出典：蘇轍『欒城後集』巻15、「元祐会計収支敍」

宋代各路人口密度　出典　『太平寰宇記』・『宋史』地理志

北宋　年次は崇寧元年（1102）、但し福建路、夔州路、広南東路、広南西路は元豊三年（1080）

	路　別	面積（㎢）	順位	戸数	順位	口数	順位	㎢／人口	順位
1	京畿路	17,149.79	24	261,117	22	442,940	24	25.8	5
2	京東東路	95,994.09	14	817,355	8	1,604,155	9	16.7	13
3	京東西路	57,111.95	21	526,107	18	1,319,156	14	23.1	8
4	京西南路	111,104.41	11	472,358	19	996,486	21	9.0	19
5	京西北路	80,892.73	17	545,098	16	1,284,281	17	15.9	17
6	河北東路	60,183.11	20	668,757	10	1,524,304	12	25.3	6
7	河北西路	63,403.43	19	526,704	17	1,289,086	16	20.3	9
8	河東路	131,067.20	5	613,532	12	2,519,764	4	19.2	11
9	永興軍路	141,303.14	3	1,001,498	5	2,779,237	3	19.7	10
10	秦鳳路	126,864.96	8	449,884	20	1,119,527	19	8.8	20
11	両浙路	122,622.34	10	1,975,041	1	3,767,441	1	30.7	2
12	淮南東路	83,232.04	16	664,257	11	1,341,973	13	16.1	15
13	淮南西路	96,647.30	13	709,919	9	1,584,126	10	16.4	14
14	江南東路	86,134.95	15	1,012,168	4	2,148,587	7	24.9	7
15	江南西路	131,688.84	4	1,664,745	2	3,643,028	2	27.7	4
16	荊湖北路	123,579.13	9	580,636	13	1,315,233	15	10.6	18
17	荊湖南路	128,221.91	6	952,397	6	2,180,072	6	17.0	12
18	福建路	127,326.09	7	1,061,759	3	2,043,032	8	16.0	16
19	成都府路	54,818.37	23	882,519	7	2,492,541	5	45.5	1
20	潼川府路	55,092.83	22	561,898	15	1,536,862	11	27.9	3
21	利州路	79,516.07	18	295,829	21	637,050	22	8.0	21
22	夔州路	107,310.88	12	246,521	23	468,067	23	4.4	24
23	広南東路	170,575.75	2	574,286	14	1,134,659	18	6.7	22
24	広南西路	238,146.39	1	236,533	24	1,055,587	20	4.4	23
	各路合計	2,472,837.91		17,039,801.00		39,784,254.00		18.3	

梁方仲編　『中国歴代戸口田地田賦統計』P161、P164　上海人民出版社　1980年８月

北宋熙寧3年～9年の諸路水利田数（中書備対）

1070～1076年

	路　別	処	田数（畝）	路別比率（%）
1	東京開封府	25	1,574,929	4.37
2	京東東路	71	884,938	2.46
3	京東西路	106	1,709,176	4.74
4	京西南路	727	1,155,879	3.21
5	京西北路	283	2,180,266	6.05
6	河北東路	11	1,945,156	5.40
7	河北西路	34	4,020,904	11.16
8	河東路	114	471,981	1.31
9	永興軍路	19	135,391	0.38
10	秦鳳路	113	362,779	1.01
11	両浙路	1,980	10,484,842	29.09
12	淮南東路	533	3,116,051	8.65
13	淮南西路	1,761	4,365,110	12.11
14	江南東路	510	1,070,266	2.97
15	江南西路	997	467,481	1.30
16	荊湖北路	233	873,330	2.42
17	荊湖南路	1,473	115,114	0.32
18	福建路	212	302,471	0.84
19	成都府路	29	288,387	0.80
20	梓州路	11	90,177	0.25
21	利州路	1	3,130	0.01
22	夔州路	274	85,466	0.24
23	広南東路	407	59,773	0.17
24	広南西路	879	273,889	0.76
	各路合計	10,803.00	36,036,886	100.00

出典：『宋会要』食貨61（上）―68、水利田

第一章　宋代水利政策の展開とその特徴——政治・財政面からの論争を通じて——

一、はじめに

中国水利史に関する研究は、治水面・利水面に大別できる。治水面は、黄河治水を中心とし、都市の水災、あるいは災害時の復旧対策も含まれる。利水面は、農田水利（農業灌漑）と、漕運・交通、あるいは、都市の発展（都市化）に代表される。宋代を中心に考えても、かなりの研究蓄積がある。ただし、それらの多くは、対象とする地域・テーマ・時期毎に個々の考察を加えたものが多く、包括的な水利政策という視点で通観したものは少ない。こうした水利政策の問題は、その一貫性や空間的な広がりから、どうしてもおおむね北宋時代が中心となり、南宋時代には政策と言っても地域志向が顕著になる、とされるが、①太祖~真宗朝、②仁宗~神宗朝、③哲宗~徽宗・欽宗朝（北宋）、④高宗~光宗朝、⑤寧宗朝、⑥理宗・度宗朝・末期のようにいくつかの時代に画期し、かつ代表的な地域・事例を挙げつつ、政治史・社会経済史的な観点から、政策という共通項に還元して、論究する必要があるだろう。そこで、本稿では、まず①の時期、すなわち宋初の国防的見地から塘泊や屯田の問題を、関連して当時の準戦時体制を維持する財政確保の観点から、澶淵の盟（景徳元年、一〇〇四）前後の勧農使の設置や漕運年額六百万石の定額化に関する問題を取り上げる。次に②の時期、すなわち深刻な財政危機から内政改革の必要に迫られ、慶暦の新政（一〇四一~四四）時期の農政の推進と江南開発の端緒、熙寧年間（一〇六八~七七）の王安石を中心とした新法の展開の問題を取り上げる。

二、軍事目的の政策(1)

宋初は、特に軍事的・国防的見地から、塘濼（泊）や屯田の設置が、水利政策として重要な問題であった。太宗の太平興国四年（九七九）、宋が北漢を併せたため、宋・遼（契丹）間にまたがる緩衝地帯が無くなり、両国は直接境を接する事となった。具体的には今の山西省の内長城で遼と境を接し、西は黄河より五台山・恒山を経て、東は海に至る東西直径約一五〇里に亙って警戒線を設ける事となった。そしてこの警戒線は、地形上自ずから東西二区に分かれる。太行山脈以東の交通の容易なる平野と、太行山脈以西の峻険な山地とである。太行山脈、正確には恒山を南北に貫く線で東西に分けられる。恒山・倒馬関より、東の天津付近まで、約五〇里である。ここでいう軍事目的の水利政策の対象地は、東部地区にあたる。そこでは、東辺から、海岸線・塘濼・黄河と、天然・人工の警戒線が続く。

宋代は、天津以南から滄県地方に至るまでの海岸線が現在より深く湾入していた。その様子は、『宋史』巻一九六兵志、『文献通考』巻三二六 輿地、『続資治通鑑長編』巻五七・景徳元年八月庚申の条、などから窺う事ができる。天津の海岸付近から雄州方面に至る大小の所謂九十九淀は、最も西が順安軍・保州間の辺呉淀で、それ以西は隆起していて、淀はなかった。これらの淀泊を利用して塘濼を造り、対契丹の防禦編成とした。また、宋・遼両国間の境を為す界河（巨馬河）は、これも現在の河道とは異なっていた。『文献通考』巻三四六 四裔考・契丹中、嘉祐六年五月の条にあるように、その軍事上の価値は至って軽微で、契丹人は界河を自由に通航しており、宋側は寧ろ塘濼を厳重な防禦線としていた。保州以西から、太行山脈東側に至る間は、㈠方田、㈡楡塞、㈢開渠瀦水、㈣車障の方策を講じたという。水利政策としては、㈠と㈢が重要である。宋は、この塘泊を連ねて契丹防衛の第一線をつくり、あわせてこの水を利用して稲田経営をはかった。騎馬には長じていても、操舟の心得を持たない北方民族の習性を知って、宋は塘泊や黄河水を利用して、防禦線を形成したのである。

次に、北辺のうち、主に河北路域での屯田政策を一瞥する。[2] この地での屯田設置の動きは、太宗の端拱二年（九八九）二月の詔で、左諫議大夫陳恕が東路営田使に、左諫議大夫樊知古が西路営田使とされた事に始まる。陳恕は財務官僚の経歴を持ち、樊知古は財務に長けた河北路都轉運使であった。さらに二人の副使が塩鉄判官の属官であり、財務官僚主導の起用であった。この一月前の詔では、武将出身の知定州の張永徳、知邢州の米信に方田総管を兼任させ、方田の設置を計画している。この二つの計画は、雍熙三年（九八六）の岐溝関・君子館の敗北に続く、この年初めの易州陥落という事態に即応しての立案であったと考えられる。しかし、陳恕が戍兵（農民）への負担を懸念したため、此度の屯田は、実行に移されなかった。最大の懸案事項は、軍糧の補給体制が維持できるかどうかである。四月になされた李覚の上言には、

> 夏四月、國子博士李覺上言曰、……歳運五百萬斛以資國費。此朝廷之盛、臣庶之福。近歳以來、都下粟麥至賤、倉庫充牣、露積紅腐、陳陳相因、或以充賞給、斗直十錢、此工賈之利而軍農之不利也。……凡運米一斛、計其費不啻三百錢、侵耗損折、復在其外。而挽船之夫、彌渉冬夏、離去鄉舍、終老江湖、亦可傷矣。夫其糧之來也至重至艱、官之給也至輕至易、歳之豐儉、不可預期、儻不幸有水旱之虞、卒然有邊境之患、其何以救之。……
>
> （『續資治通鑑長編』巻三〇、端拱二年。以下『長編』と略記。）

とある。ここでは、当時既に東南から五百万石の漕運が実現していた様子が窺い知れる。ここで李覚は、米一斛の漕運に三〇〇銭を要しさまざまな目減りもこれに加わる事、運搬に「挽船之夫」の長期にわたる困苦がある事、漕米が過剰に出回っているため京師では近歳粟麥の価格が下がり、生産農民と粟麥を換金して生活する兵士の暮らしを圧迫

している事、江淮からの運米に過度に依存している事の危うさ等の問題点を指摘している。また、兵士への給与（支給米）が高値で安定するように配慮すべきだ、と進言している。従って、ここでは現状の漕運体制の問題点が挙げられた意見であると捉える事ができる。(3) こうした漕運体制に伴う構造的弊害の解決は、後に王安石の下、倉法の実施という形で一時的にではあるが解決が図られた。端拱二年当時、開封への上供米五〇〇万石という数字には、一〇〇万石以上の余剰が含まれており、すなわちそれが、河北への軍糧転送の部分を示す証左である、との指摘がなされている。『長編』巻九七、天禧五年（一〇二一）是歳条によれば、至道年間頃（九九五～九七）の開封府界の歳費は三六二万石であった。加えてこの年の一〇月に、開封に折中倉が設置され、これも開封から河北への軍糧転送の一環と理解され、中央から一元的に沿辺に補給する当時の趨勢に沿ったものと解釈されるという。実際に屯田政策が実現するのは、淳化四年（九九三）に知雄州の何承矩が泉州出身の黄懋の協力を得て、南方出身の廂軍兵士を鎮兵として動員し、主に東路の塘泊周辺の湿地帯で、水稲を導入して、屯田を設置した。端拱年間からの政策転換の原因としては、第一に河北方面での自然災害の頻発、第二に李継遷（党項族）の活動による、新たな軍糧補給体制の必要性、第三に開封への上供米の一時的な激減、などが背景にあったという。(4) 以上、軍事目的の一環としての水利政策の動向を概観した。

真宗朝の景徳元年（一〇〇四）、遼（契丹）軍が大挙南侵してきたため、軍事的緊張が一挙に高まったが、宰相寇準に鼓舞されて真宗自らが親征した事により、両国間で和平の気運が高まり、澶淵の盟が結ばれた。これにより、東アジア史は新たな段階に入った。この事件を財政史の観点から捉えると、軍事的な緊張は緩和されたものの、国境線の駐屯軍そのものは、変わらず維持しなければならず、開封から北辺への軍糧転送を前提として、六〇〇万石の漕運額が同四年（一〇〇七）には定額となった。当時三司使であった丁謂は、真宗の思惑を巧妙に取り込み、封禅の儀式に前提となる天下太平の世を意図的に演出する。『景徳会計録』を編纂させ、天下の会計・財政を皇帝が把握し、勧農使を広く設置する事によって、民生の安定・向上を天子が希求する事を天下にアピールしていったのである。財源の把握と確保が、封禅実現への有力な口実として契機づけられる要素となったのである。やがて、勧農・水利も地方官の勤務評価の一環と見なされるようになっていく。(5)

三、慶暦の新政の頃(6)

仁宗の慶暦年間（一〇四一～四八）の前半に行われた、所謂「慶暦の新政」は、従来王安石による新法の前史として扱われる事が多かったが、水利政策の面でも画期される時代である。さらにその前史として、范仲淹における地方官時代の事績なども考える事ができる。泰州海陵県の監西渓鎮塩倉時代に海陵・興化両県にまたがる海塘の修築を計画し、制置発運使の張綸に働きかけた事（天禧五年、一〇二一頃）、明道二年（一〇三三）、仁宗の親政開始に際して折からの江淮地方の大干魃を視察し、宮廷に贅沢を戒め、上供米の節約等を訴えた「陳八事」の上奏、また、景祐元年（一〇三五）、外任先の知蘇州として、前年来の水患の対策で東南の松江と西北の長江二方面に排水する水利工事を担当した事、また湖州出身で水利の学を重視していた胡瑗を推薦した事、などが挙げられる。康定元年（一〇三九）には、西夏の李元昊の勃興を受けて詔が下され、意見が徴された。欧陽脩の「通進司上書」はその折りのもので、西北辺の事態に対して、軍事面やそれを支える政治面での対応、財政面での措置等が、的確にかつ整然と述べられている。水利政策に関しては、特に陝西方面の漕運体制の整備・再建が急務である事を述べている。また、河東・河北・関西の郷兵を用いる事と並んで、京西の開発を唱えている。こうした全般的な危機意識の中、慶暦三年（一〇四三）、范仲淹・富弼の「答手詔条陳十事」中の、「六曰厚農桑」が出された。范仲淹は、当時の農政事情をこう説く。「農に意を厚く用い、民を養う事は、善政の要である。両浙路では、毎年二〇〇万石を和糴している。しかし粟帛の価格が常に高く、和糴と漕運に要する費用は、毎年共に三〇〇万貫に上る。加えて民は税の取り立てに苦しみ、桑棗を伐採して薪に売り出す有様である。勧農政策は有名無実で、府庫も空である。五代の頃は、本国が飢饉でも、隣国に糴を乞い、農利は十分豊かであった。小官が知蘇州の時、簿書で検じると州には課税田が三四〇〇〇頃、中稔之利は毎畝米二乃至三石で七〇〇余万石を産出していた。優に上供米額六〇〇万石以上を一州で賄っている。而るに統一以来、江南で稔らなければ浙右より取り、浙右で稔らなければ淮南より取り、と農政は怠慢で何ら抜本策を取っていない。呉越の時は、営田軍を置き、田事・導河築隄に努力していた。また、民間での糴価は白米一石につき銭五〇文であった。今江・浙の米は一石六、七〇〇文を下らず、甚だしきは一貫に及ぶ。旧時に比して十倍以上に騰貴し、民は困窮し、国庫も備蓄が底をついている。江南の圩田、浙西の河塘は大半が壊れて、東南の大利を失っている。京東・西でも、先に措置した卑湿積潦之地で再び水患の虞が懸念される。そこで、水利興修の措置を願うものである。」と。この范仲淹・富弼の「答手詔条陳十事」中の、「六曰厚農桑」をほぼ取り入れた形で、同年一一月と、翌四年正月に、水利に関する詔が出された。

(慶暦三年十一月七日)、「詔、訪聞、江南舊有圩田能禦水旱。幷兩浙地卑常多水災、雖隄防大半隳廢。及京東西亦有積潦之地、舊常開決溝河、今罷役數年漸已湮塞復將爲患。宜令江・淮・兩浙・荊湖・京東・京西路轉運司、轄下州軍圩田幷河渠・隄堰・陂塘之類、合行開脩去處選官計工料、毎歳于二月間未農作時興役、半月卽罷。仍具逐處開脩幷所獲利濟大小事狀、保明聞奏、當議等第疇獎。內、有係災傷人戶、卽不得一例差夫搔擾、如吏民有知農桑可興廢利害、許經運司陳述件析利害、畫時選官相度如委利濟卽施行。」

(『宋會要輯稿』《以下、『宋會要』と略記。》食貨七―一一水利)

（四年、正月二十八日）、「詔、陂塘圩田之類、及逐處隄堰河渠可備水患者、或能創置開決、或久遠廢壞湮塞、却能興復、或前人已興功未成後來接續了畢者、仰逐處勘會功料大小、所利廣狹、以聞。」

（『宋會要』食貨七―一一水利）

前者の大意は「江南路では、旧もと圩田によって水・旱いずれの災害も禦ぐ事ができた。ならびに両浙路では地勢が低く、常に水災に見舞われ、堤防も大半が壊れている。京東・京西の両路も積潦の地が広がっており、旧もとは常に排水路を開いていた。ここ数年は、こうした水利役を罷めているので、次第にこれらの排水路が塞がり、また水患の虞がでてきている。そこで、江南（東・西）路・淮南（東・西）路・両浙路・荊湖（南・北）路・京東路・京西路の各転運司に命令を下し、各路管轄下の州・軍（行政軍）単位で、圩田幷びに河渠・隄堰・陂塘等の水利施設の内、開鑿・修築の必要な箇所につき、担当官を選び、工事資材を見積もり、毎年二月の間で、農作業に入る前の時期を選んで水利役を興し、半月で直ちに罷めよ。仍、各開修箇所や、そこでの利益・受益の大小等の状況を報告させ、当該の転運司として内容を担保せよ。その上で、勤務功課の対象とする。ただし、災傷の人戸に対しては、直ちに騒擾の虞があるので興役をしてはならない。もし吏民で農桑の利害を熟知する者があれば、転運司を経由して詳細な分析を述べさせ、期間を画して担当官を選んで、実地に視察させ、もし報告の通りであれば、直ちに施行せよ。」というもので、後者の大意は「陂塘・圩田の類と、各地の隄堰・河渠等の水利施設で、水患に備える事のできるもの、或いは創置したが決れたもの、或いは久しく壊れ塞がったままで復興が可能なもの、或いは已に工事が興されたが未完成で今後も続行が予定されているものは、各箇所で人夫や資材の大小や受益範囲の広狭等を調べ、申し上げよ。」というものである。「慶曆の詔」そのものは狭義の水利政策だが、范仲淹による元々の上奏文の趣旨に照らして鑑みると、広義には民生の安定と和糴・漕運費用の削減を図った財政改革に関する政策案でもある。確かに、全国的な農政・水利の整備に言及した認識が中央から打ち出されるのではあるが、後の熙寧年間に見られる理財重視・積極開発の視点にはまだ至っていない。改革を要求する時代の流れ、江南からの社会基盤整備の要求も当然考えられるが、軍事・財政を柱とした包括的な論議の中に、水利政策を位置づける事が肝要であろう。また、黄河治水の上から見ると、「回河東流」論争も、大きな政策的課題である。慶暦八年（一〇四八）、商胡埽で決れ、河道が分流した。至和二年（一〇五五）、欧陽脩は三度上奏して、無用な大役を興さない事、六塔河に導くのは危険な事、自然の水勢に従い、下流の対策に努めるべき事を説いた。翌嘉祐元年（一〇五六）六塔河の工事は失敗に終わった。同五年（一〇六〇）、二股河を生じると、ここに導こうとする議論がまた起こった。その他にも、この前後に三司使の任を担った宋祁、田況、張方平などの主に財政面からの意見も重要であろう。宝元二年（一〇三九）、当時刑部員外郎・同起居注であった宋祁は「陝西での用兵以来、財政が縮んでいる。これには三冗（冗官、廂軍の冗兵、僧道の冗他）と三費（仏寺・道観に係る費用、交際費、饗宴費）がある。このうち待闕官や門蔭の期限・選人を徹底する事、後の二者から適宜帰農させる事で三冗を去る事、倹約により三費を削減する事が必要で、そのためにはまず陛下・後宮がその範を垂れる事であり、民が和同すれば人心は盤石となり、塩茶の課利を集めるよりも有効となる。」と論じている。慶暦五年（一〇四五）に、当時右正言の田況は「冗兵が国計を縮め、民に重税を課している。北辺三路の民は言うまでもない。江淮でも、穀物を上供しているにも関わらず、銭納の際の銭騰穀廉で農民を痛めつけ、加えて絹納により絹も民間に出回らない。聞くところに由ると、東南の民は概ね中産以下は往々にして食に困窮する有様で、和気も損なっている。そこで、実用に耐えない実戦部隊、廂軍を削減する事が急務である。」と論じている。慶暦七年（一〇四七）、当時三司使の張方平は「陝西での用兵以来、禁軍は四〇余万人に増員した。その結果、現在は年間で軍糧が一二〇〇万石、紬絹二四〇万匹、緡四八〇万両、軍馬六万余匹の飼料に草一五〇二万束、料一五一万二〇〇〇石消費している。」など、具体的な数字を挙げ具体的な数量から財政の改革を提言している。方平には、当時の財政状況や漕運状況を伺わせる上奏文がいくつも残っている。自明の事ではあるが、財政問題の焦点の一つが対西夏戦争の負担であり、軍糧を賄う方法として、例えば前線後背地での屯田開発が議論され、また漕運改革と一層の倹約が、屢々議論の俎上に上るのである。

四、王安石新法の問題点(7)

王安石の新法は、まことに徹底した政策であり、かつ全体として総合的な体系をなしている。したがって、本来は、個々の政策を研究するだけでなく、各法相互の連繋、或いは王安石の全体構想そのものを、問題にしなければならない。小論では、新法の中の水利政策の問題点を浮かび上がらせるために、反対派と目される三人の士大夫、司馬光・蘇軾・蘇轍の意見を採り上げ、比較検討する事によって、水利政策を動態的に概観しようと思う。

一般的に括ると、新法党は中央集権的な傾向を持ち、財利・理財の効率的・集約的な運用を目指す。また、政策の実行にあたっては、宰相権の強化と三司体制の克服を目指す。つまり財政面でも、宰相に統制され、天子によって掌握されなければならない。対して旧法党の方は、地方分権（ないしは現状維持）的な傾向を持ち、士大夫の既得権益を重視し、漕運に依存したシステムの継続を訴える。

熙寧元年（一〇六九）四月、王安石が越次入対し、神宗の下問に答えた。いかに今日の難局に当たればよいか、との神宗の問いに対し、「術を択ぶを以て始めと為すべし」、すなわち具体的な治世の術が必要だと答えている。より詳細な改革プランを帝に言上するため、安石が数日後に提出したのが、著名な「本朝百年無事劄子」である。劄子の中で安石は、現在因循が世を蔽っている状況を鋭く指摘する。それは、取士の制において詩賦が重んじられ、任官に際しては実際の適性・才幹よりも順送りが優先される事、監司も守将も本来の役割を果たしていない、などの弊である。官界には怠惰の風が蔓延し、有為な人材の活躍を沮んでいる。農民は差役に苦しみ、救恤を受けられず、水土の利を修めるための官も適切ではない。兵士は疲れて訓練を怠り、将軍が適切に久任する事もない。理財にも大抵その場しのぎでしっかりした方策が無く、倹約しても民は富まず、憂勤しても国は強くならない、と。同年六月、河北沿辺安撫都監の王臨が「（河北）保州の塘濼以西では、築隄植木し、隄内では引水して稲を植え水の及ばない処では方田とし、戎馬を溝に落とす」事とし、認められた。また、中書省から「諸州縣古跡阪塘、異時皆蓄水漑田、民利數倍、近歳所在湮塞。」と水利施設の現状を憂い、復旧を要請する上言が出た。そして、これに対して「諸路監司訪尋州縣、可興復水利、如能設法勸誘興修塘堰圩埠、功利有實、當議旌賞。」との詔となった。ここでは、直接の親民官である多数の知州・県令ではなく、より広域で、かつ人数的にも把握しやすい監司に詔を出している点が注目される。この時、王安石と司馬光が理財策か国用節用策かで論争している。王安石は、積極的な財源の開発・活用こそが喫緊の重要課題であり、司馬光の言うような個別に目標を定めて財政支出の削減を図るような弥縫策では最早立ち行かない段階に達している、と主張する。さらに、京東四州での黄河氾濫に際して対策を進言した司馬光等に実地調査を命じたが、翌年正月帰朝後に行った「当分は成り行きを見守るべし」との報告を斥け、王安石等の主張する「回河東流」策を実施した。その結果はひとまず小康状態を得たので、政策の改変に伴う天譴論者も封じ込める事ができた。しかし、この度の「回河東流」もまた、新旧両法党間に激烈な論争をもたらした。

　新法に対する反論・批判の基調は大筋で一致しているが、司馬光の立論は、後述のように、①祖宗の法に悖る事、②無徳の術に過ぎず、有徳者が登用されていない事、③士大夫をないがしろにし、既得権益を奪い、言路を塞いでいる事、の三点に尽きよう。[8] 光は、「祖宗の法」が絶対で、変更を許さない。例えば、青苗法・募役法。内容に反対する以前に、彼としては「祖宗の法」に戻す以外に選択肢がない。そして、ここではただちに政治の問題には個人の才能・能力等は発展していかないのである。対して安石は、『周礼』に依拠し、政治は君主が統御するものであり、それが理財の根本である、との立場を前提として持ち、そこでは、個人の才能・能力は術として評価されるのである。(9)

司馬光にあっては、王者が官僚組織を設けて人民統治を行う理由付けとして、聖人ですら全知全能者でなく、一つ下って君主の支配は官僚組織の整備とその効果的運用が必要と考えてきた。彼は、官僚が官僚である事を満たす基本的要件を徳に求めていた。そして、その政治方針の肝要は、祖法＝伝統的秩序を守る事であり、その事こそ徳、すなわち孝道の実践である、と考えていた。また、官僚採用の第一条件は徳であり、才知の人は、有徳者によって監督されるべきもの、と考えていた。そして、彼は官僚採用の方法として、個人の能力よりも現任官僚が推薦する薦挙制を求めている。個人の能力を判定する事が前提の科挙制の改革案でも、行義・節操が最上位を占め、善治財賦・法令は最下位に位置づけられている。司馬光が具体的に新法に反対した、熙寧三年二月二〇日の上奏文「乞罷条例司常平使疏」の中で、

夫民之所以有貧富者、由其材性愚智不同、富者智識差長、憂深思遠、……貧者呰窳偸生、不爲遠慮、……是以富者常借貸貧民以自饒、而貧者常假貸富民以自存、雖苦樂不均、然猶彼此相資以保其生也。

と言っているように、新法（青苗法）は、富者と貧者の経済上の秩序維持を破るものとして、反対していた。富者と貧者とに分かれるのは、相応の理由がある。富者は考えが深く、貧者に借貸する者、貧者は考えが浅く、富民より仮貸する者となっており、それで互いに相資えあうものと考えられている。青苗銭の実施（導入）は、この秩序・調和を破るものであり、名誉ある地主たる司馬光たちの郷里での経済活動を阻害するものとして、当然映ったであろう。また、募役法も、従来は差役を免ぜられていた官戸からも免役銭を徴収する事から、彼らの既得権益を損なうものと

して、映ったであろう。彼にとっては、旧法すなわち祖宗の法に戻す事が唯一の目的となり、そのために議論し上奏した。そこには妥協の余地はなく、今日的な意味での政策論争は成立しなかったと言える。最近の研究でも明らかなように、青苗法廃止の際も、集議では一旦存続が決まったにもかかわらず、当時宰相であった光は、いわば独断で廃止を決めてしまっている(10)。

また、二月二七日の王安石当ての書簡「与王介甫書」では、

介甫固大賢、其失在於用心太過、自信太厚而已。何以言之了。自古聖賢所以治國者、不過使百官各稱其職、委任而責成功也。

と、介甫先生（安石）を持ち上げ、「昔から、国を治めるとは、百官をその職につけ、任務を遂げさせる事に尽きるのです。」と、持論である用人論を展開する。そして、「民を養う術は、税を軽くする事と、負債逃れを許さない事とにあります。」と、以下具体例に踏み込む。「各地に提挙常平広恵倉使者四十数人を派遣し、青苗銭・助役銭を実施し、農田水利を求めてこれを行わせました。彼らは皆才俊の者が選ばれていますが、中には人物が軽薄で、州県を虐げ、百姓を騒擾する者がいます。また、薛向に命じて均輸法を行わせ、江淮において商人の利を尽く奪おうとしています。また、介甫殿は数人の意見だけを信じ、天下の人心とは違っています。当今の急務として、制置三司条例司を罷め、諸路提挙常平広恵倉使者を追還する事をねがいます。」と、繰り返し、王安石に翻意を促している。

かくして、王安石の新法は、神宗没後の司馬光執政下において尽く廃止されていく。しかし、旧法党と称される諸人の立場は微妙に異なり、一枚岩とは言えない。また、一般的な理解としての、「改革に反対する保守・反動的な勢力・階層」という一掴みの捉え方が、果たしてそのまま成立するのか、再考の余地はあろう。つまり、上述来の司馬光の考え方、或いは、有名な「天下の事は百姓と共に考えるものに非ず、士大夫と共に考えるべし」との文彦博の言

葉は、今日的な歴史認識のみで捉えては、稍価値判断が偏る虞がある。当時の支配層たる士大夫の言動に基づいた歴史的な文脈の中で、当時の政治・社会・経済の問題として認識し、捉え直す視点が必要であろう。こうした前提を経て、北宋中期、熙寧・元豊・元祐の水利政策を検討していく必要がある。

蘇軾は、熙寧二年一二月頃のものとされる「上神宗皇帝書」等の中で、より具体的に、逐一論証を試み、農民・商人等への矛盾のしわ寄せの実態と、同時に先行きの可能性を追求する。また、恐らくは四川眉山出身の経歴から来る自然観・開発観の相違を抱えており、当時侯叔献により進行中の淤田法を批判し、農田水利法を実施する事により無闇な水利開発を行う事は、自然観の調和を乱すという認識の下、これにも批判的だった。この事は、蘇軾の持つ道家思想や仏教思想との関わりで、興味深い研究課題となり得よう。或いは安易な成果主義に走ると、軽率な事業計画が増え、真に必要な慎重論・反対論が道を閉ざされてしまう事を危惧する。また、庶民的な視点も同時に併せ持っている[(11)]。後に、地勢との調和を図る単鍔の「呉中水利書」を世に広めようとした動機も、この文脈の中で理解できよう。

蘇轍は、当初条例司の一員として新法側に身を置いていた。その直前、熙寧二年三月の、「上神宗皇帝書」によると、財政論として、常に「三冗」が認識されており、これは冗官・冗平・冗費を指す。冗費の中の大きな項目の一つに、漕運改革が挙げられている。ここでは、漕運を四分し、①二分は旧法（従来の衙前を主とした漕運＝転搬法）、②一分は東南の富人を使ったいわば直達法、③一分は京師に官場を設置し、時価に応じて米銭を調達する方法、の三通りを運用させ、利害を比べた上で、最適なものを採用せよ、と述べる。また、賑卹の乱発を見直せ、とも提言している。その後、一一月の「制置三司条例司論事状」で、使者八人を派遣し、農田水利と徭役の利害を調査させた事で、地方官や人心に不信感が生じる事を危惧する。有能な官は使者の介入を嫌い、無能な官は使者の摘発を恐れ、使者共々互いに敬遠し合う事を述べる。また、使者は朝廷の意を体し、成果を上げようとするため、地方官は送迎に疲れ、民の騒擾を来す事になる、と。したがって、朝廷からの新規の事業には、現在の職司守令で充分対応できる、とする。結局、まもなく辞表を提出し、陳州に外任を乞い、旧恩ある知州張方平の下で、州教授として教育行政に携わった。

では、王安石を中心とする新法党による水利政策とは、いかなる性格を持ったものであったのだろうか。『宋会要』食貨七、水利では、熙寧年間には三五件、元豊年間には九件の水利記事がある。農田水利政策の中心を成す農田利害（水利）条約の内容を検討する長文なので、史料は前文のみを引用する。（『宋会要』食貨一―二七～二八、及び食貨六三―一八三～一八六・農田雜録、熙寧二年十一月十三日の條に収録。両者を比較すると、若干の字句の異同があり、食貨六三の文の方が、文字も大きく、内容も完備しているため、これを底本とし、食貨一の字句は、（　）で表示する。）

十一月十三日置制（制置）三司條令司言、乞降農田利害條約附諸路。

「應官吏諸色人、有能知土地所宜種植之法、及可以完復陂湖河港、或不可興復只召人耕佃、或元無陂塘圩埠堤堰溝洫、而即今可以刱修、或水利可及衆、而爲之占擅、或田土去衆用河港不遠、爲人地界所隔可以相度、均濟疏通者、但于農田水利事件、並許經管勾官或所屬州縣陳述、管勾官與本路提刑或轉運商量、或委官按視、如是利便、即附州縣施行、有礙條貫及計工浩大、或事關數州、即奏取旨、其言事人、並籍姓名事件候施行乞（訖）、隨功利大小酬奬、其興利至大者、當議量材錄用、内有意在利賞人、不希恩澤者、聽從其便。」

（大意）「応《あらゆる》官吏と諸色人（一般民）で、①その土地に適した農法、②修復可能な陂湖河港、③それができずに召人耕佃している処、④元もと水利施設（陂塘圩埠堤堰溝洫）がなく、今すぐに刱修すべき処、⑤衆（公共）の水利を有力者が占擅している処、⑥河港近くで民間の地界が途中で隔てているが疎通可能な処、を知っている者は、(a)農田水利の事柄・内容に限り、みな管勾官や州県官に申し述べるのを許す。(b)管勾官と本路の提刑（提点刑獄）・転運（使）は協議し或いは官員を遣わして視察させ、もし実現に好都合であれば、即ちに州県に下して実施させよ。(c)もし妨げとなる理由が経費・工程の浩大さや数州にまたがるものであれば、即ちに上奏して天子の許しを得よ。(d)意見の具申者は姓名と内容を籍し、実施完了を俟ってその功の大小に随って酬奨せよ。興利が甚だ大きい者は、協議の上適材を見極めて採用せよ。」つまり、①〜⑥は対象となる内容、(a)〜(d)は具体的な手続きを、それぞれ示したものである。以下に、具体的な逐条解説が六ヶ条と再度地方担当官に条約内容の履行を促し、功課と賞罰にふれた結語の部分から成る。この条約は、従来からの方針・法令をふまえつつ、管勾官という農田水利関係の統轄者が設置された点が最大の特徴である。本文を要約すると、(一)荒廃した田土の所在とその理由、地目と面積、及び現状、(二)大川溝瀆と周域の陂塘堰埭の状況や興修すべき箇所、(三)水害の被災地域や、復旧のための圩岸堤防の修築・泄水のための溝洫の開濬方策、の三つについて各県が調査し、図籍を添えて州に送って方策を報告し、州は必要があればそれを更に覆検し、利害を具してこれを管勾官に送る、という手続きを定めている。管勾官は州県の対策を指揮し、提点刑獄や転運使と協議し、興修を進める強い権限を有している。次に、工事に要する資金のあり方についても記している。工役が浩大で民力でまかなえない場合は、常平広恵倉から銭斛を受益戸に貸借し、青苗銭の例により二限か三限で返納する。不足の場合は物力戸から貸借し、これも同様の例とする事。諸色人は功利の多少により酬奨し、または適材を見極めて採用するというものである。加えて賞罰規定も設けている。まず、有力戸が管勾官の指揮に従わなかった場合、督促の上、銭斛を工役用に納めさせられた。こうした賞罰は、管勾官と提刑が協議の上で実施した。次に、主に知県・県令に対しても、功績の大小を量り、「与転運官或升任、減年磨勘循資、或賜金帛、令再任或選差。」という賞罰が実施された。これの内容を踏まえて、この時期の各地での水利興修を四例略示する。

①京西南路は五代の度重なる戦禍で田土は荒廃し、戸口数も激減した。首都圏に連なるこの地域の復興は、宋朝にとって最重要課題の一つであった。唐州の開発は、嘉祐から治平の五年間知州趙尚寛が著名な邵信臣の故迹を探し、

三大陂と一大渠を修復、支渠数十を開鑿し、流民・移民を招致して一万余頃を拓いた。続いて後任の高賦が、治平元年から熙寧元年にかけて四四堰を作り、水利田は三万一〇〇〇余頃、戸数は一万一〇〇〇余戸、税は二万二〇〇〇余石のそれぞれ増加を見、各々酬奨を受け、顕彰されている。ここでは、官による主導が特徴である。その担い手は、「自熙寧中、四方之民、輻輳開墾環數千里、並爲良田」とあるように、周辺からの流民・移民・本州の下層民であった。襄州では、宜城県の蛮河を引いた長渠の修復が県令孫永・曼叔により至和二年（一〇五五）にあり、三〇〇〇余頃を拓いている。同じく蛮河と漢水を引いた木渠の修復は、宜城県令朱紘により、熙寧三年（一〇七〇）に修復がなされ、六〇〇〇頃が拓かれている。ここでは、「修復木渠、不費公家束薪豆斗粟而民樂趍之。渠成所漑六千余頃、数邑蒙其利。」とあり、在地民戸の積極参加が特徴である。襄陽県の淳河水利は、熙寧四年（一〇七一）に知襄州史炤によって短期間に実施され、堰堤一〇六里を増築し、水利田六六〇〇余頃を拓いている。②両浙路明州では、熙寧元年（一〇六八）知鄞県張峋の手により、西郷に位置する広徳湖の湖田化を抑え、水系を整備するなど、民の騒擾を来さない形（農閑期の実施・適正規模を図る・官の強制をしない）での水利興修が円滑に進んだ。これには、鄞県の地域社会・共同体の協力が欠かせなかったと思われる。曾鞏の「広徳湖記」によると、「擇民之爲人信服有知計者、使督役而自主之、一不屬吏人以不擾、而咸勸趨。」とある。張峋はまた、東郷の水源である東銭湖の湖界も正した。沈遼の「隠学山復放生池碑」によると、湖畔にあった隠学山棲真寺の放生池との境が曖昧になったため、山旁の耆耋を召してその経界を画した、とある。この折の功績が評価されて、張峋は両浙提挙常平農田水利に任じられたが、巡歴を怠った廉で罷免されている。これは、上からの強力な指導による農田水利の方式・政策と、曾鞏が伝える在地主導型の明州鄞県の例との間で齟齬を生じたためだと思われる。尚、農田水利条約を受けて、奉化県では劉大河碶が築かれた。『宝慶四明志』巻一四によると、これは熙寧年間に邑人王元章の祖が出力して創建したものである。③開封府周域では、侯叔献が農田水利条約が施行された直後に、遺利開発や淤田法を遂行した。この事業の最大の理由は、汴河漕運への過度の集中を相対化し、東南六路の農民への負担を軽減する事にある。明清時代の「畿輔水利論」と同じ考え方である。ただし、侯叔献のやや強引な手法とも相俟って、反対派からの批判の矢面に立たされた。この事業により、数千頃の水利田が拓かれたが、祥符・中牟両県の民は大いに水患を被った。蘇軾は「上神宗皇帝書」の中で、無理に陂を作り引水して水稲田としても泥沙のため三年で埋まってしまう。乱開発・自然破壊をすると必ず付けが回ってくる、と批判している。④両浙路蘇州周域では、やや遅れて熙寧五年（一〇七二）一一月、司農寺丞兼提挙両浙路興修水利の郟亶が赴任してきた。『呉郡志』によると、彼は同三年以来すでに治田水利書を二回献策している。「六失六得」・「治田利害七事」と称されるものである。これによると、全部で二六〇箇所について七里毎の縦浦（南北）、十里毎の横塘（東西）といったクリークを整備し、堰や斗門を設け、浚えた土で圩岸を堅高にし、圃場（耕田）を守る計画であった。しかし、三年で二〇〇〇万夫を用い、六州三四県にまたがるという大規模な計画と自身の尊大な態度から民の騒擾を来し、翌年五月には罷免されている。この背景には、郟亶に反対する呂恵卿と王安石との対立が存在した。八月から、検正中書刑房公事沈括が後任として辟官され、両浙水利を相度した。沈括の任用には神宗が懸念を表したが、王安石が強く支持した。沈括は保甲法を導入し、先ず詭名を正し、私塩を取り締まる事を言う。次に、懸案の浙西での水利について、蘇州・秀州では旱魃により湖水が減少し涇浜は涸出している。ここ数年は豊年で、民には余力があるので、工を興し易い。まず今年一年の必要な夫役を計れば成法となり、来年からは民も進んで工に趨くようになると見込み期間を短縮した。その上で、浙西では水患が久しく滞水しており、隄防も川瀆も湮廃している。民から役を出させれば成功しないので、司農寺から官銭を出させ、民を募り役を興す事を進言、裁可された。

五、おわりに

以上見てきたように宋代の水利政策を概観すると、その時代を映す鏡であるともいえる。宋朝の政治や財政が抱える諸問題が如実に反映され、時々の水利政策として実行されていくのである。他方で各地域の水利興修は、こうした時事問題と直接は無関係に営々と営まれるわけだが、両者を丹念に辿れば政治の陰を映している場合も間間見受けられる。そこで、士大夫や在地の識者達が様々な議論や、水利政策への関与を跡づける手法が有効となる。宋代は、一般に政策論争が活発に行われた時代と考えて大過無かろう。諸史料や統計的数字を踏まえて、これらの士大夫や在地の識者達の議論・主張を繙いていけば、その時々の政治的な課題と地域社会の実相とを立体的に浮かび上がらせる事が可能となるのではなかろうか。

本論で述べたように、特に神宗の王安石執政時代は、これらの水利政策が全面的に展開した時期に当たり、大変興味深く、かつ重要な時代である。安石の水利政策で、最もよく知られているものが農田水利法と淤田法であろう。加えて、青苗法や募役法は民生を安定させ、水利事業の資金を提供するために重要な政策であったし、保甲法は郷村統治に有用であり、方田均税法は農地の丈量・把握に貢献した。その他、均輸法は漕運の改革に貢献したであろうし、倉法は漕運や徴税に携わる胥吏の改革に力を発揮した。また、黄河治水では、河道を付け替える回河東流策を支持し、浚渫船も実験するなど、積極策を展開した。概して旧法党は現状維持か北流を支持した。

重要なのは、③以降⑥に至る各時代の課題及び通史的展望をいかに浮かび上がらせ、またそれらを縒り合わせるかという点である。具体的には、③期後半に生じたその後の旧法・新法両党による政策実施と党争による混乱の問題、

④期に徽宗朝末年から顕著となった東南での盗湖問題や圩田化の進展、[12]⑤期の開禧年間（一二〇五～〇七）までは、これら農田の開掘が進んだが、開禧用兵以後の財政悪化に伴い、再び盗湖や圩田化が進んだ事、⑥期の重税・財政破綻期に至る流れについて、また、黄河治水の一貫した問題、南宋期の宋・金関係から見た視点も重要となろう。

　こうして一つの政策、あるいはそれへの批判を生み出した思想的背景も考察する事によって、可能な限り宋代当時の問題意識に迫る事が大切である。[13]

註

（1）松井等「宋対契丹の戦略地理」（『満蒙地理歴史研究報告』4、一九一八年）、岡崎文夫「支那ノ文献ニヨル黄河問題綱要」（東亜研究所、一九三九年）、長瀬守「宋代における塘泊」（『都立杉並高紀要』2、一九六二年、同氏『宋元水利史研究』国書刊行会、一九八三年所収）

（2）河原由郎『北宋期・土地所有の問題と商業資本』（西日本学術出版社、一九六四年）、蛭田展充「宋初河北の屯田政策」（『史観』一四一、一九九九年）、西奥健志「宋代の物流と商人——軍糧納入への関わりを中心として——」（『鷹陵史学』三二、二〇〇六年）

（3）青山定雄「北宋の漕運法に就いて」（『市村博士古稀記念東洋史論叢』冨山房、一九三三年）、同氏『唐宋時代の交通と地誌地図の研究』（吉川弘文館、一九六三年）、小野泰「宋代運河政策の形成——淮南路を中心に——」（『東洋史苑』六九、二〇〇七年）

（4）前掲、蛭田展充「宋初河北の屯田政策」

（5）吉岡義信「宋代の勧農使について」（『史学研究』六〇、一九七〇年）、王瑞来『宋代の皇帝権力と士大夫政治』（汲古書院、二〇〇一年）

（6）吉田清治『北宋全盛期の政治』（弘文堂書房、一九四一年）、近藤一成『北宋「慶暦の治」小考』（『史滴』5、一九八四年）、

竺沙雅章『范仲淹』（白帝社、一九九五年）、小林義廣『欧陽脩　その生涯と宗族』（創文社、二〇〇〇年）

（7）佐伯富『王安石』（『中国史研究』第三　同朋舎、一九七七年）、東一夫『王安石新法の研究』（風間書房、一九七〇年）、梅原郁「王安石の新法」（『岩波講座　世界歴史』9　岩波書店、一九七〇年）、同氏「3改革の嵐」（『世界歴史大系　中国史3』山川出版社、一九九七年）、宮崎市定「王安石の吏士合一策――倉法を中心として――」（『桑原博士還暦記念東洋史論叢』、一九三〇年、『全集』一〇　岩波書店、一九九二年）

（8）寺地遵「天人相関説よりみた司馬光と王安石」（『史学雑誌』七六―一〇、一九六七年）、木田知生『司馬光とその時代』（白帝社、一九九四年）

（9）諸橋轍次『儒学の目的と宋儒の活動』（『諸橋轍次著作集』第一巻　大修館、一九八〇年）

（10）熊本崇「宋元祐三省攷――『調停』と聚議をめぐって――」（『東北大学東洋史論集』第九輯、二〇〇三年）

（11）『蘇軾文集』孔凡礼点校　中華書局、一九八六年。岡崎文夫・池田静夫『江南文化開発史』（弘文堂、一九四〇年）、長瀬守「宋代における単鍔の水利学」、前掲『宋元水利史研究』所収。

（12）寺地遵「南宋期、浙東の盗湖問題」（『史学研究』一八三、一九八九年）、梁庚堯『南宋的地利用政策』国立台湾大学文史叢刊四六、一九七七年）

（13）以下の諸研究が参考になる。熊本崇「熙寧年間の察訪使――王安石新法の推進者たち――」（『集刊東洋学』五八、一九八七年）、本田治「宋代地方官の水利建設と勤務評定」（森田明編『中国水利史の研究』国書刊行会、一九九五年）、前掲、寺地遵「天人相関説よりみた司馬光と王安石」、「南宋期、浙東の盗湖問題」、前掲、諸橋轍次『儒学の目的と宋儒の活動』。

表1　［水利記事の概数分析］（『宋会要輯稿』食貨七・水利上　七之一～三九）

太宗朝（九七六～九七）	……4	華北・・4	
真宗朝（九九七～一〇二二）	……9	華北・・4	江南・・5（天禧以後）
仁宗朝（一〇二二～六三）	……13		
慶暦以前（一〇二二～四〇）	……2	華北・・2	
以後	……11		
慶暦期（一〇四一～四八）	……4	華北・・1	江南・・3
皇祐以後（一〇四九～六三）	……7	華北・・2	江南・・5
英宗朝（一〇六三～六七）	……3	華北・・3（内、1は全体）	
神宗朝（一〇六七～八五）	……41		
熙寧期（一〇六七～七七）	……35	華北・・19	江南・・16
元豊期（一〇七八～八五）	……6	華北・・6（内、1は全体）	
哲宗朝（一〇八五～一一〇〇）	……2	華北・・1	江南・・1
徽宗朝（一一〇〇～二五）	……20		江南・・20（内、3は全体）
欽宗朝（一一二五～二七）	……1		江南・・1

表2　宋代水利関係機構・職官表
宋初〜北宋中期

三司（使・副使・判官）
①塩鉄（使・副使・判官）
・兵案（掌漕運関係軍卒）　・冑案（掌河渠修築）
〔その他：商税案・都塩案・茶案・鉄案〕
②度支（使・副使・判官）
・糧料案（掌軍糧、諸州の穀物受給、御河漕運等）
・発運案（掌汴河・広済河・蔡河漕運、橋梁、折斛、三税）　・常平案（掌諸州平羅、常平倉）
〔その他：斛斗案〕
③戸部（使・副使・判官）
・戸税案（掌夏税）　・上供案（掌諸州上供銭帛）
・修造案（掌排岸作坊、諸庫の簿帳、橋梁、竹、筏等）
〔その他：三部勾院・都主轄支収司・都理欠司・都憑由司・開坼司・衙司〕
→掌会計・帳簿・文書の検査、観察、不正・虚偽監視、衙前・漕運に関する軍将や労役の按排等

＊提点在京倉草場司（所）（提点在京倉草場：閤門祇候以上の武臣）・掌京師の糧倉・草料場
京諸倉（船般倉◇・税倉◆・折中倉◎）→元豊正名（官制改革）で、司農寺倉
◇江淮運十倉［東河・裏河］（永豊・通濟第一／第二・萬盈・廣衍・延豊第一／第二・順成・濟遠・富國）
◇懐・孟諸州運二倉［西河］（永濟・永富）　◇潁・壽諸州運一倉［南河・外河］（廣濟第一）
◇曹・濮諸州運二倉［北河］（廣積・廣儲）
◆京東界諸県一倉（廣濟第二）　◆京北界諸県三倉（廣積第一・左右騏驥院倉・天駟監倉）
◆京西界諸県一倉（左天廏坊倉）　◆京南界諸県二倉（大盈・右天廏）
◎商人入中一倉（裏河外河折中倉）

◎王安石執政時代

制置三司条例司　提挙常平使者（後に司）を設置、相度利害官を派遣

↓

司農寺が、水利政策を統轄

↓　元豊正名（官制改革）

・戸部左曹（尚書）…戸口案（全国諸路州県の戸口・財産）・税賦案（二税・支移・折変・房地税・僧道免丁銭、及課利）
　農田案（農田及田訴務、水旱災に遭った州県の情報報告、勧農・新田開発、県令・県佐の任満・賞罰）

・戸部右曹（侍郎）…常平案（常平倉・農田水利・義倉・救済）・免役案（免役・教閲・伍保）　坊場案（坊場・河渡銭徴収、衙前綱運の費用等）、
　平準案（市易、物価抑制）

◎概ね、新法下の司農寺の系統

地方

路分　監司（用役権、水源維持等で法令の維持・仲裁・検断
府州県官　勧農、徴税、運搬、漕運、水旱災等の災害報告と
鎮監当官　対策

↓　転運使・提点刑獄使・提挙常平使・（経略安撫使）

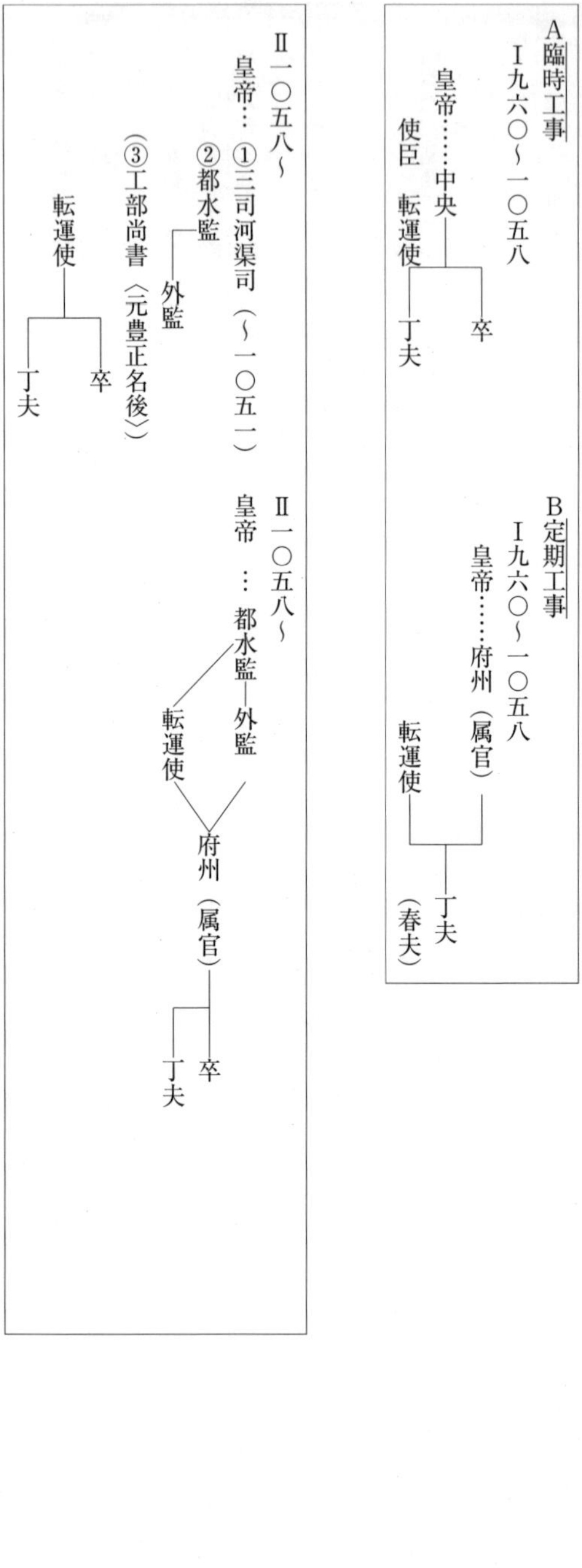
A臨時工事
I九六〇～一〇五八
皇帝……中央
使臣　転運使
卒
丁夫
B定期工事
I九六〇～一〇五八
皇帝……府州（属官）
転運使
丁夫
（春夫）
Ⅱ一〇五八～
皇帝…①三司河渠司（～一〇五一）
②都水監
外監
〈③工部尚書〈元豊正名後〉〉
転運使
卒
丁夫
Ⅱ一〇五八～
皇帝　…　都水監
外監
転運使
府州（属官）
卒
丁夫

治河機構概略図

表3　『中書備対』宋代の水利田統計・熙寧3～9年（1070～76）

諸路合計	10,803処	36万0,369頃	100.0%
東南六路			
両浙路	1,980処	10万0,485頃	29.1%
淮南東路	533処	3万1,016頃	8.7%
淮南西路	1,761処	4万3,651頃	12.1%
江南東路	510処	1万0,702頃	3.0%
江南西路	997処	4,675頃	1.3%
荊湖北路	233処	8,733頃	2.4%
荊湖南路	1,473処	1,151頃	0.3%
		小計	56.9%
東京開封府	25処	1万5,749頃	4.4%
京西南路	283処	2万1,803頃	6.1%
京西北路	727処	2万1,559頃	3.2%
河北東路	11処	1万9,452頃	5.4%
河北西路	34処	4万0,209頃	11.2%
河東路	114処	4,720頃	1.3%
永興軍路	19処	1,352頃	0.4%
秦鳳路	113処	3,628頃	1.0%
		小計	33.0%

※東南六路は、上供米が漕運の対象となる路域。
※下段は、首都開封府周域と北辺三路。他に、京東東路（71処、8,849頃、2.5%）・京東西路（106処、1万7,091頃、4.7%）が比較的大きい。
※逆に淤田法の実施地域は、主に開封府周域と京東・京西路が中心で、熙寧年間に5万8,700頃に達した。

出典：『宋会要』食貨61（上）―68、水利田

第二章　宋代運河政策の形成——淮南路を中心に——

一、はじめに

本章の考察対象は、宋代の漕運制度を支えた大運河のうち、淮南路（特に東路）の東側を南北に縦貫する淮南運河を主に扱ったものである。いわゆる大運河は、隋代に建設され唐代にも機能していた。特に唐代後半期は、衰退した唐を支える生命線として、その保全に意が用いられた。宋代、準戦時体制下の国家財政の根幹を担うため、漕運の位置づけは、更に重要となった。宋代の漕運は汴河が中心だが、汴河以南の淮河北岸～長江北岸の部分すなわち小論で扱う淮南運河についての考察は、漕運全体の制度史の中では触れられているが、運河自体の形成過程については、まとまった言及はされていない(1)。

宋代の漕運・運河に関する日本での研究は、主として、㈠国家財政の柱を支える漕運制度の解明を中心に力が注がれてきた。また、㈡様々な社会学・経済学の見方を導入、統計資料を駆使して、諸都市や地域社会の発展を考察した研究も有効である。㈢その他に、財政史や税制史の一環としても、触れられている(2)。中国での研究は、初期の代表的なものとして、㈠運河を通した唐宋間の巨視的な経済史の動向を考察したものが中心であった。これに対して、近年では、むしろ㈡運河沿線の諸都市・鎮市の歴史地理的な推移を考察したもの、㈢水利史研究の一環として、運河の建設工程や維持・管理を考察したもの、に大別できる。また、㈣財政史や、地域経済を扱った新しい傾向も現れている(3)。

本章では、これらの諸研究を踏まえながら、南北の結節点としての淮南運河（淮揚運河等の四河）の漕運が、宋代、特に北宋の政治史の上で、いかなる意味を持っていたのか、また、水利史の問題は、政治史・経済史の上で、いかなる意味を持っていたのか、に焦点を当てて、表題の政策形成の過程について、考察していく事とする。

二、漕運制度の概要

1 国内統一と漕運制度の形成

一般に、宋代に関するイメージは、五代の分裂・武断政治を克服し、北方民族に対する軍事的劣勢に悩みながらも、東南六路を開発し、漕運を実施、商人の活動が盛んとなり商品流通も発達、経済は大いに発展した、というものであろう。しかし、建隆元年（九六〇）当初から、統一的な農政、開封への漕運政策が実施されていた訳ではない。建国当時は華北中心の北方政権であり、たとえ統一は視野に入れていたとしても、実際には地方政権であり、五代以来の農政や税体系の特徴を備えていたはずである。宋代の南方発展（呉越国、後の両浙路など）の基礎は、むしろ早く五代十国の分裂対立時期に築かれていたことが、言われている。(4)

さて、漕運とは、国家によって、租米その他の税物を、主に運河を使って各地から国都その他へ輸送する事である。国都開封は、街の中を四本の水路（運河）が貫流し、文字通り水運が四通八達した立地だが、前述のように、建国当初から、東南六路の漕運額六〇〇万石が固定していたわけではない。また、江南河・淮揚運河・沙河・洪澤河・亀山運河・汴河も次第に整備されていき、それにつれて、運河沿線の諸都市、蘇州（平江府）・潤州（鎮江府）・真州・楚州

（淮安府）・泗州なども発展、商税額統計によって、それらを跡づける事ができる。[5]

宋の建国より約二〇年後の太平興国三年（九七八）、閩南と呉越の平定により、東南六路はすべて宋の版図に入った。そして、漕運額の年次推移も、太祖の開寶五年（九七二）には稲米数十万石だったものが、太宗の太平興国元年（九七六）米一〇〇余万石、同六年（九八一）秔米三〇〇万石、豆一〇〇万石、真宗の景徳初頃（一〇〇四）五〇〇万石、同四年（一〇〇七）六〇〇万石（定額）[6]、仁宗の慶暦年間（一〇四一～四八）毎歳六〇〇万石、神宗の熙寧三年（一〇七〇）六二〇万石、客舟二六万石と、増加していくのである。ここで、東南からの漕運に対する時人の認識を二例挙げてみる。先ず、端拱二年（九八九）、国学博士の李覚の上言である。

> 夏四月、國子博士李覺上言曰、……歳運五百萬斛以資國費。此朝廷之盛、臣庶之福。近歳以來、都下粟麥至賤、倉庫充牣、露積紅腐、陳陳相因、或以充賞給、斗直十錢、此工賈之利而軍農之不利也。……凡運米一斛、計其費不啻三百錢、侵耗損折、復在其外。而挽船之夫、彌涉冬夏、離去鄉舍、終老江湖、亦可傷矣。夫其糧之來也至重至艱、官之給也至輕至易、歳之豐儉、不可預期、儻不幸有水旱之虞、卒然有邊境之患、其何以救之。……
>
> （『續資治通鑑長編』巻三〇、端拱二年。以下『長編』と略記。）

とある。ここで李覚は、まず東南から、五百万石の漕運の構造を述べる。そして、米一斛の漕運に三百銭を要し、さまざまな目減りもこれに加わる事、運搬に「挽船之夫」の長期にわたる困苦がある事、漕米が過剰に出回っているため、京師では近歳粟麥の価格が下がり、生産農民と、粟麥を換金して生活する兵士の暮らしを圧迫していること、江淮からの運米に過度に依存している事の危うさ等の問題点を指摘している。また兵士への給与（支給米）が高値で安定するように配慮すべきだ、と進言している。従って、ここでは、現状の漕運体制に必ずしも賛成していない意見であると捉えることができる。

次に、慶暦四年（一〇四四）の李覯の上言である。

……覯、江南人、請言南方事。當今天下根本在於江淮、天下無江淮、不能以足用、江淮無天下、自可以爲國。何者、汴口之入、歳常數百萬斛、金錢布帛百物之備、不可勝計。而度支經費、尚聞有闕、是天下無江淮、不能以足用也。吳楚之地、方數千里、耕有餘食、織有餘衣、工有餘材、商有餘貨、鑄山煮海、財用何窮、水行陸走、饋運而去、而不聞有一物由北來者、是江淮無天下、自可以爲國也。萬一有變、得不爲廟堂之憂而姦雄之幸乎。

（『直講李先生集』巻二八、「寄上富樞密書」）

とある。当時李覯は年若く、まだ無名の存在に過ぎなかった。時々の要路の大官に度々意見を上っているのだが、なかなか採用されない。彼は南方人で、江南（実際には江西）の人であった。お国自慢による誇張を差し引いたとしても、江淮の財賦が天下を支えているのだという自負があり、この文章は江淮からの穀物・商工業・工業、鉱業や塩業など、江淮の財政上の比重の大きさを語って余す所がない。従って、李覯は江南への格段の配慮を、この文の行間に滲ませているのである。(7)

2 漕運方法

宋代の漕運のうち、代表的な重貨は両税のうちの秋税、すなわち上供米であった。夏税は大略五月から七月に、秋税は同じく九月から一二月に、原則として府州軍監に輸納された。府州軍監からは転運司の管轄下に、路分にまとめられ、水次の倉庫に収めたりして、京師に輸送された。(8)宋代ではまた、唐の劉晏が採用した制度にならい、転般法を導入した。これは、淮河の北側泗州と、南側楚州に転般倉を置き、順次京師へと転送する方法であった。太平興国三年（九七八）、東南六路をすべて領有したため、転般倉も真州・揚州を加えて四ヶ所に増やした。(9)そして、一般に各地から転般倉までは江路と呼ばれ、転般倉から京師までは汴綱と呼ばれた(10)。ただし、汴河は冬季の間は水量不足のため、通常は航行しなかった。輸送の具体的な方法は、江路では衙前が漕船及び水夫を雇う形態であったが、後に使臣・三司軍将・大将、牽駕の兵士・廂軍（主に警備と挽舟をになう）による形態へと変わった。汴綱は、当初から使臣・禁軍の将軍による管理の形態をとっており水夫を和雇したが、勢い強制的になったため、廂軍を用いるようになった。しかし、不正行為続発、綱紀紊乱、損傷欠失、輸送の遅れによる漕糧不足、漕船不足など様々な弊害が生じたため、漕運改革が重要な課題となる。かくして、仁宗朝の嘉祐・治平年間（一〇六〇年代）に漕運制度の改革が実施され、江路では、武官と廂軍の役割が格段に重くなる。同時に、汴綱でも、廂軍の質が劣悪だった事が問題となり、和雇による一般募集の水夫が重視される事となる。ところが、ここで新たな問題の発生を見た。汴河は冬期は不通であったため、この間水夫の生計をいかに保証するかが懸案となった。そこで、冬期、汴綱を江路に出し、往路には塩を運び、帰路には漕糧を輸送する方法が打ち出された(11)。神宗朝の熙寧二年（一〇六九）には、発運使薛向が商船雇傭策（均輸法の一環）を導入した(12)。これは、江淮地方の起運地より、京師に直達するもので、主に東南の大商人から募集された。この時、二六万石の漕米が実際に輸送された。漕運の船団は、綱と称され、その編成は、五百料船の場合は二五隻、四百料船の場合は三〇隻で一綱と数えられ、押綱官が指揮した。積載量の八割積み込みが標準とされ、概ね一万石で一綱とされていた。

徽宗朝の崇寧年間（一一〇二～〇六）、蔡京による直達法が実施された。実施理由としては、概ね以下の三点が挙げられる。先ず、発運司所管の糴本銭が中央の財源に繰り入れられ、そのため発運司による米価調節機能が失われ、転般倉で漕米を貯蔵しておく意味合いが薄れた事。次に、回船の重要な役割であった淮南塩の運搬理由が無くなった事。塩の官搬官売法（政府直営）が通商法（商人による輸送販売）に変更され、汴綱の漕船は、帰路の積載塩を失ってしまったのである。最後に、神宗の元豊元年（一〇七九）、洛水を汴河に引水する清汴工程が実施され、冬季の汴河通航が可能となった事が挙げられる[13]。

三、淮南運河の概要とその整備

淮南運河は、その南端で長江を渡り、真州・揚州を通り、北上して高郵軍・宝応県を経由する。淮水南岸の楚州（淮安）から、淮水を約百里溯航し、北岸に渡り、泗州に至る経路であり、泗州から西北に汴河を溯航すれば、京師に辿り着く。かくして南北を結ぶ文字通りの要衝にあたる。この淮南運河を維持するための問題点として、①運河道と堤岸の維持、②増水期の出水対策と水量の確保、③楚州から泗州までの淮水を利用した漕路の部分、いわゆる〝長淮の険〟をどう乗り切るか、という問題点がある。これを更に船の航行という技術面から考察すると、運河道は平坦な行程ではなく、楚州から揚州に向けて、緩やかな下り勾配を示している。また楚州から淮水に北向する段にも下りの勾配がついている。まさにこの、長江・淮水等の東西を流れる大河と交わる結節点が、淮南運河の重要な地点となるのである。勾配がつく事から、運河道の水深を維持するため、㈠要所には堰が設けられた。しかし、このままでは漕運船が通れないため、積み換え作業、越堰作業、挽舟作業が必要となり、転般倉がその中心となった。堰には軟堰と硬堰があるが、いずれも船の損壊が問題となった。また、船の大型化と通行量の増加が、㈡閘のシステムへの変化をもたらした。ただ、便利さの反面、閘は膨大な水資源を要するため、水源の確保や運河道の整備・浚渫が、ますます必要となってくる。漕運の通航時期は、稲作等の湛水時期とも重なるため、水源地が双方に共通の場合には、水の管理・分配が大きな問題となる。国家的課題の税糧等の運搬とそれを下支えする在地社会との利害調整や対立が、現実政治の課題として、常に認識され続けるのである。以下、代表的な運河工段を跡づける。

①【沙河】

先ず後周世宗の時、南唐征服のため、汴河・淮揚運河の軍事的利用をはかるため、楚州付近を整備した事が、前提として記憶されなければならない。

楚州州域の山陽県から淮陰県にかけての淮水の湾曲部分山陽湾は、急流で漕運上の難所であった。太宗の太平興国年間（九七六～八三）、淮南転運使であった劉蟠が、この険所を避けるため、楚州運河の北端渡津地点末口から上流の磨盤口にかけて、天然の湖沼を利用して、淮水に平行する形でその南岸に漕渠を開かん事を建議したが、実現を見る前に服喪のため任を離れた。雍熙元年（九八四）、淮南転運使喬維岳がその建議の後を継ぎ、故沙湖を利用して沙河を開いた。また当時、建安軍（真州）から淮水畔にかけて、南から龍舟・新興・茱萸・邵伯・北神の五堰があり、各々に上下の斜路を設け、十道で漕船が往来していた。これらの堰は、越堰の際、積み荷を卸し、斜路から船を巻き上げる必要があった。そのため、屢々船が損壊し、また下卸時の漕米の目減りも問題となった。そこで維岳は、西河の第三堰に五〇歩（約七六・八米）の間隔で斗門を二つ設置した。施設全体が屋根で覆われ、水位が満ちると開門・排水して船を通した(14)。

②【高郵軍・宝応県付近の漕路】

淮揚運河を南から北上した場合、概ね高郵軍・宝応県の線で三等分できる。運河路はすべて築堤が完了していたわけではなく、本来天然の湖泊群を利用しながら、漕船を航行させていた。邵伯以北の地勢は西高東低で、夏季は高郵・宝応の諸湖は、天長県以東の諸河の洪水を受け、屢々東側に向けて氾濫した。逆に冬季の涸水期には、絶えず水量不足に悩まされた。この一帯は、特に漕運路の維持と、湖東の灌漑用水の確保、という二つの問題に直面しなければならなかった。景徳年間（一〇〇四～〇七）には、制置江淮等路発運使李溥の時、高郵軍の新開湖水からの風濤の危険が多いので、泗州から還る漕船に石を積載して運ばせ、湖中に石を積んで長堤を作らせた。これ以後風濤の患いが無くなった。また、天聖年間（一〇二三～三二）には、江淮制置発運副使の張綸が、高郵の北に漕河隄二〇〇里を築き、傍らに礎を一〇置き、横流を泄した。また、真州の西に長蘆西河を開き、長江での漕船転覆の患いを避けた。張綸は在任中に、通・泰・楚三州の塩戸の負債免除、器具貸与等の優遇措置を与え、歳課数十万石を増し、また杭・秀・海三州の塩場を復置し、一五〇万の歳入を得た。二年で上供米八〇万石を増した。太湖から海への五渠を疏導し、租米六〇万石を復した。泰州での一五〇里に及ぶ捍海堰を自ら督役して修築した。彼は、基本的な水利施設・生産基盤の整備に努めたといえる。(15)

③【揚州三堰の毀廃】

天禧三年（一〇一九）、前年の江淮発運使賈宗の請に依り、漕路上の剝卸の煩を避けるため、揚州の南の龍舟、東の茱萸、新興の三堰を壊して新たに勾配の緩やかな水路を鑿ち、また揚州古河を開鑿し、城内から城南に出て東沿を巡って運河に接続する経路を開いた。(16)

④【真州水閘の設置】

天聖年間（一〇二三～三二）、監真州排岸司・右侍禁の陶鑑が、二つの閘門による水位調整で、堰埭の煩を省こうと建議した。この時、工部郎中・発運使の方仲荀、文思使・発運副使の張綸が上言し、実現をみた。毎年冗卒五〇〇人、雑費一二五万銭を節約し、漕船の積載量も三〇〇石から四〇〇石、官船は七〇〇石に増加した。(17)

⑤【洪澤運河の開鑿】

皇祐年間（一〇四九～五四）、発運使許元が洪澤運河四九里を開鑿した。運河は淮陰から始まり、その結果〝長淮の険"はひとまず解消されたが、暫くしてまた運河道が浅くなった。その後、発運使馬仲甫が、新たに洪澤渠六〇里を鑿った。熙寧四年（一〇七一）、発運副使羅拯が濬治を加えた。(18)

⑥【亀山運河の開鑿】

元豊六年（一〇八三）、発運使羅拯と蔣之奇が、洪澤より上流にあたる淮水に並行して、亀山運河の開鑿を上言した。帝は都水監丞陳祐甫を遣わして工費等を計度させた。その結果、長さ五七里、闊さ一五丈、深さ一丈五尺の工程を調夫一〇万で、正月戊辰より二月乙未の期間で完成させた。(19)

四、淮南地域の立地

1淮南塩

淮南地域の立地について概観してみる。先ず、穀倉地帯としての位置づけである。上供米の額は一五〇万石と多いが、この数字は、和糴等で購入・調達した量も合わせた数字と考えられる。また、淮西では粗放な農法も多く見られ、集約性の問題もある。南渡後は「必争之地」として戦禍を被ったため、上供が免除されている。可耕地も多く荒廃したため、営田や屯田が設置された。(20)②次に、交通上の立地としては、繰り返しになるが、長江~淮水間という漕運・水運の中継点に位置した点が、まず特筆される。同時にまた、淮東は低窪地が多いため、しばしば大規模な水害にも見舞われている。後、黄河奪淮期に入ると、この傾向が一層強まる。更に、長大な海岸線を有する所から、淮南塩（末塩）の産地として歴代重要視された。(21)各地の濱海部の塩場で生産された塩は、塩倉、都塩倉、集散地（転般倉）の順に集められ、ここから各地へ供給されたのである。塩の搬送は、当初官運官搬であったが、徽宗崇寧元年（一一〇二）に民運（通商法）へと改められた。上供米の輸送と同様、漕運船の回船を用いた転般法から、直達法へと変わったのである。重要税源の塩業を保護育成するためには、海塘の修築・運塩河の整備発展を不断に維持し、塩場を保護する必要があった。一一世紀、仁宗の頃になると、泰州での捍海堰の修築、揚州周辺での運塩河整備、淮北の漣水軍・海州周辺での運塩河整備が、相次いで実施されていく。丁度、東南人士の建議が次々と採り入れられ始めた時期に当たり、慶暦の新政とも重なってくる。[22] 前述の李覯の文章も、この様な時代的文脈で捉えると、まさに時代を鋭く映しているといえよう。

2　沿線都市の変遷

①揚州[23]

ここで、揚州・真州・楚州・泗州を取り上げたのは、転般倉の所在地であることに加えて、その歴史地理的な位置に注目したからである。唐代の揚州の繁栄は有名だが、一般に宋代にはそれほどの賑わいはなく、運河都市としての機能は、むしろ真州に取って代わられた、と説明される。その衰退の原因は、主には唐末五代の戦乱による破壊と、長江の河口東進と北岸の南移に伴う港湾機能の低下（水位の低下と長江岸から遠ざかったため）のため、とされている。しかし、南宋初、行在が臨安（杭州）に定まるまで、揚州に置かれていた点、明清の塩商による揚州の繁栄等に鑑み、狭義の運河機能だけでなく、むしろ淮南塩を中核とした商業中心地の立地であり続けたと考えた方が、正確な理解となるだろう。唐代までに、蜀岡の南縁に沿って、子城と羅城が築かれた。宋代には、李重進がその東南部分に周一二里の「州城」を築いた。南渡後は州二二八〇丈の「宋大城」として拡幅、五門を備えていた。また「宝祐城」（五門）

が築かれ、両城を繋ぐ「夾城」（四門）と併せて「宋三城」と称された。

②真州[24]

運河城市としての真州の歴史地理は恵まれた条件を備えている。北宋の州城は周囲一一六〇丈（六、四里）凸字形で、六門を備えていた。しかし、このサイズは、特に大きくはなく、むしろ標準（一〇里前後）より小規模であり、都市基盤の整備は北宋期にはなされていない。南宋の中期以降、しきりに翼城と呼ばれる左右の新築部分の城壁の増改修が行われている。城南の居民が増え続けた事態への対策のためだが、主として軍事的な防御施設としての整備だったと考えられる。また、漕運・運河機能の重要中継城市としての位置づけとは裏腹に、都市基盤整備への資本投下はそれほど多くなかったと考えられる。

③楚州[25]

淮揚運河が淮水と交叉する地点のやや南に位置する、非常に重要な立地を持った城市である。羅城は周一一里、東西と南北の径が各五二五丈、高さ三〇尺で、五門を備えていた。揚州と並んで、淮南の中心である。南宋期に淮安と名を変え、幾度か宋・金間で争奪戦を繰り広げられた地域で、時とともにその重要性が増す城市である。明清時代、漕運総督、時に河道総督の所在地として、特に繁栄した。

④泗州[26]

発運司の所在地で淮水の北岸、しかも直近に位置し、北から流れてくる汴河が城市の真ん中を貫流し、東西両城を持つ。周九里三〇歩、高さ二五尺で土築、五門を備えていた。低窪地に築かれたため、たびたび洪水に襲われた。南岸の盱眙県と対置している。南宋期には金領となり、盱眙県との榷場貿易が設けられた。清の康熙一九年（一六八〇）、洪澤湖底に水没した。泗州城の位置や変遷については、従来から不明な点が多い。泗州州治の位置は、①淮水北岸

（唐末～建隆三年、九六二）、②南岸（乾徳元九六三～景徳二年、一〇〇五）、③北岸（景徳六年、一〇〇六）と変遷している。水害の危険が少ない南岸盱眙県から、低窪な北岸の臨淮県に遷した理由は、淮水を北渡し、京師により近い汴河の南端部分に転般倉を設置したかったためと考えられる。泗州城洪水対策の特徴として、守令（州県官）だけでなく、転運使や発運使も水害対策にあたっている。体量安撫使（水災復旧担当）も派遣されるなど、かなり手厚い災害対策が実施されている。発運司の治所であり、漕運上の拠点であった事がその理由と考えられる。

五、おわりに

最後に小論の論旨を整理し、今後の課題を展望する。宋初からその時々の政治や経済の情勢を反映して漕運制度・運河が整備されていった。そして、それには、淮南運河と総称される淮揚運河・沙河・洪澤河・亀山運河の四本の運河の開削・整備が大きく貢献している事、また、閘の導入など、技術面での工夫がみられた事が挙げられる。また、塩政の変遷も漕運制度に大きく影響を及ぼした。ここで、漕運の経済史・政治史的見地から、汴河中心主義が形成される過程を、改めて考えてみたい。漕運定額は、宋初には規定されておらず、逆に宋初における京西・京東等の比重も相対的に高く、また冬季の汴運が停滞することもあって、京畿周辺での開墾も幾度か計画されている。例として、太宗の至道元・二年（九九五～九六）の陳堯叟らの開墾計画、神宗の煕寧二年（一〇六九）の王安石による淤田法などが挙げられる。[27]次に、運河道などの水利施設の整備状況を見ても、新河の開鑿や既存運河の浚渫、堰の修築、閘の設置等が進められるが、必ずしも計画的だったとはいえないようである。様々な軍事的・政治的情勢の中、次第に漕運制度の整備を見た、というのが実情であろう。

漕運制度としての転般法は、物価・米価の調整機能も一定兼ねた、総合的な安定運用のシステムであった。ただ問題点は、漕運従事者の腐敗・汚貪を生みやすく、また衙前の役で、運搬に従事する農民を苦しめた点である(28)。そこで、神宗時代、王安石によって差役法の弊害を除くため、募役法が実施、また薛向によって商船の雇傭も導入され、浮費が節約されるなど、一定の効果があった。熙寧二年（一〇六九）均輸法が実施された事は、漕運に効率や合理性の観点が導された事を意味する(29)。その後、徽宗の崇寧年間（一一〇二～〇六）、蔡京が直達法を採用し、転般法は廃止されてしまう。一般に直達法の実施は、転般法の短所を改善するために行われたのではなく、専ら政治の弛緩・権門勢家達による営利の追求がその背景・動機とされている。しかし、このように単純化された見地からだけでこの重要な政策変更を理解してよいのだろうか。この点は、今後の検討課題に属する。民生・理財といった経世観、社会構造の変化や当時の政治的諸課題の中に位置づけて、その政策変更の理由を改めて考察していく必要がある。また、漕運路の近くに立地する沿線の都市が発展していく事自体は大筋で肯定される。ただ、民生のすべてが保障されていたと単純に考えるのは、やや早計に過ぎるかもしれない。先ず漕運を最優先させ、運河を整備する、同時に上供米を確保し、農民を保護するために農業灌漑にも配慮する、漕運従事者や都市住民の生活に篤く意を用いる、更に、時に応じて賑恤・救済等々の施策を実施する、等の順序乃至は時間的な経過を経て、これらの都市を中核として地域開発が進められていったのではないだろうか。

靖康の変による宋の南渡を境に、淮南運河の役割は東南六路から京師への漕運路から、金との前線への軍糧輸送路へと変化した。軍事的な意味合いを示す例として、金軍の侵入・通行を阻むため、南宋初には、堰・閘等の水利施設の破壊の詔書が出されている(30)。運河そのものは、その後も長らく使い続けられるのだが、静的な漕運の大動脈としての顔だけではなく、あらゆる商貨・商船が行き交う主要な水運路、軍事路、情報の伝達路、さまざまな旅の道、農業灌漑の水源の一つなど、いくつもの多様な機能を持つ存在として、再認識する必要があるだろう。[31]

宋代の漕運路と漕運システムは、宋金戦争によって目的を変えた。しかしながら、元・明・清の漕運の中継地、淮南塩の供給地としての、淮南地域の重要性はますます大きくなる。[32]元は海運により、大都へ税糧を運んだ（後には漕運も併用）。明の永楽帝は北京へ遷都し、京杭大運河が建設されるに至る。京杭大運河は、南流時期の黄河により南北に遮断されるのが最大の問題であり（一八五五年まで）、明清の黄河治水は、漕運路としての淮南地域の確保が目的であった、といっても過言ではない。[33]「大運河」による漕運史の中で、宋代をいかに位置づけ、淮南地域の都市・農業・商業等の発展を展望していくかが今後の課題である。

註

（1）青山定雄a「北宋の漕運法に就いて」（『市村博士古稀記念東洋史論叢』冨山房、一九三三年）、b『唐宋時代の交通と地誌地図の研究』（吉川弘文館、一九六三年）。星斌夫『大運河――中国の漕運――』（世界史研究双書3　近藤出版社、一九七一年）。また、和田清編『宋史食貨志譯註』一（東洋文庫、一九六〇年）の漕運の項。（青山定雄　分担）

（2）㈠には、青山定雄a・b、池田静夫「北宋に於ける水運の発達一・四」（『東亜経済研究』二三―二・五、一九三九年）星斌夫一九七一等がある。㈡には、斯波義信a『宋代商業史研究』（風間書房、一九六八年）、b『宋代江南経済史の研究』（東京大学東洋文化研究所、一九八八年）、妹尾達彦「唐代後半期における江淮塩税機関の立地と機能」（『史学雑誌』九一―二、一九八二年）等がある。㈢には、曾我部静夫『宋代財政史』（生活社、一九四〇年）、宮澤知之「北宋の財政と貨幣経済」（中国史研究会編『中国専制国家と社会統合――中国史上の再構成Ⅱ――』文理閣、一九九〇年。後『中国宋代の国家と経済』創文社、一九九八年）、清木場東『唐代財政史研究（運輸編）』（九州大学出版会、一九九六年）、島居一康「宋代上供米と均輸法」（『宋代の政治と社会』汲古書院、一九八八年、後『宋代税政史研究』汲古書院、一九九三年）、長井千秋「中華帝国の財政」（松田孝一編『東アジア経済史の諸題』阿吽社、二〇〇一年）等がある。

（3）㈠には、冀朝鼎（佐渡愛三訳）『支那基本経済と灌漑』（白揚社、一九三九年）、全漢昇『唐宋帝国与運河』（中央研究院歴史語言研究所専刊之二十四、一九四四年）、鄭肇経『中国水利史』（商務印書館、一九三九年）、史念海『中国的運河』（陝西人民出版社、一九八八年）等がある。㈡には、傅崇蘭『中国運河城市発展史』（四川人民出版社、一九八五年）、傅宗文『宋代草市鎮研究』（福建人民出版社、一九八九年）、中国水運史双書『江蘇省航運史（古代部分）』（人民交通出版社、一九八九年）等がある。㈢には、中国水利史稿編写組編『中国水利史稿』（中冊）（水利電力出版社、一九八七年）、姚漢源『中国水利史綱要』（水利電力出版社、一九八七年）、譚徐明「宋代復閘的技術成就―兼及復閘消失原因的探討」（『漢学研究』一七―一、一九九九年）等がある。㈣には、漆侠『宋代経済史』（上・下）（上海人民出版社、一九八七・八八）、汪聖鐸『両宋財政史』（上・下）（中国伝統文化研究双書中華書局、一九九五年）、程民生『宋代地域経済』（宋代研究双書　河南大学出版社、一九九二年）等がある。

（4）斯波義信c『世界歴史大系　中国史3五代▽元』「第一章五代4五代の社会経済」（山川出版社、一九九七年）

（5）加藤繁「宋代商税考」（『支那経済史考証』下巻　東洋文庫、一九五三年）、幸徹a「北宋の過税制度」（『史淵』八三、一九六〇年）、漆侠『宋代経済史』（下）第二十六章、斯波義信d「宋代の都市化を考える」（『東方学』一〇二、二〇〇一年）。後藤久勝「北宋における商業流通の地域構造―『宋会要輯稿』所収熙寧十年商税統計を中心として」（『史淵』一三九、二〇〇二年）

（6）ただし、この六〇〇万石の定額は、当初から和糴米二〇〇万石を含んだ数字である事が指摘されている。斯波義信e「宋代市糴制度の沿革」（『青山博士古稀記念宋代史論叢』省心書房、一九七四年。後、斯波義信b）。

（7）李覯の経世思想については、寺地遵b「李覯の礼思想とその歴史的意義」（上・下）（『史学研究』一一八・一一九、一九七三年）参照。

（8）漕運の輸送時期については、淮南路が、第一限一二月・第二限二月・第三限四月、江東路が第一限正月・第二限四月・第三限六月、両浙路が第一限四月・第二限六月・第三限八月、江西・荊湖南北路が、第一限二月・第二限五月・第三限八月等である。（『宋会要』食貨四九之二四、轉運）また、蘇轍の『欒城集』巻三七、「論發運司以糴羅米代諸路上供狀」では、期限に到着しなかった場合は、発運司の所羅米で代納し、その後改めて転運司より輸納させていた事がわかる。船の積載量は、概ね二五〇石から三〇〇石が標準であり、後に四〇〇石から五〇〇石へと大型化した。標準行程は、やや時代を溯るが『五代会要』巻一五、度支によると、泝流（溯航時）の場合、一日に「舟之重者」汴河三〇里、江四〇里、余水五〇里、「空舟」汴河四〇里、江五〇里、余水六〇里となり、「沿流之舟」（下航時）の場合、一日に輕重同制で、河一五〇里、江一〇〇里、余水七〇里となっている。また、漕船の数は、『宋会要』職官四二之五三、発運使に、建炎元年五月十二日、発運副使呂淙の言として、「祖宗の旧法では、発運司所管の汴綱では、汴綱数が二百、毎綱船三十隻で、一年に三運して歳計を漕運する事ができた」としている。つまり、六〇〇〇隻×三運で八割積載と仮定する。四〇〇石の船では五七六万石、三五〇石の船では五〇四万石の漕運実績となる。

(9)　淮西からの上供米は泗州転般倉に、淮東からの上供米は楚州転般倉に、江南東西・荊湖南北からの上供米は真州転般倉に、両浙からの上供米は揚州転般倉に、それぞれ収納させた。揚州・真州からは、更に楚州・泗州に輸送され、積み換えた上で京師へと転送上供したものと思われる。（青山定雄b、三六四頁）

(10)　京師では、四つのルートから沿河の船搬倉に輸納された。すなわち、①黄河は懐・孟等の州（華北・河東・陝西）からで、西河二倉に、②広済河（五丈河）は京東西からで、北河二倉に、③恵民河（蔡河）は潁・壽等の州（京西北・淮南西）からで、南河一倉に、④汴河は、淮南東西・荊湖南北・江南東西・両浙（東南六路）からで、東河十倉に、それぞれ輸納された。（『宋会要』食貨六二之一　京諸倉）

(11)　青山定雄b、三七六頁。

(12)　青山定雄b、三八一頁。

(13)　更に淮水段の三道の運河（沙河・洪澤河・亀山運河）の整備と閘の普及という、いわば不断のインフラ整備が、直達法実施の背景として考えられる。ただし、ここでは政治の弛緩や混乱は、システム自体の崩壊をも容易に導く結果を将来した。曹家斉『宋代交通管理制度研究』（宋代研究叢書　河南大学出版会、二〇〇二年）

(14)　a『宋史』巻九六、河渠志六　東南諸水上
初、楚州北山陽灣尤迅急、多有沈溺之患。雍熙中、轉運使劉蟠議開沙河、以避淮水之險、未克而受代。喬維嶽繼之、開河自楚州至淮陰、凡六十里、舟行便之。
b『宋史』巻三〇七、喬維嶽傳
喬維嶽字伯周、陳州南頓人。……歸朝、爲轉運副使、遷右補闕、進爲使。淮河西流三十里曰山陽灣、水勢湍悍、運舟多罹覆溺。維嶽規度開故沙河、自末口至淮陰磨盤口、凡四十里。又建安北至淮澨、總五堰、運舟十經上下、其重載者、皆卸糧而過、舟時壞失糧、綱卒緣此爲姦、潛有侵盜。維嶽始命創二斗門于西河第三堰。二門相距踰五十步、覆以廈屋、設懸門積水、俟潮平、乃泄之。建横橋岸上、築土累石、以牢其趾。自是、弊盡革、而運舟往來無滯矣。
また、『長編』巻二五、太宗雍熙元年春二月壬午朔の条。ただし、明清時代の地方志（『隆慶儀真県志』・『嘉靖惟揚志』・『雍正揚州府志』等は、いずれも西河第三堰を真州に比定している。顧炎武『天下郡国利病書』（原編第十二冊揚・河渠志、十葉）も同様。武同挙『淮系年表』表五、宋一　雍熙初の条では、揚州城西説を採る。
(15)　a『宋史』巻二九九、李溥傳
李溥河南人。初爲三司小吏、陰狡多智數。……景德中、茶法既弊、命與林特・劉承珪更定法。溥時已爲發運副使、遷爲使。……江・淮歲運米輸京師、舊止五百餘萬斛、至溥乃增至六百萬、而諸路猶有餘畜。高郵軍新開湖水散漫多風濤、溥令漕船東下者還泗州、因載石輸湖中、積爲長堤、自是舟行無患。
b『宋史』巻四二六、張綸傳
張綸字公信、潁州汝陰人。少倜儻任氣。久之、除江・淮制置發運副使。時鹽課大虧。乃奏、除通・泰・楚三州鹽戸宿負、官助其器用、鹽入優與之直。由是歲增課數十萬石。復置鹽場于杭・秀・海三州、歲入課又百五十萬。去二歲、增上供米八十萬。疏五渠、導太湖入于海、復租米六十萬。開長蘆西河以避覆舟之患、又築漕河隄二百里于高郵北、旁錮鉅石爲十礎、以泄横流。泰州有捍海堰、延袤百五十里、久廢不治、歲患海濤冒民田。綸方議修復、論者難之、以爲濤患息而畜潦之患興矣。綸曰、濤之患十九、而潦之患十一、獲多而亡少、豈不可邪。表三請、願身自臨役。命兼知泰州、卒成堰、復

逋戸二千六百、州民利之、爲立生祠。

(16)『宋史』卷九六、河渠志六　東南諸水上
(天禧)二年、江淮發運使賈宗言、諸路歲漕、自眞・揚入淮・汴、歷堰者五、糧載煩於剝卸、民力罷於牽挽、官私船艦、由此速壞。今議開揚州古河、繚城南接運渠、毀龍舟・新興・茱萸三堰、鑿近堰漕路、以均水勢。歲省官費十數萬、功利甚厚。詔屯田朗中梁楚・閤門祗候李居中按視、以爲當然。明年、役既成、而水注新河、與三堰平、漕船無阻、公私大便。

(17)沈括『夢溪筆談』卷一二、官政二
淮南漕渠、築埭以畜水、不知始於何時。舊傳召伯埭謝公所爲。按、李翶來南錄、唐時猶是流水、不應謝公時已作此埭。天聖中、監眞州排岸司右侍禁陶鑑、始議爲復閘節水、以省舟船過埭之勞。是時工部郎中方仲荀・文思使張綸、爲發運使副。表行之、始爲眞州閘、歲省冗卒五百人、雜費百二十五萬。運舟舊法、舟載米不過三百石、閘成、始爲四百石船。其後所載浸多官船至七百石、私船受米八百餘囊、囊二石。自後北神・召伯・龍舟・茱萸諸埭、相次廢革、至今爲利。豫元豐中、過眞州、江亭後糞壤中見一臥石、乃胡武平爲水閘記、略敍其事、而不甚詳具。

尚、沈括『夢溪筆談』(二)(梅原郁訳注　平凡社東洋文庫　一九七九年)。また、『長編』卷一〇三、仁宗天聖三年秋七月庚辰朔の条、及び『長編』卷一〇三、仁宗天聖四年冬十月辛卯の条參照。

(18)『宋史』卷九六、河渠志六　東南諸水上
(元豐)六年正月戊辰、開龜山運河、二月乙未告成、長五十七里、闊十五丈、深一丈五尺。初、發運使許元自淮陰開新河、屬之洪澤、避長淮之險、凡四十九里。久而淺澀、熙寧四年、皮公弼請復濬治。至是、發運使羅拯復欲而洪澤而上、鑿龜山裏河以達于淮、帝深然之。會發運使蔣之奇入對、建言、上有清汴、下有洪澤、而風浪之險止百里淮。……而覆敗於此百里間、良爲可惜。宜而龜山蛇浦下屬洪澤、鑿左肘爲複河、取淮爲源、不置堰牐、可免風濤覆溺之患。帝遣都水監丞陳祐甫經度。祐甫曰、……今既不用牐蓄水、惟隨淮面高下、開深河底、引淮通流、形勢爲便。但工費浩大。帝曰、費雖大、利亦博矣。祐甫曰、異時、淮中歲失百七十艘。若捐數年所損之費、足濟此役。帝曰、損費尚小、如人命何。乃調夫十萬開始、既成、命之奇撰記、刻石龜山。

(19) 前註(18)の史料参照。

(20) 程民生一九九二。梅原郁a「南宋淮南の土地制度試探――屯田・営田を中心に――」(『東洋史研究』二一―四、一九六三年)

(21) 妹尾達彦一九八二。佐伯富『中国塩政史の研究』(法律文化社、一九八七年)。河上光一『宋代塩業史の基礎研究』(吉川弘文館、一九九二年)

(22) 寺地遵「范仲淹の政治論とその歴史的意義」(『広島大学文学部紀要』三一―二、一九七二年)。竺沙雅章『范仲淹』(中国歴史人物選第五巻　白帝社、一九九五年)。

(23) 『雍正揚州府志』巻五・城池、『嘉慶重修揚州府志』巻一五・城池志。愛宕元「唐代の揚州城とその郊区」(梅原郁編『中国近世の都市と文化』京都大学人文科学研究所、一九八四年)。西岡弘晃「揚州の都市水利と大運河」(『中国近世の都市と水利』中国書店、二〇〇四年)

(24) 『隆慶儀真県志』巻三、建置攷、『嘉靖惟揚志』図巻一。鄭連第『古代城市水利』(水利電力出版社、一九八五年)、『中国水利史稿』(下冊)(水利電力出版社、一九八九年)

(25) 『萬歴淮安府志』巻三・建置、『光緒淮安府志』巻四・城池、『同治重修山陽県志』巻二・建寘・城池。森田明「清代淮安の都市水利について」(『中国水利史研究』九、一九七九年、後『清代水利社会史研究』国書刊行会、一九九〇年)。傅崇蘭一九八五。

(26) 『康熙泗州志』巻二・建置志・城池。顧炎武『天下郡国利病書』(原編第九冊、鳳寧徽　泗州・城河、二十八葉)鄭連第『古代城市水利』。『中国水利史稿』(下冊)。井上孝範「南宋の榷場貿易――盱眙軍榷場と管理体制――」(『東洋経済史学会記念論集　中国の歴史と経済』中国書店、二〇〇〇年)。陳琳「明代泗州城考」(『歴史地理』一七、上海人民出版社、二〇〇一年)

(27) 河原由郎『北宋期・土地所有の問題と商業資本』(西日本学術出版社、一九六四年)。佐伯富「王安石の淤田法」(『東亜経済研究』二八―一・二、一九四四年。後、『中国史研究』第一　同朋舎、一九六九年)。更に、太宗の太平興国三年(九七八)

には、京西路の白河を開通させ、漢江流域との間に漕運路を確保しようとした試みもなされている（『宋史』巻九四、河渠志四　白河）。尚、以後の元・明・清の諸王朝は、漕運によるいわゆる南糧北調という基本構造を抱えており、畿輔地域での営田、すなわち水利田開発が幾度となく試みられた。森田明「清代畿輔地域の水利営田政策」（『社会文化史学』一八、一九八〇年。後、『清代水利社会史の研究』国書刊行会、一九九〇年）、黨武彦「明清期畿輔水利論の位相」（『東洋文化研究所紀要』一二五、一九九四年）等。

(28)　河上光一「宋初の衙前について」（『史学雑誌』六〇―一、一九五一年）。大崎富士夫「宋代における漕運運営形態の変革――客船の起用を中心として――」（『史学研究』四八、一九五二年）。佐伯富「宋代の坐倉」（『人文科学』二―四、一九四八年。後、『中国史研究』第一　同朋舎、一九六九年）。畑地正憲「宋代における攬載について」（『論集中国社会・制度・文化史の諸問題』中国書店、一九八七年）尚、鄭獬の『鄖溪集』巻一二、「論安州差役状」は、荊湖北路安州からの漕運の弊を記している。

(29)　熊本崇「均輸法試論――『薛向略傳補遺』――」（『東方学』六九、一九八五年）。島居一康「宋代上供米と均輸法」（『宋代の政治と社会』汲古書院、一九八八年、後『宋代税政史研究』汲古書院、一九九三年）

(30)　『宋史』巻九七、河渠志七　東南諸水下・淮郡諸水。『建炎以来繫年要録』巻八一、紹興四年冬十月甲申の条。

(31)　『月刊しにか　特集・大運河――中国・水と生きる』：斯波義信「大運河のインパクト」、伊原弘「大運河――いかにしてつくられ維持されたか」、森田明「揚州と大運河」（大修館書店、一九九三年七月号）、幸徹b「宋代の南北経済交流について」（『歴史学・地理学年報』一〇　九州大学教養部、一九八六年）、c「唐宋時代における南北商業流通と証券類についての諸問題」（川勝守編『東アジアにおける生産と流通の歴史社会学的研究』中国書店、一九九三年）。旅の記録としては、円仁『入唐求法巡礼行記』四巻、成尋『参天台五臺山記』、陸游「入蜀記」六巻、樓鑰「北行日録」二巻、等がある。尚、鄭連第「唐宋船閘初探」（『水利学報』一九八一―二、後『水利史研究室　五十周年学術論文集』水利電力出版社、一九八六年）参照。

(32)　星斌夫『大運河発展史』（平凡社東洋文庫、一九八九年）、『明代の漕運』（日本学術振興会、一九六三年）、『明清時代交通史の研究』（山川出版社、一九七一年）

（33）『明史』巻八三～八八、河渠志、及び巻七九、食貨志・漕運。『清史稿』巻一二六～一二九、河渠志。巻一二六の黄河については、清史稿河渠志訳註会編・訳註稿（一～五）（『中国水利史研究』二七～三一、一九九九～二〇〇三年）を刊行中。谷光隆『明代河工史の研究』（同朋舎、一九九一年）。夫馬進「陳應芳『敬止集』に見える「郡県論」」（『明末清初期の研究』京都大学人文科学研究所、一九八九年）は、顧炎武の「郡県論」との関連の中から、明代の泰州地域からの治水・蠲免・農政官設置等をめぐる要求の一つのあり方を、鋭く分析する。大谷敏夫「包世臣・魏源の漕運・水利策」（森田明編『中国水利史の研究』国書刊行会、一九九五年。又、大谷敏夫『清代政治思想と阿片戦争』同朋舎、一九九五年にも所収。）では、経世思想というすぐれて政治的な観点から、農政・漕運・河工・塩政・通貨政策等の諸問題を総合的かつ明快に論じる。

表1　淮南路　戸数・商税簡表

路別　州・軍名	総戸数	順位	客戸率	商税(旧額)	順位	商税(新額)	順位
淮南東路	612,565		33	404,752		422,345	
揚州	53,932	⑤	46	78,490	①	96,186	②
亳州	120,879	①	28	33,944	④	26,492	⑤
宿州	105,878	②	45	32,092	⑤	26,055	⑥
楚州	79,745	③	25	61,687	②	113,973	①
海州	47,643	⑥	43	18,670	⑧	17,171	⑧
泰州	44,441	⑦	16	21,064	⑦	26,070	⑦
泗州	53,965	④	32	25,416	⑥	28,644	④
滁州	40,285	⑧	26	11,334	⑨	15,343	⑨
真州	33,858	⑨	50	60,614	②	62,880	③
通州	32	⑩	10	31,939	⑩	9,530	⑩
漣水軍	※19,579			2,956		廃	
高郵軍	※20,813			50,698		廃	
淮南西路	744,499		43	448,673		360,034	
寿州	128,768	①	56	133,224	①	73,378	①
廬州	90,488	④	34	50,882	④	62,072	②
蘄州	112,273	③	34	55,767	③	53,665	③
和州	39,289	⑨	33	23,622	⑨	26,998	⑥
舒州	126,484	②	37	42,962	②	24,128	⑧
濠州	47,314	⑧	33	16,051	⑧	19,103	⑨
光州	65,958	⑥	62	36,036	⑥	24,872	⑦
黄州	81,933	⑤	60	33,273	⑤	39,657	④
無為軍	51,887	⑦	22	56,856	⑦	36,161	⑤

◇表1の戸数は、『元豊九域志』巻5、淮南路に拠った。

※漣水軍・高郵軍は、『宋史』巻88、地理志四　淮南路に拠った。したがって一部重複した数字となっている。

◇商税は、『宋会要輯稿』（以下『宋会要』と略記）食貨一六之三～七　商税二に拠った。漣水軍・高郵軍は淮南西路の最後に記載されているが、淮南東路に分類した。尚、商税額の単位は貫である。

表 2【漕運額一覧】

A表　四河漕運額比較

太宗太平興国六年（981）『宋史』巻175、食貨志上三　漕運の項				
汴河……秔米300万石	菽（豆）100万石	計400万石		同『宋会要』
黄河……粟　50万石	菽（豆）30万石	計 80万石		食貨46-1水運
恵民河…粟　40万石	菽（豆）20万石	計 60万石		152（202）万石
廣濟河…粟　12万石		※→62万石		計552（602）万石
※『長編』巻269、神宗熙寧八年十月壬辰、張方平嘗「論汴河」曰				

B表　淳化四年（太宗；993）漕運額の内訳

上供米620万石、内480万石赴闕、135万石送納南京畿

張邦基『墨莊漫録』巻 4

発送地	受納地			
	闕（京師）	南京畿		各路計
淮南	125	20（咸平・尉氏）	5（太康）	150
江東	74.5	24.5（拱州＝襄邑）		99.1
江西	100.9	20（南京）		120.9
湖南	65			65
湖北	35			35
両浙	84.5	40.3（陳留）	25.2（雍邱）	155

※六路計625万石

表３　淮南塩産額　運塩関係表　『宋史』巻182　食貨志下四・塩中

<table>
<tr><td>産塩額（天禧末5;1021）50斤＝１石＝59.682 g</td><td>供給先</td></tr>
<tr><td>楚州　塩城監41万７千石

通州利豊監　　　　　　48万９千石

泰州海陵監 如皐倉小海場65万６千餘石</td><td>淮南（本州及び、淮南の廬・和・舒・蘄・黄・無為軍）・江南（江寧府・宣・洪・袁・吉・筠・江・池・太平・饒・信・歙・撫・広徳軍・臨江軍）・両浙（常・潤・湖・睦）・荊湖（江陵府・安・復・潭・鼎・鄂・岳・衡・永・漢陽軍）</td></tr>
<tr><td>海州板浦・恵澤・洛要三場47万7千餘石
漣水軍海口場11万5千餘石</td><td>淮南（本州・軍及び、光・泗・濠・寿）・京東（徐州）・両浙（杭・蘇・湖・常・潤・江陰軍）</td></tr>
<tr><td colspan="2">天聖中　塩場数……通州７、楚州７、泰州８、海州２、漣水軍１、計25
　　　　都塩倉……　　１　　　１　　　３　　　１　　　１
　　　　転般倉　　　　　　　　　　真州　　　　漣水軍</td></tr>
<tr><td colspan="2">※ 天聖中「視舊減六十九萬七千五百四十餘石」
○ 原因―運塩河の淤塞、捍海堰の崩壊等の塩場基盤・機能の荒廃</td></tr>
<tr><td colspan="2">〔対策〕</td></tr>
<tr><td colspan="2">１天聖２～６年（1024～28）捍海堰の修築
三司塩鉄判官兪献卿、「塩場整備の上奏」→ 監西渓鎮塩倉范仲淹（後興化令）の修築建言 → 淮南轉運使胡令儀の賛成・支援
→　発運副使張綸（後知泰州）による修築実行</td></tr>
<tr><td colspan="2">２揚州周辺の運塩河整備
・天禧２～３年（1018～19）　旧堰を毀し、揚州古塩河拡幅
・熙寧６～７年（1073～74）　神宗、淮東漕司に詔＝「缺食の貧民を招募し、真州・揚州・泰州の古塩河を興修、高郵・天長でも建設。
・熙寧９年（1076）　大規模興修　→　発運使張頡の反対と降職　→民の疲弊</td></tr>
<tr><td colspan="2">３漣水軍・海州周辺の運塩河整備
・慶暦３年（1043）　漣水軍に大浦牐を創設
・元祐８年（1093）　発運司が運塩河開修、支家河を開く
・元符元年（1098）　知州が重修、通漣河の名を賜る</td></tr>
<tr><td colspan="2">４泰州周辺の運塩河整備
・慶暦３年（1043）　制置発運使徐的、泰州・海安鎮・如皐県間の運塩河修治
・熙寧９年（1076）　提挙淮南常平等事王子京、泰州・如皐県間の　〃</td></tr>
</table>

複閘工程示意図

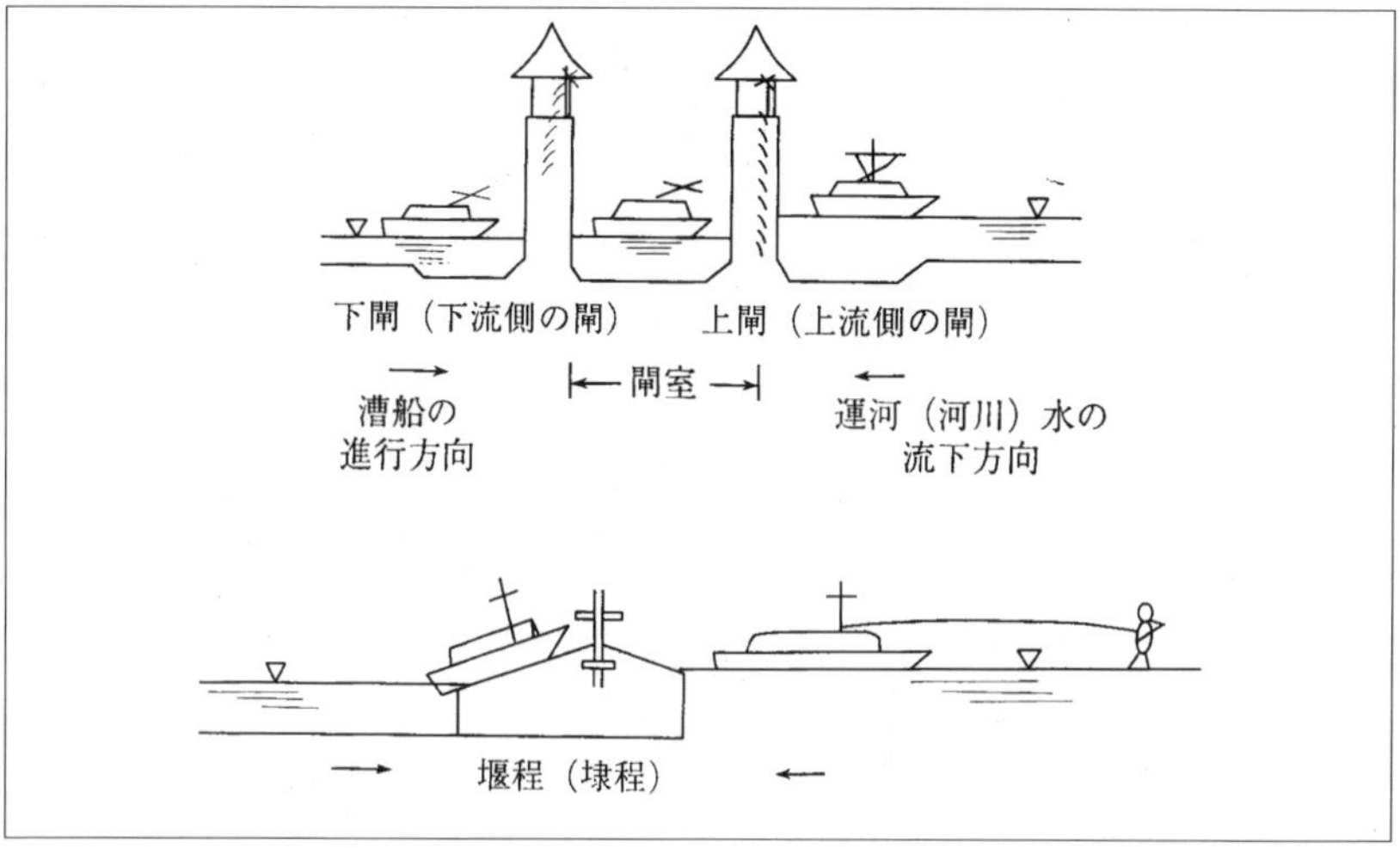

堰程（埭程）示意図

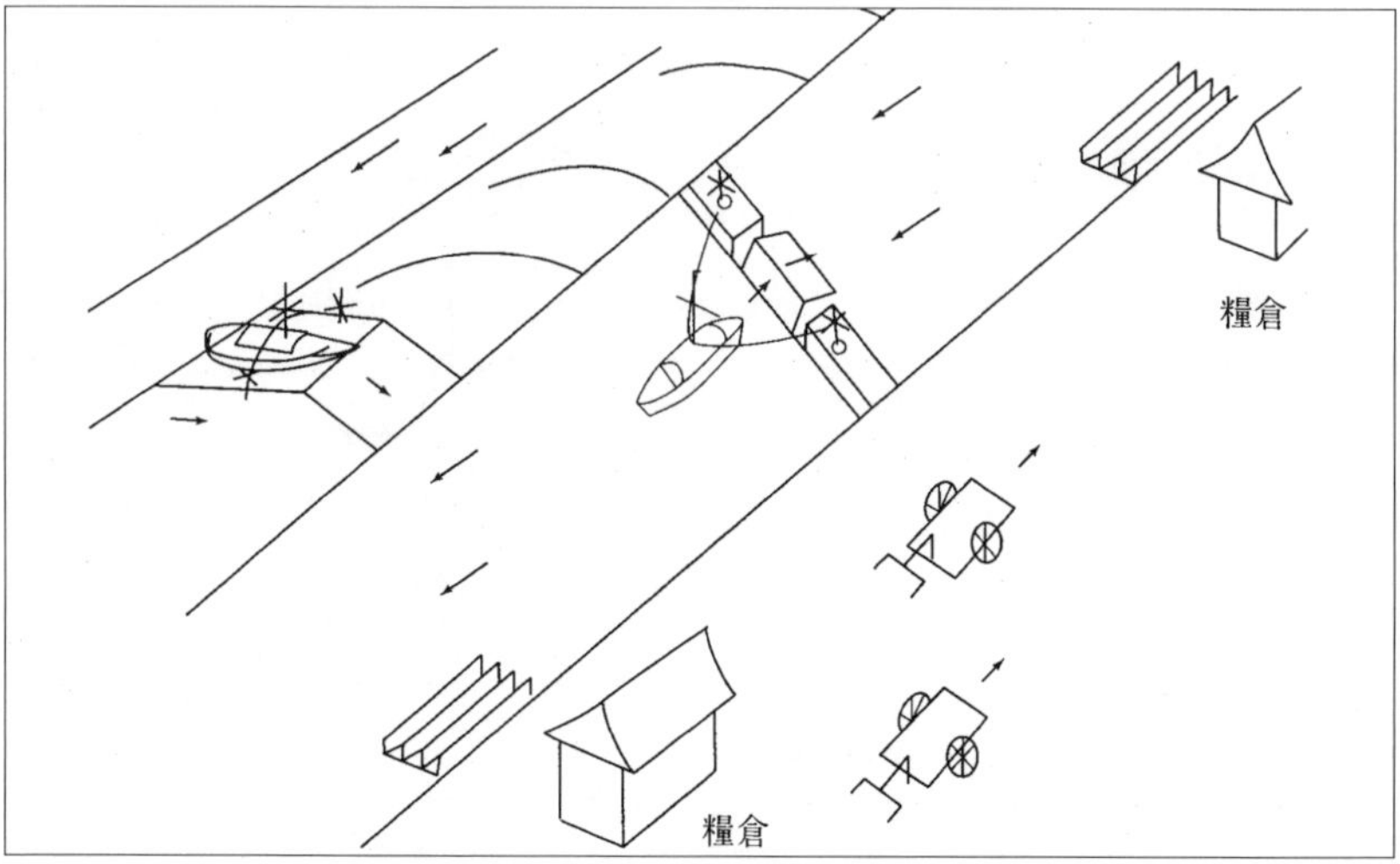

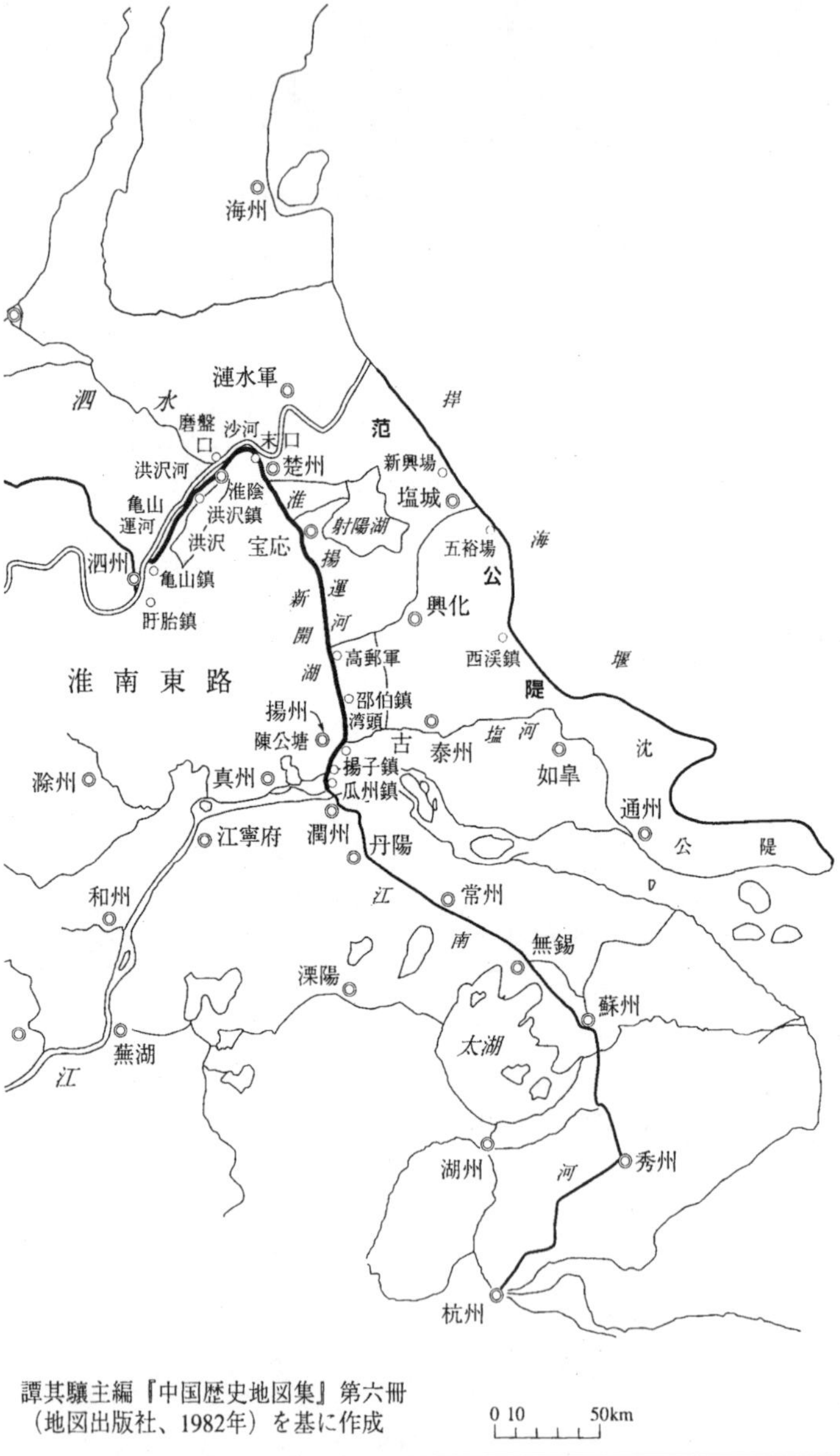

譚其驤主編『中国歴史地図集』第六冊
（地図出版社、1982年）を基に作成

宋代淮南漕運関連地図

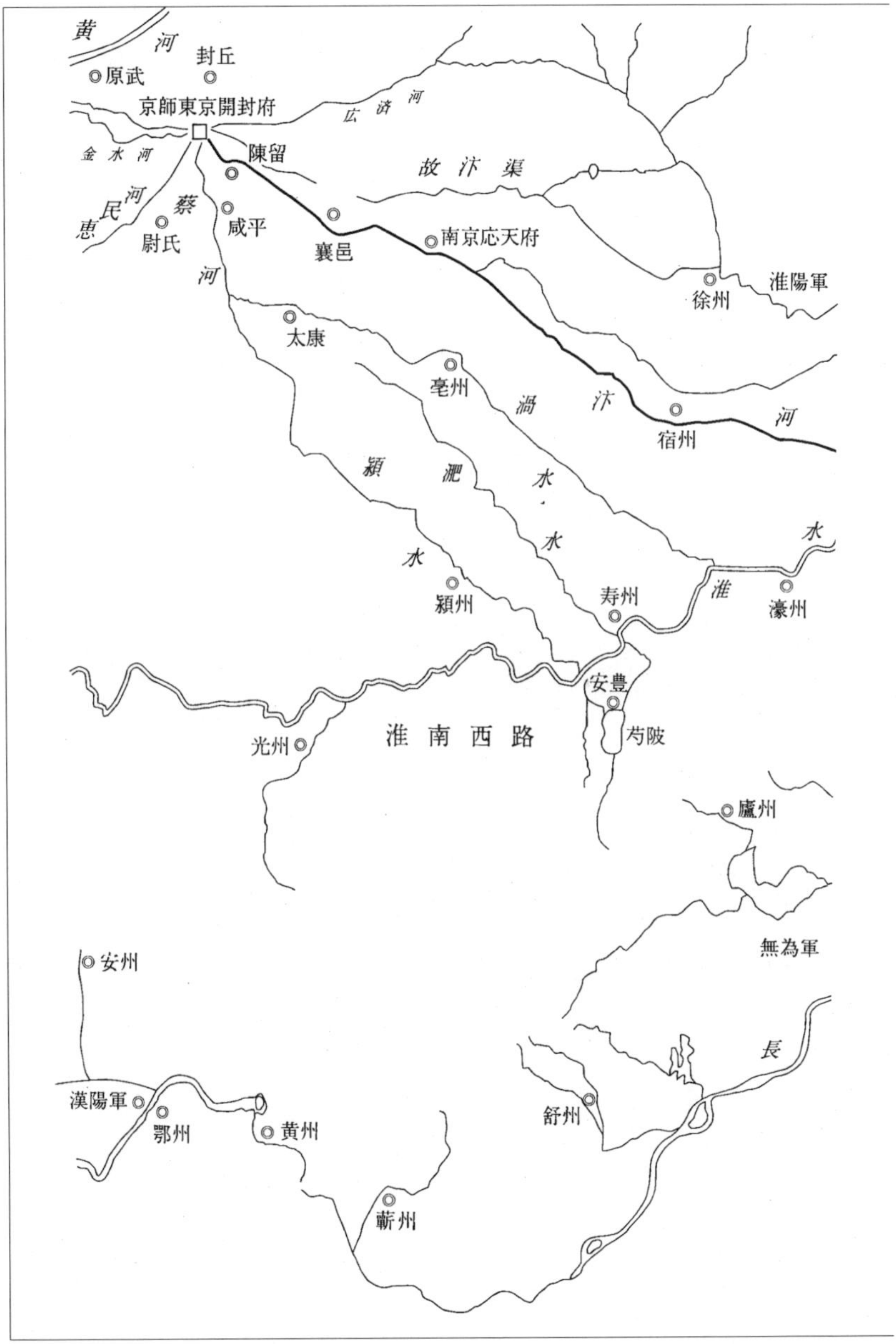
黄河
封丘
原武
京師東京開封府
広済河
金水河
陳留
故汴渠
恵民河
蔡河
尉氏
咸平
襄邑
南京応天府
徐州
淮陽軍
太康
亳州
渦水
汴河
宿州
潁水
淝水
寿州
淮水
濠州
潁州
安豊
芍陂
光州
淮南西路
廬州
無為軍
安州
長
漢陽軍
鄂州
黄州
舒州
蘄州

第三章　宋代治河政策の諸問題——治水論議の前提と背景——

一、はじめに

本章では、黄河治水（治河）の問題を、政策面の形成やその推移を中心に考察する。黄河水利の問題は、日中双方で専著もあり、高い研究水準を誇っている。日本では、治水機構といった制度面や、労働力の問題を扱った社会経済史的側面からの研究が主流であった[1]。中国では、河道変遷と考証学や歴史地理的理解、最近では技術史的研究が中心である[2]。岡崎文夫氏は、戦前、黄河問題を扱った専論の中で、「宋史の河渠志」の一章を設け、宋代の黄河問題を以下のように論断する[3]。

「河渠志」黄河の條の初に次の文句がある。

禹迹既湮、河幷爲一、特以隄防爲之限、夏秋霖潦、百川衆流所會、不免決溢之憂、然有司以備河者、亦益工矣。

と。黄河の問題は専ら堤防の問題に集中せられ、而して其技術が特に宋に於て詳悉となつた點に特長が認められて居る。今宋の防河の制を略記すれは、㈠防河組織。防河を専職とする修河卒を置き、この軍士は他に移用するを禁じ、其上に河堤判官を置き、黄河沿邊の州の通判を以て之に充當す。宋は力役の徵収が人民を亂擾するを恐れ、一般に軍卒を以て之に代ゆることとなした。之を史家は兵民分離と稱し、古制に非ざるを誇るのであるが、單に修河の技術を習得せしめる點から見れは、亦一種の新制たるを失はぬ。㈡水量の測定。一年間水量の或は減じ、或は增すにより、月によつて名を定む。たとへは正月を以て信水と名づくるは、立春後水量一寸を增せは、夏秋には當に一尺に至るべき關係あるによつてゞある。此水量測定法がどれ丈精密であつたか知らぬが、かゝる試の實行せられた點は注意に値するであらう。㈢防河方法の規定。春料、茭伐、心索、埽岸等、防河に要する材料の選定、築埽の方法とに及び、修河卒の特設と相關聯すること理解し得べし。特に埽法は最嚴重にして、決壞の衝に當る處、多数の埽岸構築せらる。

防河組織の完密を期することは、宋代に於ける黄河問題の重要點であるから、隨つて李垂の建議した「導河論」即禹河の古道を復し、兼ねて當時の黄河の諸の道筋を併せて疏導分灑せよとなす者、理想論として殆んど顧みられなかつた。

と。この中で岡崎氏は、宋の河防制度は、組織面の充実、方法規定の具体化と特に埽法の発達を評価し、また水量の測定が科学的認識に基づいていた点は十分注意に値する、と評価している。ただし、河防組織に頼る余り、禹河故道の復元や当時の諸々の河道に即した疏導分灑論は、理想論として殆ど顧みられなかった事を指摘している。また、後段の他の箇所で、党争により非科学的な回河や諸政策が実施された事も併せて指摘している。そこで本章では、日中の代表的な研究を踏まえながら、黄河治水の諸問題を考察していく。

二、宋代の河道変遷と治河政策

宋代の黄河問題に関する研究はいくつもあるが、ここでは、総合的な視点を持つ中国での研究に沿って考察する。主に、『中国水利史稿』（中）第七章と、『黄河水利史述要』第六章の内容による。(4)

北宋の黄河災害及びその特徴として、㈠五代に比べて決溢の期間と回数が増加している、㈡被災地域の広がり（歴史上の被災地域を、ほぼ包括している）、㈢澶州・滑州地域の決溢が最も多い、㈣建隆元年から太平興国八年の間は、ほぼ毎年決溢（京東故道が淤塞により限界に。その後の改道の伏線となる）、㈤決溢の季節は、一般に五月から一〇月、即ち〝瓜蔓水至伏槽水〟の頃である、㈥災患の面積が広大で、災害程度も深刻な傾向にある事、を挙げている。

1北宋黄河下游の経路形成と河道変化

「京東故道」について、以下二つのいずれも清代の史料を挙げている。まず、胡渭『禹貢錐指』巻一三下、「附論歴代徙流」に、

自王莽始建國辛未（一一年）、河徙由千乘入海、後五十九歳、爲後漢明帝永平十三年庚午（七〇年）、王景治河功成。下逮宋仁宗景祐元年甲戌（一〇三四年）有横隴之決、又十四歳爲慶曆八年戊子（一〇四八年）、復決于商胡、而漢唐之河道廢凡九百七十歳。

とあり、康基田『河渠紀聞』巻六に

按自商胡決而北流、王景之河始廢。

とある。従来から指摘されているように、後漢時代の王景の治河以来、黄河河道は大いに安定を得た。

唐末五代以後、京東故道下游は、淤高（河床の上昇）が顕著となり、建隆元年（九六〇）～太平興国九年（九八四）にかけては、ほぼ毎年決溢が起こった。下游の河段では懸河（天井川）となった。（大中祥符五年〈一〇一二〉棣州の例）また、下游の澶州・滑州段は、非常に険隘であり、西北岸には大伾山、南岸には天台諸山がある。河床は狭い。

黄河の軍事利用の面では、『宋史』巻三二六、郭諮伝によると、大理寺丞・知済陰県の郭諮は、

……澶・滑堤狹、……無以殺大河之怒、故漢以來河決多在澶・滑。且黎陽九河之原、今若引河出汶子山下、穿金

堤、與横隴合、以達于海、則害可息。

と建言している。その後、宰相呂夷簡の推薦で、崇儀副使・提挙黄御河堤岸となった。そこで入対して、「大水禦戎之要」を陳べた。河水と塘泊を繋いで虜（遼）との界とせよ、という内容である。

「横隴故道」は、景祐元年（一〇三四）～慶暦七年（一〇四七）に出現したもので、澶州横隴で決し、新たな流路を形成したため、こう呼ばれたものである。下游は、赤河・金河・游河等の支河に分かれた。しかし分流で河勢が弱まり、速やかに淤塞した。

「商胡河道」は慶暦八年（一〇四八）に形成されたもので、最も北寄りの河道である。当時の地形から見ると、北流は複雑で、勾配は比較的大きく、水深も深く、流速も速い（謝卿材、蘇轍の認識による）。横隴故道よりも淤積の速度が緩やかで、一四六年間経流した。ただし、御河に流入して次第に河幅を狭めた。また、北辺の辺防と軍糧輸送上の問題があり、常に朝廷を悩ませた。

「二股河」は一種の東流であり、「回河論争」の主役であった。慶暦八年（一〇四八）、商胡埽で決れ、河道が分流した。至和二年（一〇五五）、欧陽脩は三度上奏して、無用な大役を興さない事、六塔河に導くのは危険な事、自然の水勢に従い、下流の対策に努めるべき事を説いた。翌嘉祐元年（一〇五六）六塔河の工事は失敗に終わった。同五年（一〇六〇）、二股河を生じると、ここに導こうとする議論がまた起こった。第二次・第三次の「回河論争」は、いずれも二股河をめぐるものである。

「大河入淮」も屢々生じており、①太平興国八年（九八三）五月、②咸平三年（一〇〇〇）五月、③景徳三年（一〇〇六）六月、④天禧三年（一〇一九）六月、⑤熙寧一〇年（一〇七七）七月、と続き、⑥建炎二年（一一二八）冬、杜充による人為的な決河以後、黄河は大きく南流に転じる局面を迎えた。

2北宋時期の黄河治理

①河防措置

「築堤堵口」

・乾徳五年（九六七）に、黄河下游に対する現地調査と、歳修制度を建立した。

・丁夫は、京畿附近から集められ、「皆以正月首事、季春而畢」とされた。この歳修に要する丁夫は年々増加し、都水監は元祐七年（一〇九二）に毎歳一五万の河防春夫を定額とし、また外に溝河夫を乞うた。翌元祐八年（一〇九三）に、「春夫以十萬爲額」、「于八百里外科差」と定めた。この数字は、直接堤防上で修堤活動をする役夫の人数に限られており、河堤各埽で毎年春料を備蓄する夫役は含まれていない。

・春料とは、『宋史』巻九一、河渠志一・黄河上に

舊制、歳虞河決、有司常以孟秋預調塞治之物、梢芟、薪柴、楗橛、竹石、茭索、竹索凡千餘萬、謂之春料。詔下瀕河諸州所產之地、仍遣使會河渠官吏、乘農隙率丁夫水工、收採備用。

とある。また、『同書』巻九二、河渠志二・黄河中に、元豊元年（一〇七八）十一月、澶州曹村埽堵口に関して、

都水監言、自曹村決溢、諸埽無復儲蓄、乞給錢二十萬緡下諸路、以時市梢草封樁。詔給十萬緡、非朝旨及草埽岸危急、毋得擅用。

とある。当時の禁中での支出は、紹聖初（一〇九四）頃の事として、月四〇萬緡という数字がある。（王得臣『麈史』巻上、國用）

・「河兵」・「河夫」については、労働量の単位「工」で計画が立てられていた。古くは、『管子』以来、『九章算術』、

『大唐六典』、にも記されており、沈立『河防通議』にも記載がある。河工に伴う労働を量として捉え、資材も含めて対価を本格的に支払った所に宋代の特徴があるだろう。(5)

「河防組織機構」

・宋初は専官を置かず、毎年文武官を派遣していた。太祖は、河堤が屢々決溢する事態に鑑み、沿河諸州の長吏を並びに本州の河堤使を兼ねさせる事とした（乾徳五年、九六七）。また、沿河諸州の通判を並びに本州の河堤判官を兼ねさせる事とした（開宝五年、九七二）。ただし、地方官では不慣れで河防が統一できず、事後処理に追われた。そこで、以下の様な管理機構の整備が実施された。

天聖五年（一〇二七）の滑州天台埽の役の折には、転運使が河工の進捗状況を五日に一度の割で報告。

至和二年（一〇五五）十二月、修河鈐轄、都大提擧河渠司等を派遣。

嘉祐三年（一〇五八）十一月、都水監の設立。しかし、歴代の水官には（趙抃、韓贄、劉彝、程昉等が起用されたが）人を得なかった。吉岡義信氏は、この都水監設置を、黄河治水史上の重要画期と位置づけている。(6)

※靖康元年（一一二六）二月、御史中丞許翰が、孟昌齢・孟揚・孟揆父子の都水使者時の不正を弾劾した。

②歴代治河方針の探索

「寛河緩流和遙隄約水之説」が、太平興国八年（九八三）九月、決河に際しての趙孚の回奏（『長編』巻二四）、天聖七年（一〇二九）十二月、都大巡護澶滑河堤高継密の上奏（『長編』巻一〇八）、明道元年（一〇三二）八月、大名一帯の古遙隄を治めた工事（『長編』巻一一二）、慶暦元年（一〇四一）三月、前任の河北都転運使姚仲孫「其利有八」の入奏利害（『長編』巻一三二）、建中靖国元年（一一〇一）春、左正言任伯雨の上奏（『宋史』巻九三、河渠志一・黄河上）、等が

ある。ただし、これらは一時しのぎの対策であり、却って沙への対策をおろそかにした。

「全河分流之説」一般に、分流と減水とは異なると認識されていた。太平興国八年（九八三）九月に、上記の緩流説と同時に回奏された（『長編』巻二四）。大中祥符五年（一〇一二）、李垂『導河形勝書』三篇並図が上呈され、後世に大きな影響をあたえた。ただし、河患は十分軽減されず、かえって流速が緩やかになった分、沙の淤澱が進行した。この説に関連して、歐陽脩は狭小な六塔河への分流に反対する詳細な意見書を提出したが、採用されなかった（「修河状」三篇、至和二〈一〇五五〉年）。また、元祐七年（一〇九二）三月吏部郎中・権河北転運使趙偁の（『宋史』巻九二、河渠志二・黄河中）、元祐八年（一〇九三）二月、門下侍郎蘇轍の（『長編』巻四八一）それぞれ上奏も、分流に反対している。

「局部減水之説」は、上游で洪峰（洪水のピーク）を分流・減殺して決溢の危険を分散する方法である。大中祥符四年（一〇一一）、同八年（一〇一五）（ただし河北は反対）、天禧五年（一〇二一）はいずれも陳堯佐が実施した。

慶暦元年（一〇四一）、元豊元年（一〇九二）楊琰の措置は、曹村決口を堵口した際のものであり（『長編』巻二九〇）、同六年（一〇九七）范子淵のものは、大河の険段で、別に引河を開いて水勢を分け、下游で大河に帰したものである（『長編』巻三三二）。

政和四年（一一一四）、都水使者孟昌齡の措置は、大伾山と東北の二小山の間に二股の河を作り、下游で合わせようとしたが、却って激流を生じ、河患を増した。

「放任行流之説」こうして北宋時代には、遙堤や分水等の各種の治河方針を採用したが、未だ一向に黄河の河情を改善することはできず、反って河患は日一日と甚だしくなっていった。

そこで、元豊四年（一〇八一）、神宗は　第二次回河が失敗し、小呉埽が大決した後、

東流已塡淤不可復、將來更不修閉小呉決口、候見大河歸納、應合修立堤防。

と詔して、河流の自然な流れに任す事とした。また、輔臣に対してこう言った。

河之爲患久矣、後世以事治水、故常有碍。夫水之趨下、乃其性也、以道治水、則無違其性可。如能順水所向、遷徙城邑以避之、復有何患、雖神禹復生、不過如此。（『宋史』巻九二）

後者の認識は、辺患、党争の影響で、水流の特性を顧慮せず、城邑を遷徙する等消極的で不作為に過ぎる。当時、黄河の特性を科学的に認識できなかった事を示している、とする。第三次回河の議では、蘇轍が回河反対の根拠に神宗のこの聖意を掲げた（『宋史』巻九二、元祐五年二月）。

「疏河減淤之説」河患の原因は泥沙の淤積に在るとするもので、この方針の代表的人物は欧陽脩である。彼は、慶暦以前の大決溢と改道は、皆下流の淤積がもたらしたものだとし、

河本泥沙、無不淤之理。淤常先下流、下流淤高、水行漸壅、乃決上流之低處、此勢之常也。河之下流、若不浚使入海、則上流亦決。臣請選知水利之臣、就其下流、求入海路而浚之。不然、下流梗澀、則終虞上決、爲患無涯。（『長編』巻一八二）（『宋史』巻九一）

と分析している。ただし、具体的な浚渫方法には言及していない。また、

治水本無奇策、相地勢、謹堤防、順水性之所趨耳、雖大禹不過如此。夫所謂奇策者、不大利則大害、若循常之計、雖無大利亦未至大害。（『長編』巻一八二）

とも述べている。この見方は、神宗の「放任行流思想」とあまり異ならない。ただし、黄河淤積の法則性を打ち出した所に一定の意義がある。ここから更に、王安石新法時の「浚川耙」の実践に繋がるが、水量・流速・帯沙量などの数量的な把握はしておらず、浚河機械も簡単で、深刻な淤積を解決する術はなかった。

三、「回河の議」を巡る問題

慶暦八年（一〇四八）六月癸酉、商胡河道を形成、以後北流か東流かの論争が始まり、「第一次回河東流の議」と呼ばれている。ここは、遠藤隆俊氏の論文「北宋時代の黄河治水論議」に詳しい(7)。

①政府の対応は、丙子、燕度（権発遣戸部判官事）を派遣、七月には郭承祐（馬軍副都指揮使）と燕度を修河官に任命した（『長編』巻一六四）。八月には宋祁（翰林学士）・張永和（入内都知）が、「水口（決口箇所）の闊（幅員）五百五十七歩、用工一千四十一萬六千八百日、役兵夫一十萬四千一百六十八人、可百日而畢」、との工費見積もりを提出した。

②八月、賈昌朝（判大名府）の「京東故道」案と、丁度（観文殿学士）の「横隴故道」案（『長編』巻一六五）が、それぞれ提出された。

③至和二年（一〇五五）三月、欧陽脩の「修河第一状」では賈昌朝案を批判している。（『長編』巻一七九）

九月丁卯、「李仲昌案検討の詔」が出された。九日後の丙子、欧陽脩は「修河第二状」を出して、賈・李両案を批判した。

一二月、中書、「李仲昌案＝六塔河導水工事案」を提案し、これが採用された。欧陽脩は「修河第三状」を出し、治水には奇策はなく、地勢を相し、水性の趨く所に順うものだと、李仲昌案を批判した。

皇祐三年（一〇五一）七月辛酉、「河決大名府館陶縣、郭固口」やがて、「塞北回河之議」が起こる。

※この頃から、治河機構の強化が図られ、三司河渠案から、皇祐三年に三司河渠司へと独立し、やがて都水監の設立を見た(8)。都水監をはじめ、宋代の黄河治水機構は、吉岡書に精緻に分析されている(9)。

さて、欧陽脩が言葉を尽くしての「修河中止」上奏を合計三次に亙って行ったにも関わらず、嘉祐元年（一〇五六）四月、六塔河導水工事が強行され、失敗に終わった。これは、李仲昌（勾当河渠司事）の案に基づいた工事である。失敗の原因は、工料、商胡河流量の過小見積もりにあったとされる。欧陽脩の「修河第一状」が出された時は、賈昌朝の「京東故道」案を念頭に、批判が展開された。その要点は、京東・河北の民が疲弊しており、大役には耐えられない事、工費が膨大な事、商胡河の盛んな水量に逆らって改道する無理な工事である事、である。彼は「修河第二状」で、度々決壊する河水の流路特性と、泥沙が淤澱し易い特性とに注目している。加えて、一分水路に過ぎない六塔河への改道は、本質的な解決策にはならないと考えるのである。欧陽脩自身は、堤防の修築と河道の浚河により、民に負担をかけず、河勢に逆らわず、現実的な対応を目指したのである。ただし、欧陽脩の案だけが傑出していたわけではなく、賈昌朝案・丁度案・李仲昌案も皆傾聴すべき内容を含んでおり、互いに影響し合う本格的な議論だったとする遠藤氏の見解は、説得力を持つ⑽。

黄河の決壊や改道等の自然災害に対しては、いかに的確・迅速な復旧対策を取り、賑救対策を取るかが問われるのである。商胡河道の形成を巡るこの前後の諸問題は、政治的な党争の色彩を濃く帯びた所に特色がある。六塔河工事の失敗に対する批判や処分は、その後「河獄」と呼ばれる事件を引き起こす事となった。結局、第一次の処分も「河獄」後の処分も、李仲昌・燕度等実務担当者の処分を重くしただけで、宰相の富弼や文彦博らの処分は一切なく、復権を企図した賈昌朝の目論見は失敗したとされる。そして、この両者の対立構図は、かつての「慶暦の党争」と同一線上にあり、仁宗朝から英宗朝、ひいては神宗朝へと移行する過程で通底する、政治問題及び政界の人的構図であったとする。つまり、慶暦の士大夫の流れを汲む人脈＋御史に対して、内廷派＋宦官という構図になろう。前者は（范仲淹）・富弼・文彦博・韓琦・欧陽脩派であり、やがて司馬光等旧法党の人脈が現れ、後者は陳執中・賈昌朝派であり、賈昌朝の人脈からは王安石が現れるという。

「北流と東流の争い」

・嘉祐五年（一〇六〇）七月、大名魏県第六埽で決口が生じ、〝二股河東流〟が始まった。

・熙寧元年（一〇六八）六月・七月　恩州・冀州・瀛州等で決溢し、神宗が対策を諮問した。これに対して、主に三つの意見が出され、ここに、「第二次回河東流の議」が起こった。

【意見①】北流維持、生堤を築き、河北の水患を救う……都水監丞李立之、河北転運司

【意見②】北流維持、生堤の修築……堤擧河渠司王亜、東流反対

【意見③】二股河を開き、東流……都水監丞宋昌言、屯田都監・内侍程昉

・そこで意見の調整を図るため、一一月、翰林学士司馬光、入内内侍省副都知張茂則が視察の為に派遣された。

・翌二年（一〇六九）正月、宋昌言説支持が打ち出された。その後三月には慎重論が唱えられたが、四月に現地で李立之・宋昌言・程昉・司馬光による合同協議が行われた。

・七月、二股河が通快した。

・八月、司馬光が上奏し、北流が弱まるまで待つように訴えたが、最後は王安石が東流を支持し、北流は閉じられた。(11)

・元豊四年（一〇八一）四月、澶州小呉埽で決口が生じ、再び北流が始まった。

・元祐元年（一〇八六）「第三次回河東流の議」が起こった。

【意見①】回河東流　〝御遼〟を目的とし〝経費より大患の問題を優先すべし〟とした。……王巖叟・安燾が唱えた。

【意見②】北流維持　〝御遼は不可能〟、〝民力休養〟論を柱とした。……范百禄・蘇轍・曾肇が唱えた。
・その後、元祐元年二月、四年（一〇八九）正月、五年（一〇九〇）二月と、工事、工事中止を繰り返した。
・元祐八年（一〇九三）年五月、梁村の河門東狹工事が失敗した。
・元符二年（一〇九九）六月、内黄で決口が生じ、再び北流した。これによって東流は断絶した。

四、おわりに

従来の黄河治水に関する研究史を整理すると、研究上の課題はほぼ網羅されているといって良い。それらは、治水機構との関連であり、都水監の設置を境として、制度上はほぼ完備していく事、労働力、物資の徴発方法も、次第に合理的になっていく事、前近代的な側面は残るとしても、徴発から雇庸の形態に変わっていく事であろう。その転機は、王安石の新法時代であると考えられる。

宋代の治河政策を考える場合、宋代の自然観、治河思想の整理を行う必要がある。そしてそれは、当然歴代の自然観、治河思想とどう異なっていたのか、また宋代の特徴や優れた点は何処にあるのかを見出しつつ考察していく手順が必要であろう。次に、『河防通議』や『営造方式』(12)等を手がかりに、技術面を史料的に研究する必要がある。それらを踏まえた上で、宋代の政治史・社会経済史の中で、一連の治河政策を位置づける事が大切であろう。その際、個々の治河政策の年表的な把握が大切な事は言を俟たない。具体的には歴代「河渠志」の訳註作業が欠かせない。現在、『漢書』・『宋史』・『清史稿』（前半まで）は公刊されており、さしあたって『金史』・『元史』の「河渠志」訳註、加えて『宋史』巻九三・九四の「汴河（上・下）」の訳註も大切な作業であろう。(13)つまり唐代までの治河政策を踏まえた上で、大きく中国近世の治河政策を中国での観点のように、大局的にしかも通史的に分類していく研究方法が有効であろう[14]。

註

（1）吉岡義信『宋代黄河史研究』のうち、第二章宋代の河役、第三章宋代黄河治水政策。長瀬守『宋元水利史研究』のうち、第二編・第二章北宋の治水事業。
（2）岑仲勉『黄河変遷史』北京人民出版社、一九五七年、『黄河水利史述要』、『中国水利史稿』中冊、姚漢源『黄河史研究』等。
（3）岡崎文夫『支那ノ文献ニヨル黄河問題綱要』「第五章　宋史の河渠志」東亜研究所、一九三九年
（4）『黄河水利史述要』、『中国水利史稿』中冊
（5）吉岡義信『宋代黄河史研究』（第二章宋代の河役、第二節宋代の河工）。藪内清「河防通議について」（『篠田統先生退官記念論文集』生活文化研究第十三冊、一九六〇年）、「宋元時代における科学技術の展開」（東方学報・京都第三十七冊、一九六六年）
（6）吉岡義信『宋代黄河史研究』（第三章宋代黄河治水政策、第三節宋代後期における黄河治水政策　一都水監の官制　二都水監の官僚）
（7）遠藤隆俊「北宋時代の黄河治水論議」
（8）『宋史』巻一六五、職官志五・都水監には、「舊隷三司河渠案。嘉祐三年、始專置監以領之。」とある。しかし、『同書』巻一六二、職官志二・三司使には、「……鹽鐵分案七案、……二曰冑案、掌修護河渠、……」とある。『宋会要』職官、五之四二・河渠司には、「仁宗皇祐三年五月二十三日、三司請、置河渠一司、專提擧黄汴等河堤工料事、從之。」とある。それぞれ、「(皇祐三年）五月……壬申、初置河渠司。隷三司。命鹽鐵副使・戸部員外郎劉湜、判官・金部郎中邵飾領之。（『長編』巻一七〇）、「(嘉祐三年）十一月己丑、『詔曰、天下利害、繫于水爲深。……朕念夫設官之本、因時有造、救弊求當、不常其制。

然非專置職守、則無以責其任、非遴擇才能、則無以成其效。宜修舊制、庶以利民。其置在京都水監、凡内外河渠之事、悉以委之、應官屬、及本司合行條制、中書門下裁處以聞。其罷三司河渠司、以御史知雜呂景初判監、鹽鐵判官・領河渠司事楊佐同判、河渠司勾當公事孫琳・王叔夏知監丞事。」」（『長編』巻一八八）と『長編』に記載されている。

（9）吉岡義信『宋代黄河史研究』（第三章宋代黄河治水政策、第一節宋初における黄河堤防の管理、第二節宋初における黄河治水機構、第三節宋代後期における黄河治水政策）

（10）遠藤隆俊「北宋時代の黄河治水論議」。尚、欧陽脩の治河論とその思想的背景については、吉岡義信『宋代黄河史研究』（第四章欧陽脩と黄河、特に第二節欧陽脩の黄河治水策）に詳しい。尚、本稿第一章　三、「慶暦の新政の頃」参照。

（11）岡崎文夫は、前註（3）の中で、「神宗は王安石を用ゐて新政を唱道するや之より黨派の爭漸く激烈となり、黄河の問題も亦黨爭の影響を蒙むるに至つた。……王安石の一派は、當時大河北流の勢益強きにも關らず、強いて之を東流に復せしめんとす。之を「回河策」と稱し、其理由の一として、河益北流してやがて遼の境内に至ることあらば、宋は遼に對する防禦線をも失するであらうと唱へ出した。之は勿論一顧にも値しない空論に過ぎないが、政爭の結果、治河の論は全く感情的に取扱はるゝに至つた好例と見るを得やう。……王安石の水利政策を通じて一つの根本方針がある。それは此政策によつて人民の富を増し土着して生活を營ましめんと欲するにある。……前に述べた「回河策」にしても、其純粋な技術論並に遼に對する政策論以外に、別に北流を斷絶することによつて生ずる廣大な瀰水の地を利用してこゝに稲田を作らんとする理由をもつて居た。」と指摘する。宮崎市定は、「王安石の黄河治水策」の中で、王安石の積極的な黄河治水策と、科学的な認識を評価している。尚、本稿第一章　四、「王安石新法の問題点」参照。

（12）竹島卓一『營造方式の研究』中央公論社、一九七〇年。

（13）北宋末から南宋期を見据えると、金朝統治下、南流開始時期の治河政策を、俯瞰的に位置づける必要がある。外山軍治の「黄河河道を繞る金宋交渉」（東洋史研究二―四、一九三七年）・「章宗時代における黄河の氾濫」（『金朝史研究』東洋史研究会、一九六四年）、長瀬守の「金代華北における水利開発の展開」（『佐藤博士退官記念中国水利史論叢』国書刊行会、一九八三年）等がある。後者はむしろ、開発に力点が置かれている。中国では、姚漢源の研究が最も詳しく、『中国水利史綱要』水利電力出版社、一九八七年では「金代的黄河下游」・「金末元初的黄河下游」の項目が設けられている。同氏の近著『黄河水利研究』（黄河水利出版社、二〇〇三年）は、黄河下游的変遷と治理、黄河水運史、農田水利と泥沙利用を考察した総合研究で、右の二篇も収められている。元朝にかけては、長瀬守氏の『宋元水利史研究』に、「元朝華北における水利事業とその管理」・「元朝における郭守敬の水利学とその成果」・「元朝賈魯の水利学」の各篇が収められている。また、中山八郎の「至正十一年に於ける紅巾の起事と賈魯の河工」は、賈魯の河工が元朝の滅亡に大きく関わった点を再検証したものである。明代については、谷光隆『明代河工史研究』（同朋舎、一九九一年）があり、淮安周辺のいわゆる黄淮交匯を集中的に取り上げている。森田明「清代山東の民埝と村落」（『東方学』五〇、一九七五年）は国家と沿河の民との関係を論じていて興味深い。拙稿「清代前期の治河政策」は、当然南流時期を扱っている。宋代、国都の近くに黄河を控えていた情況とは対照的である。そこでは、北京への漕運路をいかに確保し、加えて民生の安寧を図る事が至上命題であった。通史的な比較は、黄河への関わり方を探る上で、重要な視座を与えると思われる。

(14)　黄河治水の通史を考える上で、後漢の「王景の治水」以降の長期安流と、宋代の改道・氾濫の頻発、金＝南宋の南流は、大きな画期である。佐藤武敏「王景の治水について」（『佐藤博士還暦記念中国水利史論集』国書刊行会、一九八一年）は、王景の治水を、黄河と汴渠を分け、汴渠を治めるのが主であった、と考察している。後年、次第に黄河主河道の河床が上昇していく事と、汴渠・鴻溝水系の運河網が整備され、余水の排出が困難になる事を併せ考えると、宋代の氾濫頻発は、一応説明がつく。次に、濱川栄の『中国古代の社会と黄河』（早稲田大学出版部、二〇〇九年）は、戦国・秦～後漢までの黄河問題を、黄河が社会と国家に如何なる影響を与えたかを、政治史・社会経済史・工学技術史・環境史など、多角的に考察した研究である。第一部では、K・A・ウィットフォーゲル氏が唱えた「水の理論」を巡る学説史、黄河変遷史概観を収め、通史として格好の黄河水利史研究入門である。濱川氏は著書の中で、本章の前提ともなる「王景治水」以降の長期安流説を、譚其驤説（遊牧民族の流入に伴う上流の牧地化、森林など植生の回復、土壌流出の抑制が作用したとする。）を中心に、その批判説も紹介しながら検討している。氏は、譚説に加えて、『中国水利史稿』中冊が気候変動（宋代以前は比較的温暖）や水利工学上の評価からも考察している点、『黄河水利史述要』が分裂・混乱期における黄河対策の不備が、結果的に主河道における土砂の堆積を緩慢にし、河道を安定させたと指摘している点など、丹念に紹介しつつ、現時点での譚説の妥当性を検証している。濱川氏の労作に関しては、原宗子氏による書評（『史学雑誌』一一九編三号、二〇一〇年）を参照されたい。すでに一九八五年、「黄河水利史シンポジウム」が開催され、漢代（藤田勝久）・宋代（伊藤敏雄）・清代（松田吉郎）の三氏による各時代の治水機構に関する報告と、〈救済・賑恤〉、〈農耕地・集落・都市〉、〈農業技術・灌漑〉なども含めた総合討論が行われている。（中国水利史研究一六号、一九八六年）

北宋時代の黄河流域図　1

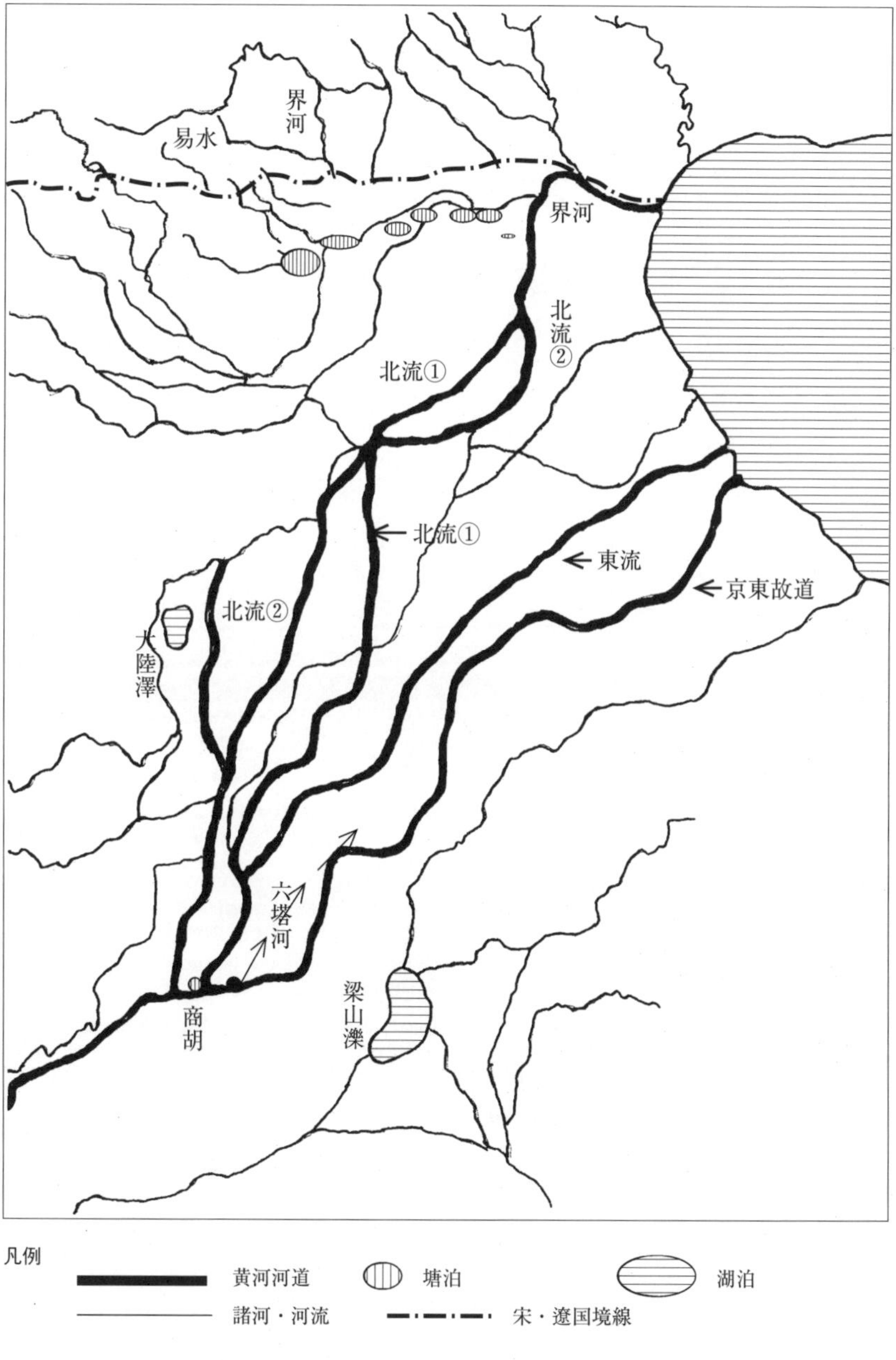

第四章　南宋時代の水利政策——孝宗朝の諸課題と関連して——

一、はじめに

宋代は、水利を重視した時代であるとの指摘が従来からなされている。[1]そこで水利政策がどのように展開したかが問題となる。北宋期の運河・漕運政策については、他の南方諸国を降していく過程で次第に整備されていったと考えられる。また、塘泊・黄河治河等、直接・間接に軍事目的と関連する水利課題、仁宗朝の慶暦年間や神宗朝の熙寧年間に実施された改革は、政治・財政問題とも深く関わり、范仲淹・欧陽脩、王安石・蘇軾といった著名な人物が、議論し政策に関わっている。

南宋時代は、どのような水利政策が実施されたかが本章のテーマである。孝宗朝を取り上げた理由は、南宋初の混乱がひとまず終息し、社会・経済が落ち着きを取り戻し、中央と地方が新しい関係の構築を模索し始め、南宋型の諸制度を整えていった時期に当たるからである。[2]また、南宋を代表する文人達の文集も比較的豊富であり、江南に偏ってはいるが、幾つかの地方志でも、地域の実情を見る事ができる。この時期の水利政策の特徴を考えることで、南宋後期からやがて元・明・清に至る水利政策を展望するための手掛かりの一端を得たいと考えている。

具体的に取り扱う内容は、①漕運制度の問題、②圩田等の水利保全の問題、③荒政と地域社会安定の問題の三点である。主に江南東・西路の動向を考察する。

表１　略年表

960年　宋建国
1069年　王安石の新法（熙寧２～元祐元：1086）
1126／27年　靖康の変
【高宗朝】1127～62（建炎元～４、紹興元～32）
1141年　紹興11　紹興の和議※成立実施は翌年
［①君臣関係、②歳貢銀・絹各25万両・匹、③淮水～大散関間］
1142年　紹興12　李椿年、経界法（土地丈量）を実施
1153年　紹興25　秦檜死去
【孝宗朝】1163～89（隆興元～２、乾道元～９、淳熙元～16）
1160年　紹興30　金帝亮（海陵王）の侵攻
1164年　隆興２　隆興の和議※成立実施は翌年
［①叔姪関係、②歳幣銀・絹各20万両・匹、③淮水～大散関間］
1165年　乾道年間の連災――特に６～７（1170～71）年頃――の状況
～73年
①治田三議（乾道６、監進奏院李結　郷原体例に依り、有田の家は銭米を出し、佃戸は労働力を出す）
②義役の実施（乾道７、知処州范成大、詔で全国へ）
← 紹興14／19　婺州東陽県／金華県西山郷
③社倉の実施（淳熙８、浙東提挙常平朱熹、）
← 紹興20　建寧府建陽県長灘社倉
1202年　開禧用兵
1234年　金の滅亡と蒙古の台頭
史彌遠時代
賈似道時代
1276年　臨安陥落　→　1279年　厓山の戦い

表２　北宋・南宋漕運額推移表[3]（単位：万石）

ＮＯ	路域別	北　宋　祖　額	南　宋　旧　額	紹興29年新定額
1	淮南路	1,500,000		
2	江南東路	991,,000	930,000	850,000
3	江南西路	1,208,900	1,260,000	970,000
4	荊湖南路	650,000	650,000	550,000
5	荊湖北路	350,000	350,000	100,000
6	両浙路	1,500,000	1,500,000	850,000
7	六路合計	6,200,000	4,690,000	3,320,000

出典：島居一康『宋代税政史研究』（汲古書院、1993年）447頁

図1　上供米の調達州軍と供給先（紹興30年）

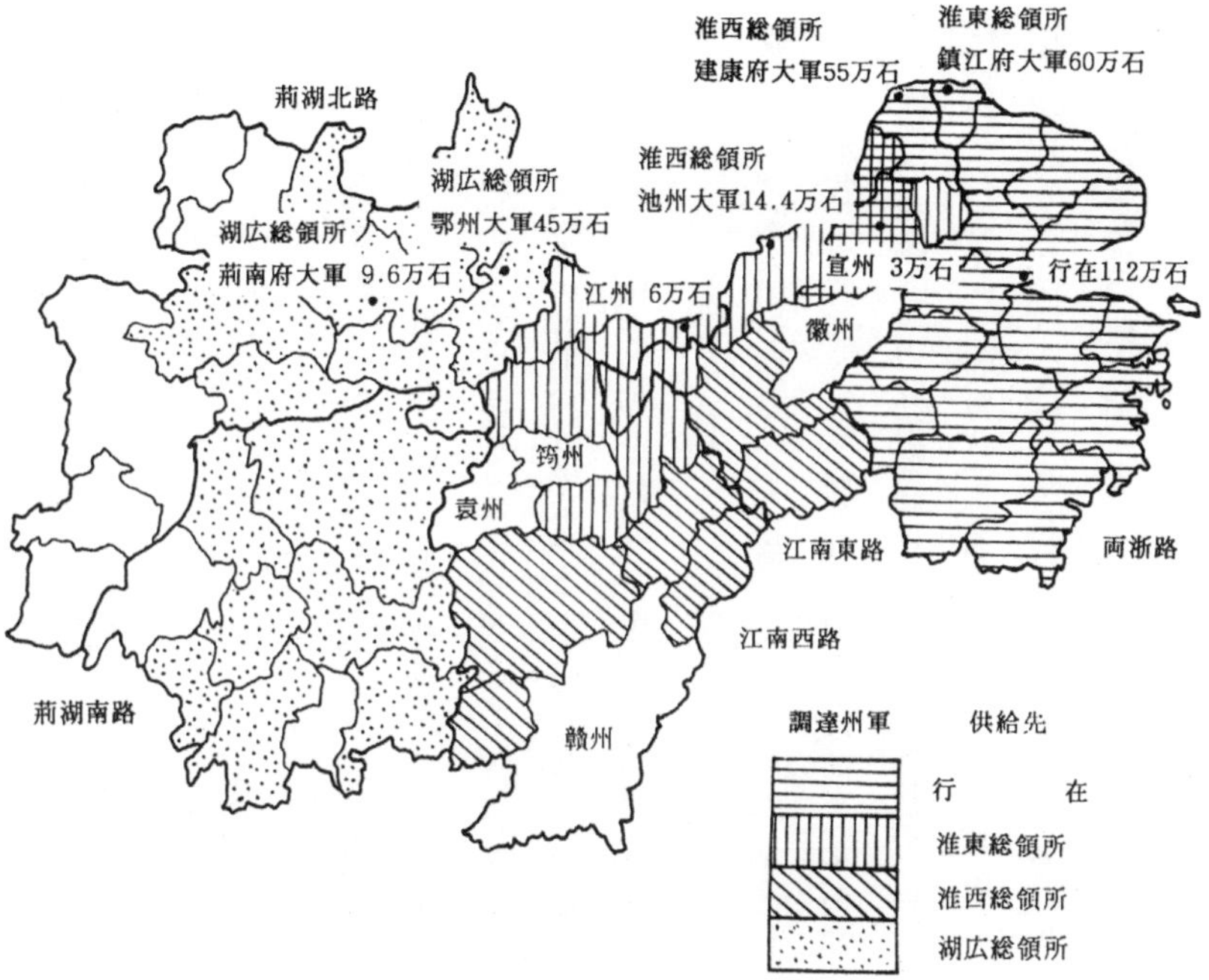

	歳　額	科　撥　州　軍
行　在	1,120,000	両浙全州軍、建康府、太平州、宣州
鎮江府大軍	600,000	洪州、江州、池州、太平州、臨江軍、宣州、興国軍、南康軍、広徳軍
建康府大軍	550,000	吉州、饒州、撫州、建昌軍
池州大軍	144,000	吉州、信州、南安軍
鄂州大軍	450,000	永州、全州、郴州、邵州、道州、衡州、潭州、鄂州、鼎州
荊南府大軍	96,000	徳安府、荊南府、澧州、純州、復州、潭州、荊門軍、漢陽軍
宣州殿前司牧馬	30,000	宣州
計	3,000,000石	

『要録』巻184紹興三十年（1160）春正月癸卯条「内外大軍等科撥諸路上供米」による。

出典：島居一康『宋代税政史研究』（汲古書院、1993年）458頁

二、漕運の再編と江東・江西

南宋中期の時代背景

南宋の政治史を語る時、一般的には孝宗朝の約三〇年間は、対金関係は和議を前提として相対的安定期が続き、経済・文化も発展したと認識されている。農田政策も安定し、北宋末から南宋初にかけて盛んに造成された圩田・囲田・湖田等の水利田が、しきりに開掘されている。そしてそこでは、水利体系・施設の保全や修築といった内容の史料が目に付く。同時に、この時期の社会政策として目に付く点は、社会・民生の安定のための措置が次々と図られている点である。水旱災、饑饉が急増した時代でもあり、今回はこうした荒政と関連づけて、考察する。

紹興三一（一一六一）年から隆興二（一一六四）年にかけての第三次宋金戦争の結果、隆興二年一一月に「隆興の和議」が成った。金宋領国の関係は、「紹興一一（一一四一）年の和議」に比べ、君臣から叔姪へ、歳貢銀・絹各二五万両が歳幣銀・絹各二〇万両へと減額され、国境線は淮水・大散関の間とするのは従来通りであった。

さて、「隆興の和議」後の政治体制は、乾道・淳熙体制という名称がつけられている。金側は、皇帝完顔亮が渡江作戦中に暗殺されるなど、内紛状態にあった。一方宋の側も、符離（現、安徽省宿州市）の戦いの敗戦により、張浚らの主戦派の勢力が後退し、代わって主和論（湯思退ら）の勢力が台頭してきた。隆興元年一一月に孝宗に対して対金和議を上奏した宰執は、陳康伯・湯思退・周葵・洪遵等であった。彼らは、いずれも東南の出身で、その地域利害を代弁する存在であり、かつその立場で発言を繰り返してきた(4)。

隆興二年九月一二日に詔が出された。

（隆興二年九月）十二日詔、江東浙西監司郡守、朕嗣服以來求民之瘼、比緣江東浙右被水灾、思拯民於愁嘆寤寐不忘。卿等既分外臺之寄、皆爲共理之良、宜究乃心各揚爾職能於所部、講明田事、預爲陂塘渠堰、防患未然使顯效著於將來者。朕當不次親擢、其或但爲文具、尙畏權勢無益於備患、徒擾於庶民、國有典刑、朕必不赦。

（『宋會要』食貨八―一六・水利下、六一―一一六・水利雜錄）

対象となったのは、江東・浙西の監司・郡守である。大意を述べると、「汝等は皆外臣として派遣され、各々任に赴いている所である。朕は即位以来、民の苦しみを気にかけている。江東・浙西は比の頃倶に水災を被っており、朕は民を拯いたいと思い、憂いで夜も寝られない。汝等は重ねて職分を尽くし、農田水利に関する問題点を究め明らかにし、預め陂塘堰埭を為め、未然に災患を防ぐように努めよ。もしそうでなければ、将来にわたっての朕の汝等への任官は、通り一遍の法令上のものになってしまう。尚、在地の権勢の者が患を為して庶民を擾すことがあれば、国の典刑に照らす。朕は必ずその者達を許さないであろう。」というもので、これは、『同書』にある、

二年八月五日詔、江浙水利久不講修、積雨無所種泄、重爲秋稼之害。可令逐州守臣、考按古迹及見今淤塞去處、條具措置、聞奏。　（『宋會要』食貨八―一六・水利下、六一―一一六・水利雜錄）

という直前の八月五日に出された詔で、実際に江浙の各州から古迹と見今の淤塞箇所について状況と対策とを上奏させたものとを合わせて考えると、経済的な中心地域であるこの一帯に対して十分な配慮を見せた措置であるという事ができる。直前の水災も史料には記されており、直接の動機が恤民と復旧であった事は言を俟たない。と同時に、上述来の当時の政治情勢も勘案してこの九月一二日の詔を読み解くと、また新たな意図、すなわち孝宗体制の真のねらいを垣間見る事ができるのである。孝宗の用人策は、度々監司（及び守令）に職分を尽くす旨の詔を出した事が特徴

である。この時期、非職が理由の罷免も多い[5]。行在臨安府を抱える浙西路（両浙路）の重要性は言うまでもないが、当時米糧を安定供給していたのは、むしろ江南東路と江南西路であった。以下、既出の人物の出身・経歴・事績等を辿りつつ、今少し考察を続ける。湯思退は浙東処州括蒼の人で、在地有力地主者層を率いる実力者であった。周葵は浙西常州宜興の人で、在地の立場に立つ良識的な地方官として声望があった。彼は、紹興前半期に越州・明州での湖田化に反対し続けた李光の後継者としての資質を持っていた。これに対して陳康伯・洪遵は、共に江南東路南部（現、江西省東北部）の出身で、当時この一帯の帰趨が、南宋政権の維持発展に関して、経済的にはもちろん、政治動向を導いていく上でも核となる、いわば地政学上の最重要地となったのである。

江東西の水利問題は、水利田の開発とその維持、また、水利秩序の保全という両方の側面を抱えていた[6]。これら両者は、もし利害の調整がつかない場合は、鋭い対立を将来する事がままあり、在地での、用益戸を巻き込んだ水争い、更には地方官や政府の当局者・高官等を巻き込んだ一種の政争に発展する事がある。また、交通・運輸・産業の発展という視点からも研究すべき興味深い対象である。まず、水運を中心とした諸物資の輸送、交通・運輸面の考察について。各地域の発展にとって、巨視的に見ると交通の発達が最も重要で、前提条件となる。各々の地形にも因るが、それはやはり水運を主とするであろう。奥地ないしは舟行の不便な所では、陸運もかなり重要な輸送手段であるが、集積された物資を大量且つ安価に輸送する際には、やはり水運に如くものはない。路域内は言うに及ばず、隣接する両浙・広南・淮南・荊湖等の各路域とも交通が開かれ、物や人、文化の往来が盛んに図られた事は当然であろう。ここでは、水運の実相として、米・茶・塩・銅の四つについて言及する。米・茶はいずれもこの地が主要な産地であり、塩は漕運の回送品として重要であり、且つ塩引を支給する事で、商人を引き寄せられ、塩税収入をもたらす。同様の事は茶についても言えるが、塩ほどには、茶引も茶税も比重は大きくない。最後の銅は、重要な鉱産資源である事は当然であるが、宋代では銅銭の原材料として、特に必要不可欠の産品であった。[7] 加えて、茶以外はいずれも重貨であり、水運の優位性が際立つのである。

水利田を確保し、租米を確保する事と、水路を保全し、円滑な水運輸送を確保する事とは、当然両立すべき課題である。ただし、そこで中央のみの視点で圩田化・水路整備事業が行われると、在地の世論が沸き立ち、これを鎮めるために、何らかの措置を取らざるを得なくなる。以下に、関連する士大夫の略伝を挙げる。そして、史料に拠りながらその具体像を探ってみる。

三、南渡前後の中江と江東圩田

1　江東圩田の消長

ここでは、周藤吉之氏の「宋代の圩田と荘園制」をもとに、政治史的に考察する。

北宋前半では、江東の史料として、何れも『宋会要』食貨七―五、水利上に、

天禧元年六月十一日、知昇州丁謂言、城北有後湖、因旱百姓請佃、計七十六頃鈕租五百五十餘貫、今請依前蓄水種植菱蓮、或遇亢旱次以漑田、仍用蒲魚之利、旁濟饑民、望量遣軍士開修、其租錢特與減放、從之。

二年十二月、都官員外郎張若谷言、宣州化城圩、水陸地八百八十餘頃、歳納租米二萬四千餘碩、見屬永陽鎭監税使臣勾當、未得整肅、望置一使臣專領其事、從之。

とある。昇州城北の後湖では、旱の時に百姓が請佃し、七六頃の湖田を作ったが、水源としてまた菱蓮を植え、蒲魚の利にも配慮し、饑民の救済も図るため、軍士を派遣して開修させるなど、その維持管理に充分意を用いていた。また、宣州宣城県の化城圩は、水田・陸田八八〇余頃からなっており、歳ごとに租米二万四〇〇〇余石を納め、永陽鎮の監税使臣が管理していた。

しかし、慶暦年間（一〇四〇年代）になると、こうした水利田の管理に関する行政は弛緩していた。そこで、同三年（一〇四三）に、范仲淹が対策を論じている。九月丁卯、范仲淹・富弼の「答手詔条陳十事」中の、「六曰厚農桑」が出された。その中で、

……且如五代羣雄爭霸之時、本國歳饑、則乞糴於鄰國、故各興農利、自至豐足。江南舊有圩田、毎一圩方數十里、如大城、中有河渠、外有門閘、旱則開閘引江水之利、潦則閉閘拒江水之害、旱潦不及、爲農美利。……自皇帝朝一統、江南不稔則取之浙右、浙右不稔則取之淮南、故慢於農政、不復修舉。江南圩田、浙西河塘、大半隳廢、失東南之大利。

（『長編』巻一四三、慶暦三年九月丁卯）

とある。五代の世には各国が互いに水利を興したが、宋になってから、江南路が稔らなければ浙西路で取り、浙西路が稔らなければ淮南路で取って水利を怠ったので、江南の圩田も大半壊れた。そこで、これを修復する様論じている。

表3　[江南東路、圩田関係略年表]（数字は、いずれも成立年代や、記事の繫年）

北宋末徽宗年間（一一〇〇～一一二六）
・太平州蕪湖県の萬春圩（秦家圩）一二五〇頃…五代南唐期に創置
・宣州宣城県の百丈圩…萬春圩の東十五里…仁宗嘉祐年間
・太平州当塗県・蕪湖県界の路西湖辺の政和圩…政和二年（一一一二）
・江寧府溧水県の永豊圩…政和五年（一一一五）
・池州貴池県の青谿圩田…元豊五年（一〇八二）の記事

南宋初、『建炎以来繫年要録』巻四七、高宗・紹興元年（一一三一）九月庚子の条によると、

庚子、以張琪賊馬壊宣州・太平州墟田命守自葺治。

と、張琪の賊馬によって破壊された事になる。この条の註では、「宣州化城・惠民二墟、相連長八十里、太平州蕪湖縣方春・陶新・和政三官墟、共長一百四十五里、當塗縣廣濟圩、長九十三里、於時長五十里」とある。そして、この時の張琪等の破壊により、この地の圩田は被害を被っていた。『宋会要』食貨六三、営田雑録の八月二十三日の条には、臣僚の言として、重要な租課を失い、また民田が侵害された様子を述べている。

『宋史』食貨志、農田には、

大抵南渡後水田之利、富於中原、故水利大興。

とある。南宋時代の農田水利を概観している。その記述は浙西の囲田地帯、浙東の湖田地帯が多く、江東の圩田地帯は必ずしも十分ではない。以下に江東の記事を列挙する（表4）。

直接の記述は、以上の五例に過ぎない。全体像をより正確に掴むため、『宋会要』食貨・水利を中心に、年表化してみる。

2 水運との関係

この圩田の事は、戦前において、周藤吉之・玉井是博の両氏が考察しており、池田静夫氏も「銀林河考」の中で言及している(8)。玉井・周藤両氏の争点は、圩田・囲田の呼称の違いが何によるものかという点にある。一般的には圩田の呼称が普通だが、浙西の太湖周辺では囲田が用いられている。両者の構造は概ね同じである。ただし、同じ水利田であってもそれぞれの立地はやや異なっている。囲田は低平な窪地に見られるのに対して、圩田は低平地には位置し

表4　『宋史』巻173、食貨志・農田南渡後圩田

①紹興元年、詔。宣州、太平州の守臣に修圩を命じたもの。二年、修圩錢米及貸民種糧は、並に宣州常平、義倉米からの撥借を命じたもの。三年、州縣圩田の租額を定め、軍儲に充てたもの。建康府永豐圩租米を、歳三萬石を以て額と為すと定めた。
②五年、江東帥臣李光による明・越二州の湖田廃止要請の上言。江東・西の圩田、蘇・秀の囲田は監司・守令から条上させようとした。
③隆興二年八月、詔、「江・浙水利、久不講修、勢家圍田、堙塞流水。諸州守臣按視以聞。」知宣州許尹、…並乞開圍田、浚港瀆。詔…宣州・太平州委沈樞措置。
④乾道九年、戸部侍郎兼樞密都承旨葉衡言、「詔を奉じて寧國府・太平州の圩岸を核實、内寧國府惠民・化城舊圩四十餘里、新築九里余、太平州黄池鎮福定圩周四十餘里、延福等五十四圩周一百五十餘里、蕪湖縣圩周二百九十餘里、当塗県の圩共四百八十余里などは、いずれも圩岸が大きく堅牢で、水衝面には楡柳を植え、農民はこれを頼りとしていた。」そこで、詔して判寧國府魏王愷を奬諭した。
⑤咸淳十年、以江東水傷、除九年圩田租、減四分。

【北宋末から紹興年間の年表】

表5　江東圩田関係記事　一覧表（『宋会要』食貨）

①大観四年	（一一一〇）	三月二十八日、	六三—一九〇	農田雑録
②宣和三年	（一一二一）	十月二十四日、	六三—一九七	農田雑録
③紹興元年	（一一三一）	八月二十三日、	六三—八三	営田雑録
④〃	（一一三一）	九月七日、	七—四〇	水利三
⑤〃二年	（一一三二）	正月一日、	七—四〇	水利三
⑥〃	（一一三二）	十二月三日、	七—四〇	水利三
⑦〃	（一一三二）	十二月十六日、	七—四一	水利三
⑧〃三年	（一一三三）	三月二十七日、	七—四一	水利三
⑨〃	（一一三三）	四月一日、	七—四二	水利三
⑩〃	（一一三三）	四月二日、	七—四二	水利三
⑪〃	（一一三三）	九月二十二日、	七—四二	水利三
⑫〃五年	（一一三五）	閏二月二日、	七—四三	水利三
⑬〃二十三年	（一一五三）	十月二十二日	七—四九	水利三
⑭〃	（一一五三）	十月二十七日	七—四九	水利三
⑮〃	（一一五三）	閏十二月二十七日	七—五〇	水利三

ているが、山地や丘陵地からの奔流を受けやすい処に多く位置していた。いきおいその堤岸は大きくなり、また官圩を中心に大規模なものが、多数存在した。尚、地域的には、江東に圩田が、浙西に囲田が、浙東に湖田が、それぞれ多く分布していた。

池田氏の研究は、以下のようになる。単氏（鍔）や郟氏（僑）が旧中江に位置した銀林五堰の復活を唱えるが、哲宗・徽宗の時代は圩田運動の熾んな時であった。特に徽宗の時に銀林河の運河機能を復活させ、旧中江流域に圩田を興す動きが出てきた。太平州判官盧宗原が首唱者で、単鍔風な水学とは全く対蹠的である。『宋会要』では、江州・池州・宣州・金陵・太平州から、銀林河、鎮江・真州を繫ぐ運河路の形成、即ち旧の中江故道を利用し、長江本流の一六〇〇里の風濤を避け得ると云う。特に徽宗時代の花石綱等の献上の盛行が、盧宗原の上奏の背景にあると云う。加えて、運河道の開疏による排水干拓の整備は、同時に圩田の構築を促し、上供米歳額を増すと共に、勲戚中貴の独占の対象ともなった。政和四年、沈鏻の報告でもこの案が継承されており、宣和七年には、再度宗原に江東古河の開疏を命じている。宣和七年には、銀林開河及び三湖圩田を罷めた史料がある。この事に関し、乾道元年の知建康府張孝祥による上奏の中に、回想記事がある。それによれば、宣和年間に発運司と本府で詳細に利害を検討させた。一つは銀林河が高低差を持ち、もし開けば高い西湖から低い東湖へと流れ、蘇・常両州が害を被るというもの。又、土石が堅硬で開鑿しても通じないと云うが、この説は頗る疑わしく、遂に旧河を開こうとし、深く水道を作り、資金と粮食を計算し、工事を興そうとしたが、偶々靖康の変が起こり、中止となった。

宋代の銀林堰は、堰の存留を不便とする船戸・船商の一派と、中江圩田開拓の一派の要望が重なり、これを廃止した。これに対して、浙西水利を主眼とする一派から、五堰復活論を唱えてこれに対抗したと云う。

南宋は、行在臨安府までの水路輸送が一般的には短縮されている。漕運額自体は前述の如く淮南路分の一五〇万石は欠額となったが、他路は戦乱・水旱災等の理由で蠲免となったり和糴で賄ったりはしたが、原額としては基本的には変わらなかった。更に景況の活発化に伴い、商貨の流通が増し、全体の輸送量は増加したと考えられる。それに伴い、相対的に中江・銀林河ルートの比重はより増加したと考えるのが自然であろう。張孝祥の上奏文は、銀林河を開濬して五堰を廃止し、水運を円滑にして冗費を省こうとしたものである。しかし現実には、村民は興作を憚り、牙儈も五堰での舟般通行・車脚往来の利を失う事を恐れた。後任の知州汪澈も通判張維も実地踏査はしたが、汪澈は間もなく転出し、張維は蘇・常への泛溢を理由に反対した。長瀬氏は、これを浙西からの圧力であると分析している。こうして遂に銀林五堰の撤廃と銀林河の開濬は取り止めとなった。この事は、乾道初めの時点で、五堰の復活設置から相当の年月が経過し、五堰の通行とここでの下卸が、流域一帯に一定の社会経済的影響を与えていたのを証明する史料と言えよう。

一方、この銀林河（旧中江、胥渓）の下流に当たる浙西囲田地帯は、この当時どのような状況になっていたのであろうか。北宋末の政和年間、趙霖が開浦・置閘・築圩を合わせた総合的な水利政策を提案し、実施された。これは、熙寧年間に試みられた郟亶の水利政策（新法党の治田主義）を批判的に継承した（旧法党系の治水主義）とされる。靖康の変後は、軍糧確保の為、盛んに囲田が築かれ、貴顕への賜田も見られた。こうして、囲田の盛行と反比例して、特に排水が妨げられ、周辺の民田や、小規模な民圩などが、屢々水災に遭った。紹興二三年には、囲田を太湖の旧迹に復するよう、求められている。紹興二八年、隆興二年には、いずれも両浙路転運司から、常熟・崑山両県、三六浦の湮塞箇所を開き、出江通泄する措置を求め、実施されている。そのため、紹興年間、隆興年間、乾道年間、淳熙年間と、度々開掘が命じられてはいる。しかしながら、宋朝の囲田政策は一貫性を欠き、豪戸・有力戸の私利を排除はせず、村落における地主・佃戸関係の上に間接支配を及ぼしていくものであった。水利工事に際して、有田の家は、それぞれ郷原の体例によって銭米を出備し、租佃の人は提供させるという水利慣行に基づいて実施されていった。

四、孝宗朝の江東水利政策

1江東での水利政策

さて、孝宗期に江東の圩田地帯に対する水利政策はどのようなものであったのか。まず、隆興二年（一一六四）九月四日、知宣州許尹の上奏がある。本州の童圩が水流を湮塞しているので、旧に依って開決して湖に復し、民利を為せと。そこで、詔して転運司が相度して、秋の収穫を候って措置せよ。というものである。この頃、前述の張孝祥にいくつかの史料が見られる。『于湖居士集』巻一三、「太平州学記」に、

當塗於江淮爲名郡、有學也、無誦說之所、有廟也、無薦享之地……。甲申（隆興二年）秋、直祕閣王侯秬來領太守事、於是方有水災、盡壞堤防、民不粒食。及冬、則有邊事、當塗兵之衝、上下震搖。侯下車、救災之政、備敵之略、皆有敍。飢者飽、壞者築。赤白囊書夜至。侯一以靜塡之。明年春、和議成、改元乾道……。客有過而嘆曰、……今之當塗、昔之當塗也。……始王侯之來、民嘗以水爲憂、已又以兵爲憂。王侯易民之憂、納之安樂之地、以其餘力大新茲學、役不及民、頤指而辦。

とある。隆興末年から乾道初にかけて、知太平州の王秬が水災や兵禍に遭遇し、民生の安定を軸に対応した様を称えている。『于湖居士集』や伝記等に拠ると、孝祥は常にこうした民政にも意を配っているが、同時に圩岸の整備、水運路の確保、漕運・備蓄用の倉儲の充実・維持にも意を用いている。また、転任先の荊南でも、堤防を築き、万盈倉

表6　［江東・江西関連人物表］

【陳康伯】（一〇九七～一一六五）巻三八四、字長卿、信之弋陽人。父亨仲。
提挙江東常平。→後二度宰相［紹興二九年九月～隆興元年一二月：隆興二年一二月～乾道元年二月］となり、在職のまま薨じた。

洪氏父子（巻三七三、饒州鄱陽〈樂平〉の人）の列伝を読むと、戦乱に臨んで、混乱を収拾し財政・軍事を立て直し、地域をまとめる経綸を屢々表明している。また、後述のように、彼らの水利に関する上奏は、新規の水利田開発に係る者は少なく、寧ろこうした緊迫した情勢の中、在地社会をまとめ、施設を修築し、上級官司・朝廷に対して賑恤救済、租税の蠲免を要請し、地域の信頼を得る、と言う形でのものが多く見られる。

a【洪皓】（一〇八八～一一五五）字光弼、鄱陽人。金使として赴き、一年間抑留される。宣和年間、秀州司録在任中、大水に際し、境域内を通過した浙東綱米を、知州の反対を押し切り、邀留させた。

b【洪适】（一一一七～八四）字景伯、皓長子。父と共に秦檜にさからい、地方官を歴任。江東路常平茶鹽となり、初めて「役法不均之弊」を言った。

c【洪遵】（一一二〇～七四）字景嚴、皓仲子。要職を歴任し、江東・江西の水利修築や賑恤救済に関する上奏文が多数有る。

d【洪邁】（一一二三～一二〇二）字景盧、皓季子。文章家、博学として知られる。知贛州として文教・社会資本の整備につとめ、知婺州として陂塘堰湖の整備に努めた。また、淮東や平江府の地政学的な水利も論じた。

f【張運】（一〇九七～一一七一）巻四〇四、字南仲、信州貴渓の人。紹興末、金の南侵に際して、刑部侍郎から特に戸部侍郎に任じられ、専ら軍糧輸送に当たった。また、高宗に従い、随軍都転運使として江上に労師した。帝還御の後は外任を乞い、知太平州となった。ここで、軍民の復旧と安輯に努め、信頼を得た。孝宗の受禪により、老を請い、敷文閣待制提擧江州太平興国宮の祠禄を受けた。饒州に寓居していた乾道七年、饒州一帯は大いに饑え、自ら船を仕立てて州倉へ二千石を送付して、賑恤の基金とした。洪遵がこれに対する支援策を要請した。

g【王師愈】（一一二二～九〇）字與正、一字齊賢。婺州金華の人。知信州の時、従来通りの池州への上供に戻すよう上奏。漕運改革案を出す。
（『朱文公文集』巻八九、中奉大夫直煥章閣王公神道碑銘）

h【張孝祥】（一一三二～六九）巻三八九、字安國、歴陽烏江人。若くして進士に及第し、地方官としても各地で治績を挙げた。賑恤や水利にも通暁していた。

i【韓元吉】（一一一八～八七）字无咎、號南澗、開封の人。維四世の孫。水利の復興を重視し、郷村の実情にも詳しいが、司農寺主簿や江東転運判官を歴任するなど、むしろ版曹の一員として、財政の確保に本領を発揮した。（『宋史翼』巻一四）

を築いた。この頃、孝祥が丞相湯思退に宛てた書簡では、

某比以本路水災如許、飢民無聊、復迫夏秋、流離道路、圜視無策。……某在此雖極力以治荒政、但賑給二事、徒有其名、無以徧給。今獨有修圩一事、朝廷所當加意、蓋今年圩不修、則明年江上無田、無田則無民矣。修圩藉民

力、民藉官給之食以活、而常平米既無餘、則圩無自而修。故今日急先務、莫若江上得熟處廣糴、轉江而下、積之蕪湖、以須水落興工。此事參政周丈頃在太平知之爲詳。伏見、恩地速賜經畫。米不欲多、得二十萬斛庶民從容集事。伏望、大丞相念之、不勝激切之禱。（『同書』巻三九、書牘　湯丞相）

とある。「私が調べました所、本路（江東）では、水災で飢民が多いにも関わらず、夏秋に税を迫り、為に人々は道路に流離し、おまけに無策です。私は荒政に努力していますが、賑給の効果は期待できません。ただ、圩岸の修築のみは、朝廷が取り組む課題でしょう。修圩には民の力を藉りなければならず、民は官給の食糧を藉りてやっと生活できます。しかし、常平米は既に余分が無く、圩は民が自弁で修めなければなりません。故に、今日の喫緊の務めは、江東の豊作地域で広く糴米を行い、転送して蕪湖に積み、水落の時期を待って工を興す事です。この事は、参知政事の周葵閣下が最近太平州知事で在られ、事情を詳しく御存じのはずです。湯丞相閣下の速やかな御決断をお願いします。糴米の量は多くは要求しません。二〇万石であれば、庶民も従容として集米に応じるでしょう。」という内容である。地政的に太平州は米糧の集積上重要な地であり、長江防衛上の要衝でもあった。加えて、当時水災・飢饉が頻発していた事も、背景として挙げられる。効果的な冬賑政策を要請した内容であろう。張孝祥は淮南の和州・歴陽の人であり、太平州は長江を挟んで対岸にあたり、熟知の地域である。周参政は周葵の事で、常州・宜興の人で、『宋史』巻三八五、周葵伝に、

起知撫州、引疾、改提擧興國宮、加直龍圖閣、知太平州。水壞圩堤、悉繕完、凡百二十裡。傍郡圩皆沒、惟當塗歲熟。市河久堙、雨暘交病、葵下令城中、家出一夫、官給之食、並力浚導、公私便之。進集英殿修撰、敷文閣待制、知婺州。

とある。康熙『太平府志』巻二六、名宦や、周必大『文忠集』巻六三の神道碑では、紹興二八年に繫年する。

次に、韓元吉の例を挙げてみよう。『宋会要』食貨八、水利・下に、

乾道元年、詔令淮西總領所撥附建康中收到子粒令項椿管非詔旨無得擅用臣僚言秦檜既得永豊圩竭江東漕計修築堤埠自此水患及于宣池太平建康昨據總領所申通管田七百三十頃共理租二十一萬一千餘秤當年所收纔及其半次年僅收十五之一假令歳收盡及元數不過米二萬餘石而四州歳有水患所失民租何翅十倍乞下江東轉運司相度本圩始害民者廣乞依浙西例開掘及免租戸積缺從之。

江東轉運司奏、永豊圩自政和五年圍湖成田今五十餘載横截水勢毎遇泛漲衝决民圩爲害非細雖民田千頃自開修今至可耕者止四百頃而損害數民田税數倍欲將永豊圩廢掘潴水其在側民圩不礙水道者如舊詔從之。

其後漕臣韓元吉言、此圩初是百姓請佃、後以賜蔡京又賜韓世忠又賜秦檜、既撥隷行宮隷總所五十年間、皆權臣大將之家、又在御府其管莊多武夫健卒侵小民、甚者剽掠舟船嚢槖盜賊、鄕民病之、非圩田能病民也、於是開掘之命遂寢。

とある。最後の段の元吉の議論は一見冷たい。民の暮らしを考慮せずに、国家財政優先の非情な論理のように見受けられる。ただし、この論にも一理あって、監司たる転運司が圩田（永豊圩）を開掘することが、急場の対策にはなり得ても、恒久的な財源確保とはなりにくい。また、賑救は、転運司の役目柄の一つではあるが、それにも限度があることをはっきりと打ち出している。元吉自身、その文集『南澗甲乙稿』で何人もの墓誌銘・神道碑を手掛けており、その中では、彼らが地方官として、また地域社会の一員として、賑救活動や地域水利の興修に携わった様子を記している。「永豊行」も、自らの地主としての立場で詠んだものに相違なかろう。『同書』巻二、「永豊行」に、

丹陽湖中好風色、晴日波光漾南北、湖岸人家楡柳行、……老農指是官田圩、……政和回頭五十載、官長築圩宛然在、東西相望五百圩、有利由來得無害、官圩民圩奚所拘、此地無田但有湖、圍湖作田事應爾、底用徹地還龜魚、

民圩不堅自招水、水潦何常鎮如此、官圩六十里如城、削平爲湖定何里、請看今來禾上場、七百頃地雲堆黃、縣官糴米三萬斛、度僧給牒能商量、……吾君神聖坐九重、輕易獻言誰復辨、卻憶吳中初夏時、畚鍤去決田湖圍、雞鶩上籬犬上屋、水至不得攜妻兒、無田赴水均一死、善政養民那得爾、寄言父老且深耕、爲汝馳書報天子。

とある。「永豊圩は東西に亙って五百圩あり、官圩・民圩に拘わらず利は有っても害は無い。この地は元々田は無く湖であった。湖を囲んで田を作っているので、此を開掘して湖に復する事はできない。民圩は堅くないので水を招くのだが、官圩六十里は城のようなので、削平して湖となす事はできない。今稲穂は田に稔っている。七百頃の地は稲穂が黄色い雲の様である。県官は、羅米三万斛を得ようとし、度牒の給付を検討している。（孝宗）皇帝陛下は賢君で在らせられるが、軽々しく永豊圩の開掘を上言するものがいる。呉中の囲田のように開掘すれば、却って水浸しになって生業を失う。これで善政養民とどうして言えるであろうか。父老に言って深く耕せ、汝等圩民の為に、書を馳せて天子に報じよう。」というのが大意である。この事は、あたかも北宋煕寧年間の蘇州水利をめぐる郟亶の治田策と単鍔の治水策との間の論争とを彷彿とさせる。一旦は開掘の詔が出されているが、その後も永豊圩は史料に出てくるので、実質的には存続した。

ほぼ同時期、浙西路ではこの水利田の存廃に関して、好対照の例が記録されている。同じく乾道二年の四月、「漕臣王炎に委ねて囲田の開掘を進めよ。」との詔が出されている。いずれも転運司段階での措置であるにも関わらず、一方の浙西囲田では開掘が進み、他方の江東圩田ではなぜ開掘が中止に追い込まれたのか。その事は、例えば単に王炎と韓元吉という漕臣個人の資質や傾向によって結果が異なるものなのだろうか。恐らく答えは否であろう。勿論、史料にあるように、江東転運司に一旦相度させ圩田の廃止を決めている。『宋史』巻三三、孝宗本紀一に、

（乾道二年六月）丙午、廢永豐圩。

とあるのがそれである。江東と浙西は、いずれも東南一帯の中での穀倉地帯である。南渡以来、この両路は南宋の中枢を支える政治的・経済的要地であった。ただ、浙西が行在臨安府を控えた畿輔の地であったのに対し、江東は長江に臨み、紹興末から隆興初年の戦役でも直面した様な軍事的要地でもあった。その事は、水利史の問題、水利田の在り方としては、以下の様に説明される。即ち、浙西は高度先進地域として集約化され、細分化された民田が多数存在したのに対し、江東は規模の大きな官圩が多数存在した。その事が、前述来の水利田に対する対応の差となって現れたのである。浙西には貴権や勢家の保有地も多く、低平な地勢も相俟って、囲田の開掘、浦塘など水路の整備も、囲田地帯全体から租課を確保するためには必要であった。対照的に、江東圩田地帯では、かつて秦檜や韓世忠等の貴権に賜田されていた田産が多く収公されて官田の地目となっていた。これらが水利の暢流を妨げていた事も事実であろうが、地勢的に上流や山地からの奔流と衝突する箇所では、強固な圩岸の存在が必要であったろう。韓元吉は開掘の大勢に対して、永豊圩の成り立ちは元来が百姓の請佃に係るもので、その後蔡京や秦檜といった権臣に賜田され、その菅荘連中が郷民を苦しめたもので、圩田そのものが民を苦しめた訳ではない、と論陣を張り、開掘の命は遂に取り止めとなった。前述の様に、韓元吉は一方的に国家の論理のみを押しつけているのではない。和糴や和買を論じた上奏文では、こうした濱水地帯での賑救措置の必要性を認めつつ、例えば和糴の際に浙西と江東と江西とでは穀価や水脚銭が異なり、これを考慮しないと却って物価や水脚銭を吊り上げ、民への負担と国庫の窮乏をもたらす、と指摘する。元吉は計数に長けた現実的な官僚であった。

さて、乾道六年から、七年にかけて、太平州や建康府の圩田地帯をめぐっては、州の長官と路の財政担当者転運副使との間で、以下の様な対立事例があった。

すなわち、乾道六年、太平州一帯は、水害のため、多数の圩田が壊れており、農民は生業を失っていた。知太平州の洪遵は、万余の民を集めて圩岸を築かせ、冬の最中に自らその間を巡り、酒食を労った。ところが、転運副使の張松は工役を厭がって「圩は決れておらず、民の転徙もない」と偽りの上奏をし、圩戸に責を押しつけ、募工銭米の半ばを省いてしまった。洪遵は頻りに上疏して、その結果将作少監馬希言・監察御史陳擧善が遣わされ、代わる代わる張松の言を斥けた。その結果四五五の圩岸が修築された。憤懣やるかたない張松は、代わりに溧水県の永豊圩を治めようとし、膨大な数の丁夫・銭米・資材を徴用しようとしたが、洪遵に反対され、不採用となった(11)。

2 張松像と洪遵像の持つ意味――乾道六年の地域社会――

張松は財務に長けた実務官僚だが、在地の主張には冷淡である。ただし、江東西は健訟の地と称される所なので、実態としてどうか。右の圩田修築は強引なイメージであるが、前年までは提挙四川茶馬に在職し、四川での馬政の手腕が評価されていた。たまたま当時、両淮総領も兼務しており、江東路転運副使と併せて、財政を切り回す役割を演じていた。次に、その半年前の税務（税場）整理に関する対策を見てみよう。もし、税務（税場）を純粋に統合整理しようとしたのならば、基本的には評価されるべき事例である。この事例について検討する際の前提条件は、以下のようになろう。㈠『宋会要』食貨一八、商税の史料を読むと、采石務と、在城（負郭は当塗県城）と蕪湖務三者間の統合への道筋が、実際の位置関係と照らした場合、いささか強引であった。太平州は、西側が長江に面し比較的狭い境域であった。采石鎮はその北端で、建康（江寧）府と接している。そして中に当塗県城を挟んで、南側に蕪湖県城が置かれている。いずれも水路や碼頭を通して、すぐに長江右岸に繋がっていた。張松案では、采石務が、建康府域と隣接していて税額（主に過税と思われる）が少ないため、最も税額の大きい蕪湖務と統合する事を意図していた。しかし、蕪湖務は、当塗県城を挟んで最も南に位置しており、移動距離が長くなる。しかも、太平州内での調整も不十分であった。㈡長江対岸の西采石務の統合を唐突に打ち出した点。対岸（左岸）は淮南西路和州の境域に属していた。長江の中洲に江心という地点があり、張松はここを越えて江南東路の旅客の渡江を禁じるという強硬措置を打ち出し、西采石務を管轄する和州知州の抗議反論を受けている。㈢背景として、北宋末から南宋初にかけての税務の濫設、商税等の濫徴を是正していこうとの流れになっていた点である。その線に立てば、張松の対策・上奏は一定評価できる。しかし、有機的かつ展望を持った対策が講じられたとは、この時点では認めがたい。和州・淮南西路側から、江南東路優遇措置であると抗議の声が上がったのも、無理からぬ事であろう。次に問題点として浮かび上がってくるのは、実際の税額・比率は明瞭になっていないが、長江を挟んで西采石務と采石務の間で、二重に商税が徴収されていたことも明らかである。所与の税額を確保しようとする和州の訴えも、あくまで地方官の視点・立場から来る祖宗主義であり、民苦を解消しようとしたものであるかどうかは疑わしい。張松は、同時に太平州の南に隣接する池州でも税務の統合に乗り出しており、これには成功している。以上のような諸問題を勘案して、乾道九年には、特に弊害の大きかったとされる買撲税場の淘汰は打ち出したが、抜本的な税務の縮小・税額の減額を実行するには至っていない。

以上に一瞥した、張松像と洪遵像から、特に張松像を捉え直してみる。乾道・淳熙年間の政治的諸課題は、前述の通り金との和議を前提としており、紹興年間前半の強権的集権体制と民への重税とを必要としなくなってきていた。そのため、民の負担を減らして不満を和らげ、民意を尊重して少なくとも反映する様々な政策や方針を打ち出していった。そして、両浙・江南東西・荊湖南北・淮南東西等々、様々な人士を登用し、意見を吸い上げる姿勢の表明が求められた。圩田・囲田・湖田等の新開水利田を一時開掘していた当時の財政事情を総合的に眺めてみるならば、租米という直接税・現物税以外の部分、課利と総称される間接税目が重視されるのが当然の成り行きである。大規模な圩田修築には公共事業費を投じ、或いは大多数の小規模な修築は郷原の体例を重んじて父老の意見を聞きながら、災害時には賑済に力を尽くす。本来これが望まれるべき地方行政のあり方ではあるが、一方で財政を埋めるため、財源確保も重要な課題であった。

以上、表面に現れたほんの一齣に過ぎないかも知れないが、地域社会と財政事情を関連づける一端として考察してみた。

最後に、江南東路の南西部から、近隣の州や淮西総領所（建康府）や淮東総領所（鎮江府）等へ実施に上供される際の問題点と改善策を訴えた史料を挙げておく。

［乾道七年：信州上供米の例 ↓ 池州大軍倉に七万石］
知信州王師愈「論信州米綱疏」(15)（『歴代名臣奏議』巻二四六、漕運・宋／孝宗時）

◎毎歳上供米7万石を起撥 ↓ 額に満たないことが多く、弊害も甚だしい

①理由

1：地勢が高燥。江東上流の最も高い所に位置。南は福建（邵武軍・建州）、北は徽（歙）州、東は浙東（衢州）に隣接。西のみ水路で鄱陽に達する。但し谷合の水路で浅瀬や砂地が多く出水し易く涸れやすい。大船が使えず、釣り船よりやや寛い小船に装載。水位の変化が激しい。水かさが増して積み荷を増やしても、一旦水が落ちると過積載となり、岸下に旬日も一月も滞留せざるを得なくなる。鄱陽湖・長江に至って初めて大船に積み替えるのである。こうして日数を費やし、銭米を費やし、陥失の弊害が起こる。

2：改撥に因る弊害。紹興初、朝廷は指揮を降して信州起撥の米綱を池州のみに交卸。近距離なので輸送しやすく、失も少なかった。その後、知州徐林が朝廷に申明し、数年間は弊害無し。最近、総領所・転運司は改撥に定見が無く、建康・鎮江・淮南・行在へと送付先を変更している。そのため州県は困窮して陥失を増やしている。遠距

離では、水脚銭の費用が嵩む。…一石あたりa池州五〇〇銭→b建康七〇〇銭→c鎮江九〇〇銭→d淮南九〇〇銭以上（一、〇〇〇銭）→e行在一、二〇〇銭・；信州の支給苗米一石につき二〇〇文のみ。最寄りの池州でも半分以上の経費は持ち出しである。従って、建康以遠への上供は特に負担大。また、載船して出発する前なら州県も不足分の費用は措置可能。出発後の改撥の場合、また起撥地に帰らねばならず、州県に不足費用を求めても直ぐには支払われず、ついには米綱を中途で滞留して日数と銭米を費やしてしまう。

3：管押に其の人を得ていない弊害。綱運を統べる者は、我が身と我が家を顧みず、不測の危険も冒すので、恩賞を願うのでなければ、綱運費用の余りを貪り、浪費しようとするのである。しかし、信州の米綱は、願うような恩賞が無く、水脚費も不足しており、費用の余りを貪るべくもない。そこで、本来官職や財産があって頼るべき人は、皆米綱に行きたがらない。そこで、割当額を達成するため、総領所・転運司は州を責め、州は県を責め、県は郷村戸や胥吏に強制する。一度その役（衙前）に当たれば、家族・親戚との死別を覚悟しなければならない。それでも、費用を惜しんで善処しようとする者は、二弊を視て力を尽くして陥失を減らそうとする。しかし、惜しまない者は、二弊に乗じて益々悪事を肆にしようとし、全綱を陥失したり大半を陥失したりする。米一粒一粒は皆民の脂膏であり、国の大計である。州県はこれを収めるのに非常な努力。しかし、泥土のように重んじられていない。三つの弊害は、責罰で禁じても改革は不可能。

②要望→地勢の不利は軽視すべきではない。改撥に定処無きことと、部押に其の人を得ない事は改革可能。

1：元のように指揮を降して信州の米綱は池州への交卸に限り、改撥を行わないこと。

2：部綱常格と共に信州米綱賞格を立て、押米石高の多寡に応じて見任・寄居・待闕の文武官で有産者に因る部押を許可し、郷村戸・胥吏達への強制を禁ずること。

五、おわりに

今後の課題として、まず以下の点が挙げられる。

まず、地域社会の中での水利問題を多角的に考察していく必要がある。その場合、当然郷党社会の考察が必要となる。その際、父老の実態の考察が鍵となる。[16] 父老とは、郷党社会の中で、亦郷村社会全般の中で、どのような役割を示しているのかが問われる。胥吏層との重なりや相違点も、重要な課題である。

次に、政治史の中に、水利の問題をどのように位置づけるかが大きな課題となる。[17] 単に対立軸を見出すだけに止まらず、水利の問題を中心に据えて、政治が民衆を、地域社会を統合し、或いは一体感を創出する場となりうる事をより積極的に評価していくべきではないだろうか。

以上の視点を踏まえて、元・明の後世にいかに影響を与えていったか、或いはどのような相違点があるのか、水利史の展開と中国近世史の展開のダイナミズムを、探っていきたい。

註

（1）冀朝鼎著・佐渡愛三訳『支那基本経済と灌漑』、「第七章　一六六頁」（白楊社、一九三九年）

（2）寺地遵「秦檜後の政治過程に関する若干の考察」東洋史研究三五—三、一九七六年。後、『南宋初期政治史研究』渓水社、一九八八年所収。

（3）『宋代税政史研究』四四六～六一頁で、南宋の漕運額に関して、島居氏は、概略以下の様に説明している。

①南宋に入ると、金と国境を接することとなった淮南東西路が、上供対象地から外された。

②江南西路の増額は、江州が東路から西路に改隷されたもの。

③和糴は、北宋時約一〇〇万石、上供米の三分の一を占めていた。（苗米総課額は八〇〇万石）

④紹興一八年、年間の和糴総額が確定 ↓ 転運司による収糴から、五所体制へ。行在省倉、淮東・淮西・湖広・四川各総領所に、戸部和糴場（臨安府・平江府）の額を併せると、一二二万五千石となる。すなわちこの時点で、南宋の上供旧額四六九万石から五所の和糴総額を引くと、三四六万五千石が両税苗米の上供額となるはずである。同年の実催の上供米が三〇〇万石であったという記録から、四六万五千石の不足分が残る。和糴米の定額化と両税苗米の実催上供方針の継続から、不足が生じる不安定さを常にはらんでいる。しかし、両税苗米の徴収実績が良好な年には、この程度の不足は克服されうるはずだという。

⑤紹興二六年、「歳計の余」を生じ、淮東・淮西総領所に一〇〇万石ずつ備蓄。

⑥紹興三〇年、両総領所に、一〇〇万石の備蓄目標。↓ 背景としては、宋金関係の安定とそれにともなう苗米生産の回復・前進した。

⑦紹興二九年の新上供定額設定は、単純な減額ではなく、和糴分を外した実催額である。和糴の目的が、「賑済への備え」などに対する備蓄へと方針を転換した。（別目的へと切り離した。）

↓ 紹興三〇年、四川以外の兵士総数＝三一万八〇〇〇人　※兵士一人一年一〇石とすると、三二一万石はほぼ見合った漕運額になる。

[その後]

乾道三年「二百万石倉」を新設…豊儲倉と称した。

　六年行在上供米、欽わずか

　七年淮東、備蓄米わずかに一万六〇〇〇石 ↓ 江西の和糴米一〇万石、淮東で二〇万石を充てた。

↓ 行在での備蓄（和糴）＝首都対策と、地方の備蓄賑済の二本立ての基準があった。

淳熙五年沿江州軍で一六〇万石和羅　鎮江と建康に「転般倉」を設置した。
◇統計上は、南宋経済の中核を支える、江東・西、両浙への過重ともいえる重課を減じ、こうした優恤措置を施すことにより、孝宗体制への協力を取り付けようとした。ただし、実催の上供額そのものは、殆ど変化がない。問題は、備蓄の内容に焦点が移る。留州分が確保され、あるいは地方で確実に賑済に供与される分は問題あるまい。
↓しかし、「人治」と、在地の要望（清強の官）が問題として残る。（◇以下は、筆者）

（4）寺地遵、前掲註（2）。

（5）乾道五年、『宋史』巻六一・五行志一上水では、夏秋に温・台州で三度大風水があり、黄巌県が最も激甚であった。守臣・監司は失職し、降責に差があった。『同書』巻三四、孝宗本紀二では、郡守王之望と陳巖肖は以聞しなかったので黜削された。『宋会要』職官七一・黜降官八に、詳細な記事がある。二つ目は、乾道六年、江東転運副使黄石の例。『宋史』巻三四、孝宗本紀二では、「(五月) 閏月 (壬寅)、江東漕臣黄石、不親按行水災州郡、降二官。」とある。また、『皇宋中興聖政』巻四八、『宋史全文続資治通鑑』巻二五上では、「壬寅詔、江東諸郡多有被水去處、…不即躬親按視、止差縣官前去、顯是弛慢可降兩官。」とある。周必大『文忠集』巻三二の「黄石墓誌銘」では、この時の大水が太平州の圩田を壊しており、大水の状況と「委官相視賑済」の次第を二度三省に上申したが、此度の処分となった。その結果主管台州崇道観に任ぜられたが、「継復原官」と記されている。（「朝散大夫直顕謨閣黄公墓誌銘」）尚、佐藤武敏編『中国災害史年表』（国書刊行会、一九三三年）参照。

（6）江東水利を扱ったものに、周藤吉之「宋代の圩田と荘園制――特に江南東路について――」東洋文化研究所紀要一〇、一九五六年。後、『宋代経済史研究』東京大学出版会、一九六二年所収。長瀬守「宋元時代建康周域における各県の水利開発（一～三）」中国水利史研究五・八・南島史論二、一九七一・七七・七八年。後、『宋元水利史研究』国書刊行会、一九八三年所収。江西水利を扱ったものに、大澤正昭「宋代河谷平野地域の農業経営について――江西・撫州の場合――」上智史学三四、一九八九年。後、『唐宋変革期農業社会史研究』汲古書院、一九九六年所収。小川快之「宋代長江下流域における農業と訴訟」（宋代史研究会研究報告第八集『宋代の長江流域――社会経済史の視点から――』汲古書院、二〇〇六年）、許懐林

『江西史稿』（江西高校出版社、一九九八年《第二版》）等。尚、江東・江西全般を含む研究として、佐竹靖彦「唐宋変革期における江南東西路の土地所有と土地政策——義門の成長を手がかりに——」東洋史研究三一—四、一九七三年。（後、『唐宋変革の地域的研究』同朋舎、一九九〇年）、斯波義信『宋代江南経済史の研究』、「序章」一一二～一二一頁。（東京大学東洋文化研究所・汲古書院発行、一九八八年）等。

（7）中島敏「高宗孝宗両朝貨幣史」一九三九年 ↓ 一九八七、「支那に於ける湿式収銅の沿革」一九四〇年他二篇、中島敏『東洋史学論集——宋代史研究とその周辺——』汲古書院、一九八八年所収。

（8）周藤吉之「宋元時代の佃戸について」史学雑誌四四—一〇・一一、一九三三年。後、『唐宋社会経済史研究』東京大学出版会、一九六五年所収。玉井是博「宋代水利田の一特異相」史学論叢七、一九三八年。後、『支那社会経済史研究』岩波書店、一九四二年所収。池田静夫「銀林河考」東洋学報二六—三、一九三九年。後、池田静夫・岡崎文夫『江南文化開発史』弘文堂出版、一九四〇年所収。中国では、鄭肇経『太湖水利技術史』農業出版社、一九八七年、一五六～六四頁。最近の研究に、森田明「江東における『東𤄃』の史的考察」、王凱「胥渓河上的古堰——東𤄃的荒廃——」（いずれも『古代水利施設の歴史的価値及びその保護利用国際学術討論会論文集』文科省科研費補助金特定領域研究『東アジアの海域交流と日本伝統文化の形成——寧波を焦点とする学際的創生——』「寧波地域の水利開発と環境」班、研究代表　松田吉郎　二〇〇九年三月所収。）

（9）長瀬守「北宋末における趙霖の水利政策」東洋史学論集二、一九五四年。後、『宋元水利史研究』国書刊行会、一九八三年所収。周藤吉之「宋代浙西地方の囲田の発展」・「同補論」東洋文化研究所紀要三九・東洋大学大学院紀要四、一九六五・六八年。後『宋代史研究』東洋文庫、一九六九年所収。西岡弘晃「宋代蘇州における浦塘管理と囲田構築」佐藤博士還暦記念『中国水利史論集』国書刊行会、一九八一年。後、『中国近世の都市と水利』中国書店、二〇〇四年所収。

（10）周藤吉之、前掲註（8）。

（11）『宋史』巻三七四、洪遵伝に、

乾道六年、起知信州。徙知太平州。……圩田壞、民失業、遵鳩民築圩凡萬數。方冬盛寒、遵躬履其間、載酒食親餉饁、恩意傾盡、人忘其勞。運使張松忌功、妄奏圩未嘗決、民未嘗轉徙、必責圩戶自閼築、且裁省募工錢米之半。遵連疏爭、至乞遣朝臣覆按。於是將作少監馬希言・監察御史陳擧善狎至黜松言、圩遂成、合四百五十有五。松無所其忿泄、則別治溧水永豐圩、來調丁・米・木、數甚廣。遵曰「郡當歲儉、方振恤流移、勸分乞糴。如自刲其股以充喉、不暇食、況能飽他人腹哉。」執不從。……楚地旱、旁縣振贍者虜不早、施置失後先、……遵簡賓左、隨遠近壯老以差賦給、蠲租至十八九、又告糴于江西、得活者不啻萬計。故當大禮瘥而邑落晏然。徙知建康府・江東安撫使兼行宮留守。孝宗諭當制舍人范成大、襃其治績、且許入覲。

とあり、周必大『文忠集』卷七十、「同知樞密院事贈太師洪文安公神道碑」(『平園續稿』三十)には、

……樞密諱遵、字景嚴、世爲饒州鄱陽人。……乾道六年、起知信州、民遇吉凶及營造困於科酒、諸縣重賦斂州市物虧其直、公家隣郡、素知之。至卽亟爲罷行、旬日驛召赴闕奏事。時江東圩田壞徙、公知太平州、前政郎周御史、聞公來不俟合符馳去、追餞十里曰、前日國事、何嫌、今不爲子孫契耶、交懽而行。公躬履圩埂勸相徒役、用工數萬人、忘其勞。轉運張松、妄奏圩未嘗決民無轉徙、止當責成圩戶、裁省僱募、公乞朝臣按視、於是將作監馬希言・監察御史陳擧善繼來、直公之言。圩成合四百五十有五。松方別治溧水永豐圩、過料工費民都逞憾。公曰郡當歲儉、方振恤流移、勸分乞糴如刲股、不充喉。尚能飽他人之腹乎、力訴於朝、就除知建康府兼本道安撫司行宮留守。上諭當制舍人范成大、載公治績且許入覲。

とある。洪遵が、地方官として荒政に十分配慮していた事が窺える。

(12)『宋会要』食貨一八—五、商税五に、

(乾道六年)八月三日權江南東路轉運副使張松言、照對沿江自蕪縣至采石鎭、一州兩税實爲不便。又和州界有西采石、客旅往來、一日之間三過場務、刻剝太甚。緣太平州采石、去州縣稍遠。乞、將祖額幷歸蕪湖縣所有淮南岸采石鎭、依自來條例以江心爲界、不許欄截江南客旅。欲乞、行下太平州和州嚴行約束。從之。旣而戶部言、采石税務係慶歷間起置、經今一百六十五年、不曾幷在蕪湖。知和州劉度言、本州西采石税務、自國初興置垂三百年、不曾以江心爲界。乞、依祖宗成法幷。從之。

とある。

(13) 幸徹「北宋の過税制度」史淵八三、一九六〇年。

(14) 『宋会要』食貨一八―五、商税五に、

同日、張松乞、將池州雁汊鎭稅務移過本州、從之。旣而知池州張掄言、紹聖五年、畫降指揮、將池口稅務移在雁汊、專收大江過稅、至紹興五年立額、每歲約趁官錢一十八萬餘貫。經七十五年、幷無商旅詞訴。張松更不契勘池口已有住稅、便作無稅、申請幷雁汊於池口、纔二年半比較雁汊所收稅錢虧近二十萬緡、乞依舊復置雁汊監官專一收趁、從之。

とある。尚、『同書』食貨一八―五、商税七、乾道九年一一月二三日の条参照。

(15) 『歴代名臣奏議』卷二六一、漕運（孝宗時、王師愈「論信州米綱疏」）

知信州王師愈論信州米綱疏曰、臣竊見、信州歲起上供米七萬石、多陷折其弊甚矣。倘不原致弊之由而爲之計雖嚴其責罰未見其弊之革也。臣嘗推原其故、一曰地勢不得其宜、二曰改撥無定處、三曰管押非其人。信之爲州居江東上流最高之地南接閩北際徽東連浙之衢二面阻山唯西有水路達于鄱陽、溪港陿灘磧多、易張易涸難得大船。故信之米綱、其初必用小船般載、但寬於釣艇耳。船與水常不相值、有水則船不辦間或船辦裝載已畢、一旦水落留滯岸下、近則累旬遠、則累月待其水通迂回行數百里、始至鄱・江併歸大船。自初裝至于離岸經涉日久、工稍坐食侵耗不知其幾、雖欲無陷失得乎、此則地勢致其弊也。自紹興之初朝廷灼見信州起發米綱如是之難、元降指揮止令於池州交卸以其地近而易達也。雖不盡免陷折、亦不若今日之甚。其後守臣徐林亦嘗申明、數年間未見其大害。近年以來、總領・漕司改撥無定、或撥赴鎭江、或撥赴淮南、或撥赴行在省倉、州縣受困陷失爲愈多。良由水脚之費非池州比也。信州每一石米起赴池州正用錢五百有奇、若赴建康則用錢七百有奇、赴鎭江則用錢九百有奇、赴淮南則又過之、赴行在省倉則用錢一千二百有奇。信州每納苗米一石依例止收水脚之費二百文只、就池州交卸貼陪已過半矣。多方措置辦之已艱。況改撥建康・鎭江・淮南・行在之遠乎。方未裝發日若行改撥州縣、尙可措置貼陪、使之離岸至有已裝發於中塗者、然後改撥、部押之人不免復歸、以索貼陪州縣、不能卽辦、遂致米綱滯留、中塗經日益久、工稍坐食侵耗益多、此則改撥致其弊也。凡部綱者不顧其身不顧其家冒不測之險、非慕賞則貪糜費之贏餘、信州米綱無賞之可慕、合用水脚尙或虧缺、何贏餘之可貪。是以有官有家業可倚仗之人、皆不願行、總領・漕司責之州、州責之縣、縣不得已乃强之公吏、一當其役親戚卽爲死別知其必不免也。其有顧藉者、睹前二弊、

竭力闢防陷失尚少、其無顧藉者乘此二弊、益肆其姦至有全綱陷失者亦有陷失大半者、此則部押非其人也。嗚呼一顆一粒皆民之脂膏、國之大計、州縣收之不勝其勞一旦委之不啻泥土豈不重可惜哉。苟不原三者致弊之由、而欲以責罰禁之、誠不見其弊之革也。臣以謂、地勢不得其宜、固不敢輕議若夫改撥無定處、部押非其人不爲難革、欲望、聖慈行下總領・轉運司、檢元降指揮、信州米綱只於池州交卸、不得輒行改撥、仍於部綱常格、推賞外別、立信州米綱賞格、以所押米石之多寡、爲之等差、許募見任寄居待闕文武官、有家業人部押不得依前強差公吏、庶幾官物無陷綱運易達積弊可革矣。

(16) さしあたり、柳田節子「宋代の父老——宋朝専制権力の農民支配に関連して——」(『東洋学報』八一—三、一九九九年)が有効であり、これに基づいて、地域からの視点で、水利対策・賑恤救済を概論する。

(1) 租課の配分・枡の大きさ・種穀の給借・水利の修築等が、郷原の体例に基づいて行われていた。→其の背景に郷村社会における何らかの共同体的結合関係を想定できる。

(2) 知州県事等地方官が現地に赴任すると、管轄地域の行政のために「父老を召して民間の疾苦を問うた」という記録が少なくない。

(3) 父老は在地に根を下ろし、土地の境界や水利などに関して豊富で確かな知識を持っていたようである。

①北宋末、蕭山県では、県令楊時が耆老の意見をまとめて湘湖を造成した。

②南宋の紹興二〇年転運司幹弁公事趙綱立は父老の意見を徴して白馬湖の湖田化を中止させた。県令顧冲も詹家湖の私占に対して父老に尋ねて湖を旧に復した。

③隆興元年十一月、知紹興府呉芾が復湖の工を起こしたが、徐次鐸が自ら現場に足を運び、直接父老に詢うて、田土の形勢・高卑を確かめてみて、改めて「復湖議」を著した。

このように、父老は、自己の居住する郷村内の田土・水利などの実状、来歴を熟知していた。州県官はそのような父老の知識に依拠することによってはじめてまともな地方行政が可能であり、民を納得させることが出来たものと思われる。

(4) 胥吏と父老とは、郷村行政において対立的存在であった。

↓蘇軾は知揚州となった時、「至る所、耆老有識の士を訪問」して農村の状況をしらべた。「常に吏卒を屏去して、親しく村落に入り、父老を訪問」した。父老は憂色を以て胥吏の苛斂誅求を語った。

(17) 右に関連して、以下の研究が重要である。佐藤武敏「宋代における湖水の分配――浙江省蕭山県湘湖を中心に――」人文研究七―八、一九五六年。本田治「宋元時代の夏蓋湖水利について」佐藤博士還暦記念『中国水利史論集』(国書刊行会、一九八一年)、斯波義信「『湘湖水利志』と『湘湖考略』――浙江蕭山県湘湖の水利始末――」(佐藤博士退官記念『中国水利史論叢』国書刊行会、一九八四年)、寺地遵「湖田に対する南宋郷紳の抵抗姿勢――陸游と鑑湖の場合――」史学研究一七三、一九八六年、同「南宋期、浙東の盗湖問題」一八三、一九八九年。

表7　『宋会要』食貨・水利　記事一覧（南宋時代）

	年代	計	全体	浙西	浙東	江東	江西	淮東	淮西	四川	福建	荊北	荊南	広東	広西	京西南	備考（食貨）
A	紹興	50	4	14	6	13	1	2	4	6	0	0	0	0	0	0	七／八水利三
B	隆興・乾道	22	0	14	4	3	0	0	1	0	0	0	0	0	0	0	八-11～32
C	隆興・乾道	8	0	3	2	2	0	0	0	1	0	0	0	0	0	0	八-3～5
D	乾道	38	3	8	7	14	0	※両淮1		2	0	0	0	0	1	1	八-4～17
E	淳熙	48	2	14	15	6	1	5	1	0	2	0	1	0	0	0	水利四
F	光宗・寧宗	28	3	14	5	2	0	2	0	1	1	0	0	0	0	0	水利四
G	堰・水閘	21	0	9	4	1	0	2	1	3	0	0	0	※広南1		0	八-38～42
	合計	215	12	76	43	41	2	12	8	13	3	0	1	1	2	1	

※両淮は淮東・淮西に、広南は広東・広西に、それぞれ換算した。

概略の分析

①南宋時代の水利政策に関する全体像を、『宋会要』食貨・水利を例に捉えてみる。食貨七・八と六一に重複して記されている。全部で二一五例、全国的な詔、一般的措置が一二例あり、残りの二〇三例は、一応地域別に分類できる。これを路域別、時代別に並べ直したものが表7である。

②地域別に見ると、浙西が七六例で最も多く、以下、浙東四三例、江東四二例、四川一三例、淮東一二例等と続く。南宋は領域が半減しており、華北の例は、乾道年間、京西南路の一例を除いては見あたらない。

③時代的には、寧宗の嘉定年間（一二二〇年代）までの史料しかないため、理宗・度宗期のものは、別史料で補わなければならない。

④こうした史料上の制約を踏まえつつ分析を試みる。浙西は、全期間を通じて事例が見られる。江東は、紹興年間・乾道年間に集中している。浙東も全期間にわたるが、孝宗朝の淳熙年間までが多い。淮西が紹興～乾道年間に集中しているのに対して、淮東は、淳熙以後に集中している。四川は紹興・乾道年間にほぼ集中している。

⑤これらの史料の事例は、当然大規模なもの、重要なもの、政治的な価値判断が高かったものを中心としている。そして、これらの背後には、当然はるかに多数の開発や対策の事例が存在したはずである。各地方では、在地の有力者達が自発的に行った対策があり、小規模な場合や、各県レベルの裁量で対処できた場合には、上奏や・報告がなされていない場合が想定される。

⑥南宋期に開発が著しく進んだとされる、江西や福建、また開発の端緒が見られる荊湖南・北路などは、各地方志・文集等で全体像を描く試みがなされている。また、農田・営田・屯田・官田等の項目に分類されて記載されている場合も多い。以上を踏まえつつ、南宋水利政策の特徴を捉え直していく作業が不可欠である。

⑦これら各地域に跨る事例も、内容によって分類していく事で、より問題点への理解が深まるであろう。まず、政策の立案や、協議・決定・施行といった問題がある。これは、最初に触れた全国的な詔、一般的な措置の問題とも関連している。次に、既存の施設利用か、新規事業かの区分も重要であり、当然両者併用の場合もあり得る。水利工程をめぐる費用や労働力の問題、保固期限といった施設管理の問題も重要である。地方官等、担当官に対して、官僚制度の中での水利に関する賞罰も、重要な要素として定着してくる。

⑧特に注目したいのは、在地社会での水利をめぐる人々の関係である。一般に、形勢戸と呼ばれる在地の有力者達は、当該の地域社会において、大きな影響力を持っていた。ただ、そこで中小農民に対する一方的な搾取、官との癒着といった側

面を炙り出すだけでは、当時の社会の本質には迫れないであろう。地域の世論を担う人々は、義のために、人々をまとめようとする。逆に、利のために紛糾を来す人々もいる。中でも、士大夫は公議を導く場合が多いが、在地の世論を導く場合もままある。こうした水利開発の事業や治水対策の場合、地域社会をまとめて参加させたり、逆に反対の論陣を張ったりする。また、荒政の実施にも、士大夫の議論は大きく関わっている。地方官として、直接的な荒政を指揮し、または支援を要請するなどの対策を講じた場合が、まず挙げられる。次に、開発や水利の整備、水旱災時の対応措置につき、父老を詢うた場合がままある。ここでの意見調整が、様々な事業や対策の成否を大きく左右したであろう。士大夫には、地方官としての側面と、地域社会を代表する有力者の顔、という側面がある。北宋末に、浙東明州で広徳湖の湖田化に大きな役割を果たした樓异、南宋初期に江南地域の代表として湖田化を食い止めようとした李光、浙東紹興府で鑑湖の湖田を開掘・復湖するよう訴え続けた陸游の例などは有名である。南宋の水利政策全般を見通し、近年言われているように、地域主義的な傾向がどのようなレベルで見受けられるのか、再検討が必要であろう。

南宋高宗・孝宗時代の災害状況（江東西・淮南）

№.	年代	水災地域	状況	旱災地域	状況	飢饉地域	状況
1	紹興 3 (1133)			楽平	楽平旱	吉州	吉州飢える、宣諭使に賑わせた
2	紹興 4 (1134)	筠州、江西九州三十七県	筠州水稼を害う、夏以後江西の三十七県で皆水				
3	紹興 7 (1137)	饒州	饒州水、城を壊す			饒州	饒州大いに飢える
4	紹興27(1157)	洪州、各郡	洪州曁び各郡大水				
5	隆興 2 (1164)	建康府・蘇州府・寧国府・太平州	倶に水、城郭を浸す、廛市を舟行し、人多く溺死す	(『江南通志』巻197、禨類志・禨祥)			
6	乾道 3 (1167)	隆興府	秋八月積水、九月に禾稼腐る、隆興四県被害甚大				
7	乾道 4 (1168)	饒州・信州	秋七月、饒・信水	隆興	夏六月、隆興旱		
8	乾道 5 (1169)					饒州・信州	饒州・信州大いに飢え、民多く流徙す。
9	乾道 6 (1169)		六年夏五月、大水				
10	乾道 7 (1170)			隆興府・江州・筠州・饒州・南康軍・臨江軍	冬、不雨	江州・筠州・隆興府	江州・筠州・隆興府飢え、人草の実を食べ、流徙す。淮甸の廩を発して賑わした。
11	乾道 8 (1171)	臨江軍・隆興府	臨江軍・隆興府大水	隆興府・江州	隆興府・江州・筠州・臨江軍大旱		
12	乾道 9 (1172)	隆興府・吉州・饒州・信州、(饒州)浮梁県	水民居を壊し、田圩を壊す。浮梁県大水	吉州・贛州・臨江軍・南安軍	久しく旱し、麦苗無し		
13	淳熙元(1173)						飢。常平義廩六十二万斛を以て賑わす。
14	淳熙 5 (1177)				旱		
15	淳熙 7 (1179)	筠州	三月、大水、田廬淹没す。夏五月丙辰、分宜大水。		春三月、不雨大旱		蝗。民飢える。
16	淳熙 8 (1180)	江州	夏五月、江州水		(安志云、諸郡大旱自正月至十月不雨。)	江州・饒州	春、江州飢える。人、葛を採りて食す。詔して守臣章騂を罷む。饒州、流徙して淮郡に入る者万余人。
17	淳熙 9 (1181)			隆興府・吉州・撫州・筠州・袁州・臨江軍・建昌軍	夏五月より不雨、秋七月に至る。		
18	淳熙10(1182)	信州・吉州水	秋八月、信・吉二州水。				
19	淳熙11(1183)			吉州・贛州・建昌軍	夏四月より、不雨秋八月に至る。吉州尤も甚だし。冬不雨、明年二月に至る。		
20	淳熙12(1184)						帥臣に令して粟もて賑わす。
21	淳熙14(1186)			隆興府・饒州・江州・吉州・撫州・筠州・袁州・臨江軍・建昌軍	夏五月、皆旱。度僧牒を給鬻して米を糴し、賑に備える。		
22	淳熙15(1187)	隆興府	大水。奉新県尤も甚だし。八百余家、淹没す。				
23		淮南：廬州・濠州・楚州・安豊軍・高郵軍	淮甸大雨、淮水溢れる。廬室皆壊れる。	(『江南通志』巻197、禨類志・禨祥)			
24	淳熙16(1188)		夏五月、分宜水。				

出典：『江西通志』巻107、祥異　『江南通志』巻197、禨類志・禨祥

宋代の江南東路周辺図

凡例

路境

州境

河川

湖沼

低湿地

地名一覧　⊙ 州治　● 県治　○ 監・鎮・場など

1 江寧（建康）府（上元・江寧）	11 湖口	21 太平州（当塗）
2 句容	12 池州（貴池）	22 蕪州
3 溧水	13 青陽	23 繁昌
4 溧陽	14 銅陵	24 南康軍（星子）
5 宣州（寧国府）	15 饒州（鄱陽）	25 都昌
6 涇	16 余干	26 広徳軍（広徳）
7 寧国	17 浮梁	27 洪州（隆興府）
8 歙（徽）州（歙）	18 信州（上饒）	28 撫州（臨川）
9 婺源	19 弋陽	
10 江州	20 鉛山	

a 東采石務	d 景徳鎮	g 丁渓銀場
b 西采石務	e 銀山（銀場）	h 銀林堰
c 永平監	f 鉛山場	i 東壩

①杭州（臨安府）	⑥常州	⑪真州
②潤州（鎮江府）	⑦宜興	⑫廬州
③丹陽	⑧処州	⑬和州
④湖州	⑨睦州（厳州）	⑭無為軍
⑤婺州	⑩揚州	

A丹陽湖	D南湖
B石臼湖	
C固城湖	

宋代の江南東路周辺図（『中国歴史地図集』第六冊等により作成）

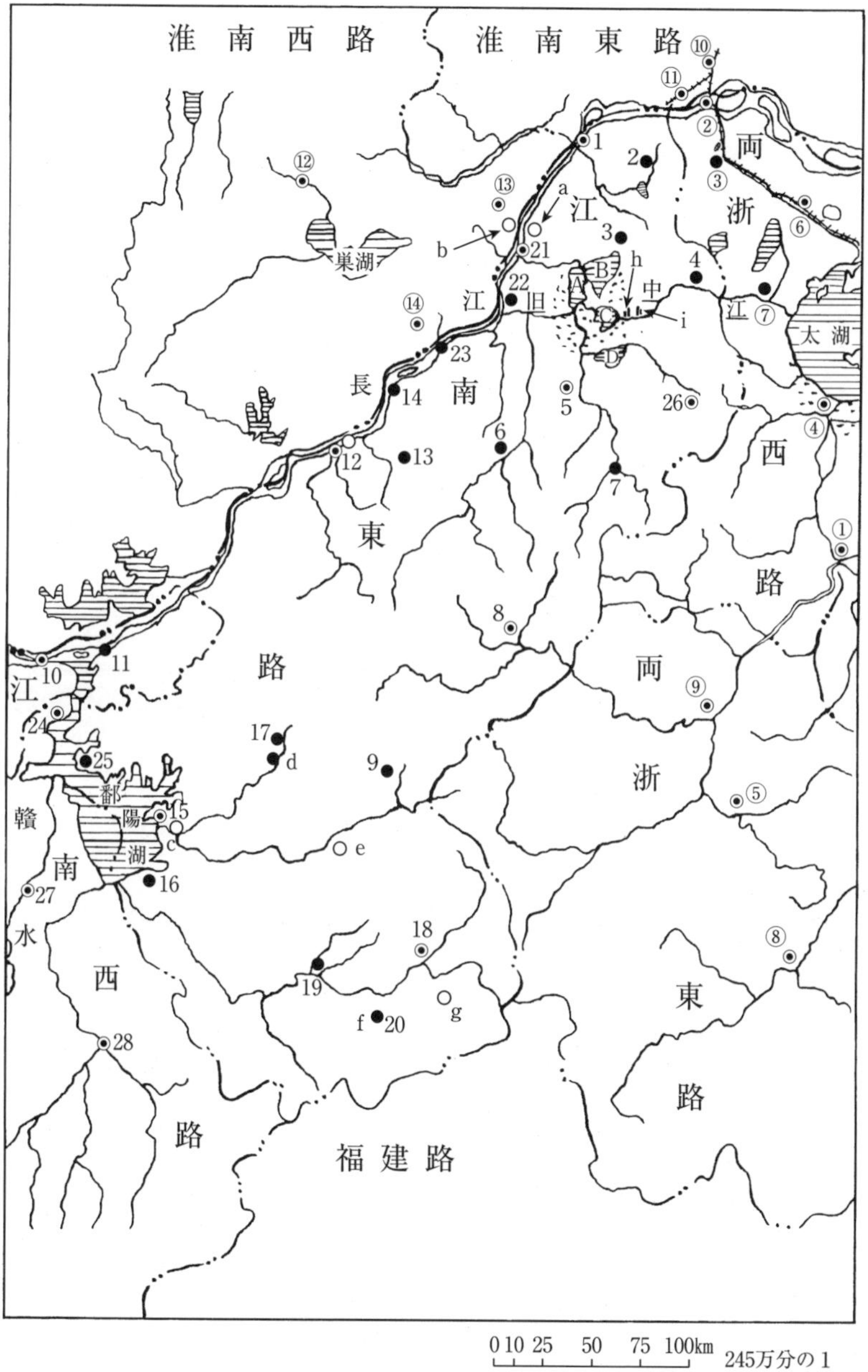

第二部　地域社会と水利

第一章　明州における湖田問題——廃湖をめぐる対立と水利——

一、はじめに

本章で扱う湖田問題は、いうまでもなく湖水水利に関する問題であり、中国水利史研究の一環として特に江南における多くの湖水史が研究されてきた。そこでの研究の視角は、㈠当該湖水の機能・分配・管理等に関するもの、㈡当該湖水の湖田化（盗湖）に関するものとに大別される。(1) 本章の対象地域たる明州（慶元府）鄞県とその周域に関しても小野寺郁夫・西岡弘晃・長瀬守の諸氏が、前者の視角から比較的詳細な研究をされている。(2)

そこで本章では、これら諸氏があまり触れられていない後者の視角、すなわち湖田化の問題を、湖田化の推進者たる廃湖派と、反対者たる守湖（復湖）派との対立を中心に検討し、その背後にある郷党社会の問題点を考察しようとするものである。その際、最近出された寺地遵氏の、「湖田化は必然としてあった訳ではない。」、「鑑湖を含めて浙東の湖田化の進行過程は政治史としての側面を色濃く持っていたと規定できる。」との見解を受け、(3) 副題にある「廃湖をめぐる対立と水利」を、主に明州を代表する有力な官戸・形勢戸の動静を通じて考察しようとするものである。(4)

二、明州鄞県の水利開発

宋代の明州の開発に関しては、斯波義信氏による一連の総合的かつ詳細な研究がある。[5] それによると、明州の地域開発を最初に刺戟したものは交通の発達であり、杭州から越州を経て明州に連する浙東河の整備により杭州の外港としての位置が決定づけられた、とする。開発の進展に伴い、明州の戸口数も着実に増加を続けた。[6] そして、これら社会・経済の発展を背景に、明州からは数多くの科挙合格者を出し、あるいは数多くの学者をも輩出した。[7] そこで、本稿では地域開発の基盤としての水利開発を、鄞県を例にとり、地形及び時期を考慮しつつ「新開」、「旧開」という視点を導入して考察する。

明州の首邑たる鄞県一三郷は、鄞江（明州城以南＝上流を鄞江、以北＝下流を甬江と称す）によって、東郷（六郷）・西郷（七郷）に分けられており、本来別々の水利体系であった。古来、東郷は主として東銭湖によって灌漑されており、西郷は它山堰を中心とした它山水系と、やや別の水系からの水を蓄水する広徳湖とによって灌漑されていた。[8] 東銭湖は晋の時代、広徳湖は斉・梁の際からすでに存在したらしく、いずれも地形を巧みに利用した人造湖である。この時期は、県治の所在や寺院の分布でも推測できるように、山麓周辺のごく限られた地域が居住空間だったようである。従って農耕地も水源地の近くに存在し、いわゆる陂塘（陂湖）灌漑の段階に属し面積も小さかったと想定される。[9]

唐代になると、開発の進展とも関連し、都市・農業双方の水源を確保する目的で、水利施設に対する一連の工事が施される。広徳湖・東銭湖の整備は別として、最も早い時期のものは、やはり陂塘の小江湖であった。小江湖は、唐初の貞観一〇年に県令の王君照によって整備され、八〇〇余頃に漑田した。しかしこの小江湖は、比較的早くに湮塞したらしい[10]。次に古いものが、大暦中に刺史呉謙が築いた九里堰塘で、この時期のものとしては例外的に下流域に位置する。そして、後の明州の都市化、及びこの地域の水利工事にとって決定的に重要な役割を果したのが、仲夏堰、它山堰、行春碶、積瀆碶、烏金碶と明州城内の日・月二湖であった。すなわち、它山水系の整備がそれである。仲夏堰は、太和元年に、刺史于季友が築いたものである。次いで太和中に、県令王元暐が小渓（当時の明州治）付近に石堰の它山堰を築き、鄞江水を本流と運河（南塘）に分けた。この南塘沿いに、旱澇に応じて清水を調整し、塩害を防ぐ目的で、行春・積瀆・烏金の三碶が築かれた。南塘の水は、城南門より城中の日・月二湖に貯えて上水とし、城内の大小の運河に給水したのち、東門側の食喉・気喉の排水口から甬江に放流した。広徳湖・東銭湖についても、この時期幾度か浚渫あるいは堤防強化等の工事を施し、水利灌漑機能の充実をはかっている。以上、唐代に創建・修築された水利施設の特徴をまとめると、まず地理的には、它山堰、仲夏堰、行春・積瀆・烏金の三碶は、いずれも鄞江の中・上流に位置している。年代的には、小江湖をのぞけばいずれも唐代後半であり、太和年間が特に多い。広徳湖・東銭湖でも、史料に現れた浚渫・修築等の工事は、天宝以後である。工事の担当者は、そのほとんどが地方官である。五代に関しては、詳細はわからないが、広徳湖では大規模な修築工事が行われている。（表1、参照の事）

北宋期は、広徳湖・東銭湖でしきりと修築工事が繰り返されている。前者では湖田化、後者では水草による湖面の淤塞が最大の問題であり、共に湖の水利灌漑機能を弱め、ひいては農業生産を低下させる原因ともなるため、様々な措置が講じられたが、決定的な対応策はなく、西七郷に漑田する広徳湖は、政和七年から翌年にかけて、守臣樓异の手によって大部分が湖田化された（後述）。その他では、風棚碶と雲龍碶が設置された。

南宋期は、水利施設の特徴として、地理的には鄞江の下流域に進出してきており、呉潛が宝祐五年（一二五七）の前後に一連の改良工事を行い、明州城内の平橋に水則を設け、東西両郷の水利体系を一応統合した。年代的には、特に理宗の宝慶年間（一二二五〜二七）から開慶年間（一二五九）にかけての約三五年間に集中している。また、工事担当者に関しては地方官が多く、唐から宋にかけては一応官の強い介入があったと見て差しつかえあるまい。(11)ただ目につく点として、雲龍碶、育王碶（宝慶碶）、道士堰等の名称、更には東銭湖畔の「隠学山復放生池碑」の内容等から、寺観勢力が鄞県の水利開発に果たした役割も無視できないと言えよう。（表4・5、参照の事）以上の考察から、陂湖・陂塘（鄞県の場合は、主に広徳湖・東銭湖）に直接頼らず、水門施設を伴った河川灌漑を重点的に利用し始めるのは、南宋の理宗朝前後であり、裏返せば、この時期までは寧波平野周辺の山麓・扇状地付近に位置していた〝古田〟（当然、広徳湖・東銭湖、它山堰の周辺であろうと推定される）の比重が大きく、寧波平野中心部に開かれていった〝新田〟の比重は依然小さかったと結論づけることができよう。この事は、唐から宋にかけてのこの地域での鎮市及び水利施設関係の廟祠の地理的分布の偏在によっても確認できる。また、鎮市の分布状態からは、鄞県の中でも、西七郷よりは東六郷の方が古くから開けていたとの印象を受ける。(12)

三、湖田化をめぐる問題点

1楼异による湖田化と高麗使節

広徳湖の成立と機能、及び北宋末までの歴代の湖田化の動きと、それに対する浚渫・修築に関しては、先学の詳細な研究があるので、表化して略記するにとどめる。(13)表1によると、広徳湖の成立は斉・梁の際か、あるいはそれ以前に溯ること、明州（鄞県）の開発に伴って、その蓄水・灌漑能力も次第に拡大されていったこと、浚渫・修築等は地方官の担当だが、実際工事には在地の有力者の協力を得ていること、等が読みとれる。しかし、湖辺の豪民が州県の彊吏と結託し、あらゆる機会を利用して湖田化を実現させようとしている。そのため、度重なる禁令にも関わらず、趨勢としては湖田化（盗湖）の既成事実が着々と積み重ねられたのである。咸平中、湖西の山麓での職田設置が転機となったようである。北宋末の広徳湖湖田化を画策し、かつ実行に移したのは、北宋の中期以後次第に明州に地盤を築きつつあった樓氏出身の樓异である。[14]『宋史』巻三五四、樓异伝では、彼は「明州奉化人」とある。同伝に、

政和末、知隨州、入辭、請於明州置高麗一司、創百舟、應使者之須、以遵元豐舊制。州有廣德湖、墾而爲田、收其租可以給用。徽宗納其脫、改知明州、賜金紫。出內帑緡錢六萬爲造舟費、治湖田七百二十頃、歲得穀三萬六千。加直龍圖閣・祕閣修撰、至徽猷閣待制。

とあり、湖田からの租課を高麗使節の接待費に充てることを条件として湖田化公認の申請をし、徽宗の裁可を得ている。高麗は宋に対する朝貢国であり、宋初以来、高麗使節は、登州経由で都開封へ至る東路と呼ばれる順路を通っていたが、その後、正式の通交は一時杜絶した。熙寧七年（一〇七四）に高麗は金良鑑を遣わし、以後は明州より運河を通って開封へ至る、南路を使用する様になった。[15]そして、熙寧・元豊以後、高麗使節はかなりの頻度で来朝しており、史料によると、元豊年間は、特に高麗使節を厚遇したという。[16]また、他の朝貢国と同様、高麗使節に対しても迎賓館が設けられたが、明州でも楽賓館、定海県では航済亭が設けられた。更に、高麗使節が利用する二隻の巨大な外洋船も、この時期に建設された。[17]

しかし一方で、この使節の接待には膨大な経費を要し、おまけに亭館の修繕や物資運搬のため、沿道の諸州県には過重な負担が強いられた。加えて、高麗には宋と遼（後には金）との間に位置するという地理的・政治的な複雑さがあった。このため、哲宗の元祐年間以後南宋の隆興年間に至るまで、高麗との通交に関して度々その是非が論じられ

た。賛成論者は、主に政治的理由からこの問題を捉えている。その論点は二つあり、第一は高麗との関係を通じて遼（後には金）の動静を探らせようとするもの、第二は通交関係の維持により宋の太平を世に示そうとするものである。[18]反対論者は主に経済的理由によるもので、使節接待には膨大な経費を要し、沿道諸州県には過重な負担を強いるのみで、宋朝には綵毫も得るところがない、とするものである。[19]しかし、度重なる〝罷使〟請願の上奏にも関わらず、南宋の乾道九年まで正式の通交関係は存続した。その最大の理由は、いわば「建前」としての賛成論が、「本音」としての反対論に優先したためであろう。したがって、政和末の樓异による広徳湖の湖田化計画は、この間の事情を巧みに利用して徽宗に上言し裁可を得たものと言えるだろう。[20]

2 湖田化の実施とその影響

さて、樓异による湖田化の経緯を見ると、王庭秀の「水利説」に、

既對上說、卽改知明州、下車興工造舟、而經理湖爲田八百頃、募民佃租。

とある。また、元の況逵の「豊恵廟記」（『至正四明続志』巻九祠祀）に、

政和七年四月、至郡按行它山堰水利無恙、卽募民疏鑿溝塘、布畫耕墾、等第受給、凡爲田七萬餘畝、界於淸道・桃源二鄕七甲。……又以田租之餘築西埭置閘於傍。

とある。以上二つの史料によると、樓异は知州として着任すると、先づ它山堰水系を視察している。水源としての広徳湖が湖田化された場合、当然代用水源が必要となる。鄞県西郷では、它山堰水系が重要であり、広徳湖の分も十分まかなえる、との政治的〝認識〟があったようである。[21]しかし、その結果は、『宋史』巻三五四、樓异伝に、

郡資湖水灌漑、爲利甚廣、往者爲民包侵、异令盡泄之墾田、自是苦旱、鄕人怨之。

とあるように、明らかに湖田化の影響が出ている。水源としての陂湖を湖田化するのであるから、その被恵地では当然旱害に苦しむことになる。また、王庭秀の「水利説」には、

于是西鄉之田、無歳不旱。異時膏腴、今爲下地、廢湖之害也。

と述べている。この湖田化の弊は、ひとり広徳湖のみに限ったことではない。まず『宋会要輯稿』（以下、『宋会要』と略記する）食貨七之三七、水利上に、

（宣和）三年二月一日、詔、越州鑑湖・明州廣德湖、自措置爲田、下流湮塞、有妨灌漑致失陷常賦。又請田人多是新舊權勢之家、廣占頃畝、公肆請求。兩州被害民戶、例多流徙。仰陳亨伯體究詣實、如所納租税過重、即相度減免立爲中制。應妨下流灌漑處、並當弛以與民令條畫圖上取旨、毋得觀望滅裂。

とあるのが最も早いもので、同書食貨七之四〇、水利上には、他に江南全般の情勢として、

欽宗靖康元年三月一日、臣僚言、東南地瀕江海、舊有陂湖蓄水、以備旱歳。近年以來、盡廢爲田、澇則水爲鶏之增益、旱則無灌漑之利、而湖之爲田亦旱矣。民既承佃無復可脱、租税悉歸御前。而漕司暗虧常賦、多致數百萬斛。而民之失業者衆矣。乞、盡罷東南廢湖爲田者、復以爲湖。詔、令逐路轉運・常平司、計度以聞。

とある。この臣僚のうち、李光の上奏を取り上げると、『宋史』巻三六三、李光伝に、

欽宗受禪、擢右司諫。……又奏、東南財用、盡於朱勔。西北財用、困於李彥。天下根本之財、竭於蔡京・王黼。名爲應奉、實入私室。公家無半歳之儲、百姓無旬日之積。乞依舊制、三省・樞密院通知兵民財計、與戶部量一歳之出入、以制國用、選吏考核、使利源歸一。（『宋會要』食貨七之四〇、水利三、ほぼ同じ。）

とあり、徽宗周辺にあった中央権門層が、地方官と癒着して私財を拡大し、民富を剝奪して天下の財を恣にしていたことを攻撃する。応奉（帝室財政への繰り入れ）という名目で、地方の民富を強制的に中央に集中し、しかもその過半

が権門層の懐中に流れて行く収奪構造を改めて、権門から財政運営の実権を奪い、機構に支えられた官僚によって国家財政の収支を明確にし、枠づけし、その再建をめざすものであった、と言えよう。(22) 李光は越州上虞の人で、江南における新・旧地主層の対立の場である湖田問題に対して、一貫して「廃田復湖」を主張し続けた。李光の上奏は、紹興元年・三年・五年の三度にわたるが、ここで第一回の紹興元年のものを引用すると、李心伝の『建炎以来繫年要録』（以下、『繫年要録』と略記する）巻五〇に、

（紹興元年十二月）丁卯、吏部侍郎李光請復東南諸郡湖田。……初明・越州・鑑湖・白馬・竹溪・廣德等十三湖、自唐長慶中刱立、湖水高於田、田又高於海。旱澇則遞相輸放、其利甚博。自宣・政間、樓异守明、王仲嶷守越、皆内交權臣、專事應奉。於是悉廢二郡陂湖以爲田、其租米悉屬御前、民失水利、而官失省税、不可勝計。光奏請復之、既而上虞縣人趙不搖以爲便、遂廢餘姚・上虞二縣湖田、而他未及也。

とあり、『宋会要』食貨七之四一、水利三にも、紹興三年三月二九日の越不揺と李光の上奏文として、同趣旨の文を載せている。

このように、北宋末から南宋初にかけて、湖田化はひとり広徳湖のみに限らず、明・越二州の共通の社会問題であり、かつ中央では政治闘争の一環として位置づけられていた。話を広徳湖に戻すと、この後も「廃湖為田」、「廃田復湖」をめぐって幾度か綱引きが演じられた。まず、紹興二年七月一七日の樞密院計議官薛徽言の上奏によると、広徳湖田は元三等に分かち、合計面積は五七五頃九九畝、毎畝三斗二升の租米を納め、総計一万八四三一頃六斗八升、当初は租を立てなかった。その中で上・中二等の田は、皆権勢の家が靖佃し、下等の田はあまり耕種に適さず、輸租にも事欠くありさまであった。下等田は往々にして貧民に抑勒し、分種を承認させたため、歳久しくして害をなしていた。さらに、上等田には二税・和買が免除されていたため、租米の公平な徴収を求めた。すなわち、上等田は八升増

額して四斗とし、下等田は逆に八升減額して二斗四升にする。また、低田はただちに廃して湖濼とし、湖辺で耕種可能な土地は下等田として租米を徴収しようとするものである。(23) 次に、紹興九年五月二四日、権発遣明州周綱の言では、紹興七年に守臣仇悆が田主を経ずに直接租米を納めさせたところ、四万五〇〇〇余碩に増えた事を述べ、さらに老農の言を借りて、湖田化によって周辺の民田は水利を損なわれ、湖田の田主のみ豊かになるため、「廃田復湖」が望ましいと述べ、一応は実行されたらしい。(24) しかし、紹興一三年三月二四日の明州の言によると、「廃田復興」されたのは、下等田のおそらく湖辺の低湿地であったらしく、毎年復湖分の官租三千余碩を失い、元の佃人戸の耕種を脅かすものだとして訴訟沙汰となり、遂に元の田に復された。(25)

つまり、政和末の樓异による湖田化以来、広徳湖は一時的・部分的な「復湖」措置を除き、本質的には決して「復湖」されなかったと言えよう。そして従来の解釈に従えば、広徳湖田は隆興元年に尽売（官田から民田への出売）され、完全に「復湖」への途を断たれるという事になるのだが、筆者は㈠当時の水利政策の転換、及び㈡当時の知州趙子潚の経歴、の二点に鑑みて、この時点での尽売は行われなかったのではないかと解釈している。(26)

四、湖田化をめぐる対立

1廃湖派とその背景

以上みてきたような湖田化は、当然の如く在地の郷村社会に影響する所甚だ大である。それは、まず従来の水利体系の変更をもたらす。従来の水利体系とは、ある意味で従来の郷村社会での勢力関係、そしてそれが生み出す利害対立の反映だと考えることができよう。そこで、本章では明州（鄞県）での湖田化をめぐって生じた廃湖派と守湖派との対立を、少し詳しく追ってみることにする。

廃湖派の中心人物たる樓异に関しては、先に触れた通りだが、彼の孫樓鑰の『攻媿集』巻八五、高祖先生事略によれば、

樓某（郁）字子文、其先婺人、不詳徙居之始。居奉化縣、世以財雄于鄉。祖以選爲縣錄事、有陰德及人。父某尤積善、以古學爲鄉人所尊。慶曆中、州縣立學、掌教縣庠者數年、郡學尋又延請至十餘年、遂居城中爲郡人。

とあり、実際には浙東の内陸部婺州の出身であり、明州でも最も山間部に位置し、かつ南にあって婺州に一番近い奉化県を経て鄞県に移住したことがわかる。また別の史料では、樓氏は明州城の城南、つまり広徳湖周辺に卜居していたことを示している。この樓异の湖田化を直接支持しているのは、管見の限りでは王正己の「廢湖辨」だけである。この王正己に関してもまた、『攻媿集』巻九九、朝議大夫秘閣修撰致仕王公墓誌銘によると、

……其先桐廬人。六世祖仁鎬仕吳越、爲明州衙推、因家于鄞之桃源。曾祖說以學行爲鄉里所宗師。寔五先生之一也。

とあり、浙東睦州からの移住者であり、桃源郷というまさに湖辺の地に居を構えていたことがわかる。王正己は、「廢湖辨」の最後の部分で、

湖之爲田七百頃有奇、歲益穀無慮數十萬斛、輸于官者什二三斗、大之州所利如此詎可輕議哉。士大夫不揣其本、而齋其末、且未嘗身歷親見、徒習飯豆羨芋之謠與。南豐之文焜燿、辨論震蕩心目、其亦不思甚矣。故餘作廢湖辨。

と述べているように、自ら湖辺の望族たることを認めている。そして、湖田からの利益を強調している点は、樓异の廃湖論とほぼ同一の論旨である。しかも両者は婚姻関係を結んでおり、実際の湖田化に際しても、その実現に向けて

お互いに手を携え合ったようである(27)。

2 守湖派とその背景

他方、守湖派の勢力をたどってみると、まず舒亶、王庭秀を挙げることができる。舒亶は、『宋史』巻三二九の本伝によると、慈渓県の人であり、王安石との関連が指摘できる。舒亶は「水利記」の中で、広徳湖が持つ四つの利を挙げて守湖を唱えている。第一は貯水池としての機能、第二は旱歳に灌漑用水及び漕運用水を供給する機能、第三は菰・蒲・鳧・魚等の水棲動植物が湖辺の細民の生活の資となること、第四は歉歳に窮民が草根を食し、他州県の民をも受け入られる、というものである。舒亶はさらに、「西湖記」で、

明有數湖危於廢者、不特是湖也。……故具論之、以冠諸圖、庶來者有考焉。元祐甲戌三月。

と、政和末以前の状況を述べているが、舒亶がこの「西湖記」や「水利記」を著すに至った動機については王庭秀の「水利説」の中で、

元祐中、議者復倡廢湖之說。直龍圖閣舒亶信道、閒居鄕里、痛詰折之、記其事于林村資壽院綠雲亭壁閒、謂其利有四不可廢。

と説明している。この王庭秀に関しては、『宋史』巻三九九の本伝によると、彼もまた慈渓県の人であり、舒亶と共通した人物像が結ばれるように思われる。王庭秀の守湖派としての主張は、「水利説」の末尾に述べられている。

靖康初、頗有意于復民利。豫時爲御史屬。嘗以唐諸公詩與曾子固・張大有記文、示同列欲上章末果、而虜騎圍城、自是國家多故、日尋干戈、用度不給。豈暇捐二萬石米、以利一州之民。則湖之復興殆未可期、建炎甲戌、虜陷明州書盡焚州治。自唐至今石刻皆毀折剝落無遺跡。豫恐後人有欲興復是湖無所考據、故詳錄之、以俟討求。

とあり、湖田は廃すべきだか、今は国家多故の時であり、南渡以後湖田の租米二万石は重要な財源であり、現実問題として復湖は不可能であるとの客観的情勢を述べた上で、ただ後世のために「水利説」を書くのだ、としている。

さて、先の舒亶に関しては、『攻媿集』巻一〇五、朝請大夫史君墓誌銘に、

君娶舒氏、御史中丞亶之孫。

とある。この史氏は、樓氏と並ぶ明州の有名な官戸であり、南宋一代に史浩・史彌遠・史嵩之の三人を宰相として輩出した。史氏の系譜に開しては、明州に移住する以前の事はよくわからないが、唐末の著名な書家、史惟則の子孫であるらしい(28)。先の朝請大夫史君とは史浚の事で、史惟則の五世の孫にあたる(29)。

史浚を始めとして、史氏の中には水利開発に留意し、また湖田化にも慎重に処した行動がいくつか見られる。また史浚については、『攻媿集』巻一〇五、朝請大夫史君墓誌銘に、魏王愷が知州であった時期の事として、

東錢湖積葑膠轕、王欲開治之、有請于朝欲給錢穀及設醲賞且以屬君。君引嫌以不敏辭。又白王日、今爲民興利所費非不多。水軍有舟揖畚臿之屬、儻優給軍士當必樂趨第。嚴爲紀律、毋令擾民足矣。請列杙岸旁取葑積之、日久自成隄。若屬之官吏、必致煩擾民、疲于奔命、吏急于言功。止得目下瀰漫、可觀根蔓、不除適、滋後害爾已。而皆如君言。

とある。東銭湖の開浚に際し、知州趙愷は、当時の鄞県東郷を代表する人物として、史浚に工事への協力を要請したが、史浚はこれに対して、功課を目的とした安易な湖の浚渫は、かえって民の負担となり擾民の原因になる、と指摘している(30)。

これは、自らの地盤たる鄞県東郷での水利役、すなわち直接の利害が絡んだ場合である。次に、史浚と同輩行の史浩については、紹興の中頃、紹興余姚県尉であった時の、「論余姚廃罷湖田上紹興太守劄子(31)」という一文に、

本県の余支、汝仇の両湖は、本と縁辺の民が堤に沿って茭荷を植え、歳久しくして根株が漫延して次第に水面を湮塞し、現在は田となっている。その面積は両湖合わせて千頃にも及ぶので、この湖田からの収租を費用に充て、今冬の農隙に民を募って復湖すれば、周辺の被恵田も旱害に苦しむことがなくなるだろう。

と述べている。さらに、史浩の父史才には、『宋史』巻一七三、食貨・農田に、有名な上奏文がある。

（紹興）二十三年、諫議大夫史才言、浙西民田最廣、而平時無甚害者、太湖之利也。近年瀕湖之地、多爲兵卒侵據、累土增高、長堤彌望、名曰壩田。旱則據之以漑、而民田不沾其利。澇則遠近泛濫、不得入湖、而民田盡沒。望盡復太湖舊迹、使軍民各安、田疇均利。從之。

とあるのがそれである。これを、史浚や史浩のものと比べた場合、対象が浙西であり、かつ諫議大夫という官名を考慮しても、史才は守湖派だったと言えよう。

3　郷党社会をめぐる対立

湖田問題は、従来の水利体系、すなわち郷村社会での勢力関係の反映として捉えることができよう。ただし、前節までの両派の対比から明らかなように、その主張は真向から対立するものではなく、微妙なズレを生じている。まず、北宋末に樓异が帝室からの保障と自らの知州という公権力との二重の後押しで廃湖を実施した事実が優先し、宋の南渡という混乱の中で、王庭秀も認めているように、復湖は甚だ困難だ、との認識があり、その前提に立った上での湖田論争だと言えるだろう。更に、両派の出身地盤を地理的に分布させてみると、廃湖派は鄞県西郷の文字通り濱湖の望族であるのに対し、守湖派は慈渓県の出身や、同じく鄞県でも東郷に地盤を置く望族であった(32)。結局のところ、湖田論争には、議論としてのものと、濱湖の民によるものとの二つがあることが指摘できる。

では、これら両派の勢力が、郷党社会において、いかなる面で協力し合い、また対立していったのであろうか[33]。前節では、明州の官戸・形勢戸を、いわば対立概念として廃湖派・守湖派の両派に類型化したが、勿論それ以外の勢力も多々ある。そこで、次にこれらの諸勢力の中から、廃湖・守湖両派との関係、あるいは土地所有等の面で関係ある勢力を、検討していく。

①〔建炎の兵火前後の事情〕

明州で樓氏が勢力を伸ばして行った時期、無視できないのが汪氏との婚姻関係であり、その後盾であった。樓异の死後、靖康の変以後の戦乱で、

家素清貧、重以建炎之禍、先廬故物一簪不留、竞公（樓璩）依外舅少師汪公（汪思溫）以居[34]。

とあり、また、

廬既碎干兵火、先君（樓璩）仕不加進、生計日削、多寓外家[35]。

とあるように、困窮の時期を過ごしたようである。史料中の少師汪思温は、宣和三年越州余姚県の知県時代に海塘を修復し、また燭渓湖の二斗門をめぐる周辺五郷の水争いを調停している。『攻媿集』巻八八の「敷文閣學士宣奉大夫致仕贈特進汪公行狀」によると、汪氏の本貫は「鄞県武康郷沿江里」とある。また、その系譜に関しては、同書に、

曾祖元吉不仕、……祖洙皇明州助教。

とあるように、元吉の時代から次第に明州での声望を築いていった一族である[36]。

樓氏はこの汪氏との間に、

樓・汪二族、吉凶會集、人夥事叢[37]。

と記されるような親密な関係を結んでいた。汪氏は後、汪思温・汪大猷が中心となり、明州での義荘田設置に大きな役割を果たす事になる。それだけ明州の郷党社会内での影響力が大きかったと言えよう。

一方、史氏も、史浩の特にこの義荘田設置に大きな役割を果たすが、建炎の兵火に際し、次のような行動をとる。すなわち、葉適の『水心文集』巻二二、「史進翁墓誌銘」によると、

進翁史氏諱漸、明州鄞人。曾祖簡、祖詔、贈皆太師、封冀・魏國公。魏公以行擧、子孫位執政・宰相。君父木爲中子、貢於鄕者再、號貢元。虜嘗奄至四明、官吏史棄城遁、居民不脱死、獨貢元能具舟揖、依而兒踰二千人。

とあるのがそれで、史漸の父木は、居民二〇〇〇人以上を舟で避難させている。[38] この時は、建災三年一一月、翌四年正月の二度にわたり、金軍との戦争で明州が戦場となった。二度の戦闘で、知州以下の官吏が城を棄てて逃げ、あるいは敗走の途中で浮橋を切り落としたりしたため、多くの犠牲者が出た。[39]

②〔義田の設置をめぐって〕

明州での、いわゆる郷曲（郷人）義田、及び族産義田の設置をめぐっては、すでに専論があるので、詳しくは触れない。[40] ただ、以上述べてきたような、湖田問題をめぐる対立関係、という視点から捉えるとき、清の全祖望が行った、二類型の分類は、きわめて示唆に富むものではなかろうか。すなわち、『鮚埼亭集外編』巻二一、「桓渓全氏義田記」に、

宋室之南、吾鄕先輩史・汪・沈諸公置義田以廩鄕人之窮者。而專以義田廩其宗人者三家、最初爲樓氏……其繼餘氏……最後爲吾全氏。

とある。比較的早くから明州の郷党社会に勢力を築いた史氏や汪氏は、自らの声望を更に確固たるものにするため、

「郷人の窮者」に稟する義田を設置しようとし、比較的遅れて明州にやって来た樓氏や全氏は、自らの族的結合のシンボルとして、「専ら其の宗人」に稟する義田を設置しようとする。この新・旧の違いは、より具体的には鄞県西郷に地盤を置くか、東郷に地盤を置くか、という次元で発生し、水利秩序の再編をめぐっての「湖田論争」へと発展する。そして、その対立・論争は、単に明州という地域社会での対立・論争の枠内に限定されず、時の中央権門層の利権獲得の動きと連動し、政治的・社会的・経済的に、複雑な対立・抗争・妥協を生み出して行くのである。

五、おわりに

以上考察してきた、宋代の明州鄞県での湖田化をめぐる諸問題を整理し、かつ今後の課題をのべ、むすびとする。まず、湖田化をめぐる諸問題としては、

（1）広徳湖の湖田化は、他の水利施設の設置・修築状況からみて政治的色彩が強く働いている。樓异の湖田化は、中央での権門層の支持が強く働いている。

（2）湖田問題は、宋の南渡以後における特権的地主と非特権的地主との対立・抗争という視点からだけでは理解できない。南渡以前における、先往者と後来者との潜在的な関係が重要である。(41)

（3）廃湖派は、樓氏や王氏に代表される如く、広徳湖周辺に定住した勢力であるのに対し、守湖派は必ずしも湖辺の民ではない。

（4）当時盛行していた義荘田の設置を通してみると、明州（鄞県）には宗人義田と郷人義田の二系統があり、廃湖派の形勢戸は前者を、守湖派の形勢戸は後者を設置している。

すなわち、（1）・（2）は主に政治史的に、（3）・（4）は主に社会・経済史的に、それぞれ湖田問題を分析したものである。

最近の、宋代社会・経済史研究は、従来既成の事実であるとして暗黙の内に認められてきた〝浙西最先進地域〟という見解に対して疑問を投げかけてきている。その一つは農学的立場からであり[43]、他の一つは小農経営論に基づく生産様式論の立場からである[44]。後者の研究者達の共通認識になっているのは、当時の最先進地域を、安定した水利が保障された河谷扇状地の多い〝浙東〟としている点である。ただし、問題は浙西最先地域説が否定されたから即浙東最先進地域説が肯定されるというような単純なものではない。むしろ逆に、我々の想像以上に宋代の農業生産力の水準自体が低かった、との可能性も考えられるのではなかろうか。この前提の下に、改めて浙東の湖田問題を考えてみると、その造成に多額の費用と労働力とを要する湖田の存在が大きく浮かび上がってくる。形勢戸等にとっては利益が大きいため、彼らは権門層と結び、あるいは地方官と結托して湖田を獲得しようと努める。湖田を請佃する際、あるいは出売された湖田を承買する際、資力に優れた形勢戸が有利であった事は、言をまつまでもあるまい。しかも従来、湖田を含めた囲田・圩田等の水利田こそ、宋代において農業生産力が向上して行く原動力とみなされてきたのである。宋朝の政策としては、官田出売策等を通じて両税の担い手たる中小農民の保護に努めたが[45]、現実の郷村社会では、義田・義荘田等をテコとして土地を集積して行った官戸・形勢戸が有力であったと言えよう。

以上、課題は多いが、今まで述べてきた図式が他の地域にもあてはまるかどうか、今後も具体的事例を考察して積み重ねて行きたい。

註

（1）森田明「明末清初における練湖の盗湖問題」（『明清時代の政治と社会』京都大学人文科学研究所、一九八三年）、二七七頁

（2）小野寺郁夫「宋代における陂湖の利——越州・明州・杭州を中心として——」（『金沢大学法文学部論集』2、一九六四年）、西岡弘晃「宋代浙東における農田水利の一考察——とくに鄞県広徳湖を中心として——」（『中村学園研究紀要』5、一九七二年）、長瀬守「宋代江南における水利開発——とくに鄞県とその周域を中心として——」（『青山博士古稀記念宋代史論叢』省心書房、一九七四年、後『宋元水利史研究』国書刊行会、一九八三年所収。）

本章で取り扱う湖田は、戦前・戦後を通じて幾度か論文の中で触れられている。㈠宋代の水利田を分類したもの。玉井是博「宋代水利田の一特異相」（『史学論叢』7、一九三七年、後『支那社会経済史研究』岩波書店、一九四二年所収。）、㈡地主・佃戸制論に関係したもの。周藤吉之「宋元時代の佃戸に就いて」（『史学雑誌』四四—一〇・一一、一九三三年、後『唐宋社会経済史研究』東京大学出版会、一九六五年）、㈢農業史の観点からのもの。天野元之助「陳旉の『農書』と水稲作技術の展開」（上）・（下）（『東方学報』京都、一九・二一、一九五〇・五二年、後『中国農業史研究』農業総合研究所、お茶の水書房、一九六二年所収。）、西山武一「中国における水稲農業の発達」（『農業総合研究』三—一、一九四九年、後『アジア的農法と農業社会』東京大学出版会、一九六九年所収。）前者は文献に則した技術面での研究、後者は比較農法論を取り入れたマクロな視点からの農業段階論である。㈣水利政策との関係。吉岡義信「宋代の湖田」（『鈴峰女子短大研究果報』三、一九五六年）は、国家の水利政策を跡づけながら、湖田の変遷をたどったもの。㈤水利施設の維持・修築に要する費用・労働力について。長瀬守「宋代江南における水利開発」（前掲）。上記の費用・労働力を、郷村社会という場を通して国家と在地とが協力し合ったとする。㈥地域開発からの視点。斯波義信「宋代明州の都市化と地域開発」（『待兼山論叢』3、一九六九年、以下、斯波（A）論文と略記する。）、同「唐宋時代における水利と地域組織」（『星博士退官記念中国史論集』記念事業会、一九七八年、以下、斯波（B）論文と略記する。同「宋代江南の水利と定住について」（『唐・宋時代の行政・経済地図の作製、研究成果報告書』布目潮渢編、一九八一年、以下、斯波（C）論文と略記する。）これら一連の研究は、〝地域コア論〟

を中心に据え、膨大なデータに基づき、水利開発に河谷扇状地・上部デルタ・下部デルタの地形区分を導入したもの。斯波氏と同様の観点から、地形によって農田を「古田」と「新田」とに分類した、草野靖「唐宋時代に於ける農田の存在形態」（上）・（中）・（下）（〈熊本大学〉『法文論叢』三一・三三、『熊本大学文学部論叢』一七、一九七二・七四・八五年）

尚、湖水水利史研究を含め、宋代の水利史研究全般の動向を展望したものとして、長瀬守「日本における宋元水利史研究の成果と課題」（『中国水利史研究』一三、一九八三年）があり、大いに参考になる。本稿も多くこれに拠った。

（3）寺地遵「湖田に対する南宋郷紳の抵抗姿勢——陸游と鑑湖の場合——」（『史学研究』一七三、一九八六年、以下、寺地（A）論文と略記する。寺地氏は、最近の南宋初政治史を扱った一連の研究の中で、政治史の一環としての湖田問題に言及されている。例えば、「南宋政権確立過程研究覚書——宋金和議・兵権回収・経界法の政治史的考察——」（『広島大学文学部紀要』四二、一九八二年、以下、寺地（B）論文と略記する。一三〜一六頁・四三〜四五頁、「陳旉『農書』と南宋初期の諸状況」（『東洋の科学と技術——藪内清先生頌寿記念論文集——』同朋舎、一九八二年、以下、寺地（C）論文と略記する。

（4）宋代明州出身の官戸・形勢戸に関する研究としては、周藤吉之『宋代官僚制と大土地所有』（『社会構成史体系』8、日本評論社、一九五〇年）、第二章六七—七〇頁、伊原弘「宋代明州における官戸の婚姻関係」（『中央大学大学院研究年報』一、一九七二年）、等がその代表的なものである。

（5）前掲、斯波（A）論文・斯波（B）論文・斯波（C）論文。

（6）青山定雄「隋唐宋三代に於ける戸数の地域的考察」（一）・（二）（『歴史学研究』三〇・三一、一九三六年）また、戸口数、田面積等の統計資料を網羅したものとして、宮澤知之「宋代先進地帯の階層構成」（『鷹陵史学』一〇、一九八五年）がある。

（7）周藤吉之『宋代官僚制と大土地所有』（前掲）第二章、六五〜六六頁、本田治「宋元時代温州平場県の開発と移住」（『佐藤博士退官記念中国水利史論叢』国書刊行会、一九八四年、二二一九頁）、張其昀「宋代四明之学風」（『宋史研究集』三、一九六六年）

（8）張津等撰『乾道四明図経』巻一水利、王庭秀「水利説」（羅濬等撰『宝慶四明志』巻一二鄞県志・広徳湖・所引）

（9）西山武一「中国における水稲農業の発達」（前掲）

（10）魏嵩山「唐代小江湖考」（『文史』8、中華書局、一九八〇年）参照
（11）松田吉郎「明清時代浙江鄞県の水利事業」（『佐藤博士還暦記念中国水利史論集』国書刊行会、一九八一年）、二七六頁
（12）図1参照
（13）小野寺郁夫「宋代における陂湖の利――越州・明州・杭州を中心として――」（前掲）、西岡弘晃「宋代浙東における農田水利の一考察――とくに鄞県広徳湖を中心として――」（前掲）
（14）伊原弘「宋代明州における官戸の婚姻関係」（前掲）
（15）高麗との通交問題に関しては、内藤雋輔「朝鮮支那間の航路及びその推移について」（『内藤博士頌寿記念史学論叢』弘文堂、一九三〇年↓『朝鮮史研究』東洋史研究会、一九六一年）、森克己「日宋麗連鎖関係の展開」（『史淵』41、一九四九年）、丸亀金作「高麗と宋との通交問題」（1）・（2）（『朝鮮学報』17・18、一九六〇・六一年）等が代表的な研究である。
（16）朱彧『萍洲可談』巻二、葉夢得『石林燕語』巻七
（17）王応麟『玉海』巻一七二、徐兢『宣和奉使高麗図経』巻三四
（18）『宋史』巻三七八、衛膚敏伝
（19）蘇軾の上奏（李燾『続資治通鑑長編』〈以下、『長編』と略記する〉巻四三五・元祐四年一一月突巳の条、『長編』巻四八一・元祐八年二月辛亥の条）、胡舜陟の上奏（張大昌輯注『続資治通鑑長編拾補』巻五六・靖康元年一〇月辛酉の条）、鄭興裔の上奏（『鄭忠肅奏議遺集』巻上、「請止高麗入貢狀」）等が、その代表的なものである。
（20）樓异の鴻臚卿の官名に注目したい。また、王庭秀の「水利説」によると、樓异の背後には中人鄧忠仁がおり、彼の影響力が大きかったようである。同書に、

……大概毎一事、必有一大奄領之。時樓异試可、丁憂服除到闕。蔡京不喜樓而鄭居中喜之。始至除知興仁府已奏可而蔡爲改知遼州、月餘改隨州、不滿意也。異時高麗入貢、絕洋泊四明、易舟至京師、將迎館勞之費不貲。崇寧加禮與遼使等置來遠局于明。中人鄧忠仁領之、忠仁實在京師事皆關決。樓欲舍隨而得明、會辭行上殿、于是獻言、明之廣德湖可爲田、以其歲入儲以待麗人往來之用。皆忠仁之謀也。既對上說、卽改知明州……。

とある。

(21) 表3参照。この時期、它山堰水系を整備・拡充した、という形跡はほとんどない。

(22) 寺地（B）論文（前掲）、一二～一三頁

(23) 『宋会要』食貨六三之一九八、農田雑録

(紹興二年) 七月十七日、樞密院計議官薛徽言（言）、被旨體問得、明州廣德湖田元分三等、計管五百七十五頃九十九畝。每畝納租米三斗二升、通計一萬八千四百三十一碩六斗八升。緣開墾之初不問肥瘦高仰深葑、一等亡租。其上・中二等皆權勢之家請佃、下等多是不曾耕種所得不足輸官、往往抑勒貧民承認分種、歲久爲害。除中等租課更不增損外、內上等別無二稅・和買、委是太優。命欲每畝量增八升、其下等合納租欲令豁退所增上等田米。其餘乞委官相視。內低田、卽廢湖濼、依舊積水灌漑、其邊湖深葑、可以植茭卽爲茭地、量立租錢、其間尚有堪種田畝、却立爲下等將豁退不盡。……

(24) 『宋会要』食貨七之四五、水利三

(紹興九年) 五月二十四日、權發遣明州周綱言、嘗考明州城西十二里有湖名廣德。周回五十里、蓄諸山之水、利以灌漑、鄞縣七鄉民田、其利甚廣。自政和八年守臣樓异請廢爲田召人請持佃、得租米一萬九千餘碩。至紹興七年、守臣仇悆又乞令見種之人不輸田主悆徑納、官租增爲四萬五千餘碩。臣嘗詢之、老農、以爲、湖水未廢時七鄉之民田每畝收穀六七碩。今所收不及前日之半、以失湖水灌漑之利故也。計七鄉之田不下二千頃、所失穀無慮五六十萬碩、又不無旱乾之患。乞、還舊物仍舊爲湖。伏望、特賜指揮施行。詔、依令、轉運司疾速措置申尚書省。

(25) 『宋会要』食貨七之四六、水利三

(紹興) 十三年三月二十四日、明州言、契勘廣德湖下等田畝緣既已爲田、卽無復可爲湖之理。不免私自冒種非、惟每年暗失官租三千餘碩。而元佃人戶詞訟、終無田止息、又因緣有爭占鬭訟、愈見生事。欲乞、依舊爲田、令元佃人戶耕種。從之。

(26) 西岡弘晃氏と長瀬守氏は、前掲註（2）の論文の中で、共に『宋会要』食貨八之六、水利下の

(隆興元年) 六月十二日、工部尙書兼侍讀張闡等言、竊見近降指揮、將紹興府鑑湖田・明州廣德湖田盡賣。二湖元灌漑民

田浩瀚、後緣民間侵種遂作圩田。今若一槩出賣、恐於民間別有所妨。如紹興府鑑湖、曾立石碑應深溝大港、並永遠存留、以充灌漑。今欲乞、專委紹興府・明州守臣、討論利害、詣寔方可出賣。從之。

との史料を引用され、広徳湖田は隆興元年に出売された、と解釈されている。しかしこの時期、鑑湖でも知府呉芾により、一時的にせよ湖田が開掘されている。（西岡弘晃「宋代鑑湖の水利問題」〈『史学研究』一一七、一九七二年〉、寺地（A）論文参照の事。

梁庚堯氏の『南宋的農地利用政策』（国立台湾大学文史叢刊四六、国立台湾大学文学院、一九七七年）の第三章、「南宋的圩田政策」は、南宋時代の農田水利政策を概論した数少ない論文の一つである。（ここでの「圩田」とは、「囲田」、「湖田」等の水利田の総称として用いられている。〈同書一三三頁〉）氏は、中央における圩田政策を、時期的に次の三期に区分している。

Ⅰ期（南宋初期、高宗の建炎元年～紹興三二年〈一一二七～一一六二年〉）

Ⅱ期（南宋中期、高宗の隆興元年～寧宗の嘉泰四年〈一一六三～一二〇四年〉）

Ⅲ期（南宋晩期、寧宗の開禧元年以降〈一二〇五～一二七九年〉）

この時期区分は、政治史上の時期区分とほぼ一致する。Ⅰ期の、特に金との和議が実現する紹興一二年以前は、対金戦争の影響で大量の流民が江南（とりわけ両浙地区）に流入し、政府は賑済・財源確保の両面から、耕地拡大に力をそそいだ。この時期、財源としてみた場合、浙西の囲田に比べて浙東の湖田、江東の圩田の比重が重く、特に浙東の湖田の租課が重視された。それゆえ、鑑湖・広徳湖等の「廃田復湖」は、世論を考慮した一部下等田の形式的な復湖以外はほとんど認められなかった。尚、紹興一五年には、李椿年と王鉄が浙西で経界法を実施し、新しい囲田の起税条例を立てている。しかし、紹興の末年になると、圩田等が無制限に拡張し、水旱災の原因となっていったため、一定の歯止めが必要となった。

Ⅱ期になると、乾道の和議（一一六五年）以後、財政的にも若干の余裕が生じ、又圩田等の無制限な拡張に対する批判もあり、南宋政府は民生の圧力下に、租課目的の圩田政策を放棄した。そしてその後、各地で圩田等の開掘が実施されたが、十分な成果は期待できず、南宋中期の圩田政策は不徹底なままで終わった。その原因として、㈠官戸・寺観等が自らの利益を守るために反対したこと、㈡帝室自身も同様の理由で反対したこと、が挙げられ、その結果地方官も事大主義に走り、積極的に開掘しなかったためだとする。

Ⅲ期になると、開禧用兵（一二〇六年）以後の財政難が原因で、再び圩田の租課に頼る政策へと逆戻りしたが、地籍を整備して徒らに根深を増徴する方法に頼ったので、次第に民心を失った、とする。

趙子潚は、隆興元年六月三日から翌年六月まで知明州の任にあった。『宋史』巻二四七、宗室伝・趙子潚に、

明州守趙善繼治郡殘酷、子潚率諸監司劾罷之。

とある。趙善継は、紹興二八年から翌年にかけての知明州であった。この弾劾の他、趙子潚は沙田・蘆場対策や太湖治水対策を通じて大いに民望を得ている。（『宋史』本伝、及び安蘓幹夫「南宋初期における沙田・蘆場の租税対策」〈『福岡大学大学院研究論集』四―一、一九七二年〉等参照。）以上のうち、鑑湖の例は㈠水利政策の転換の具体的事例と考えられ、趙子潚の経歴は、「尽売」を再考させる。

（27）全祖望の『甬上族望表』巻上、桃源王氏に、

太府（正巳）亦少有詩名、而以壻於樓氏故、遷居廣德湖上、率子弟輩、爲塞湖之倡、又著廢湖辨以抗李莊簡公謬矣。

とある。

（28）"Court and Family in Sung China, 960-1279 Bureaucratic Success and Kinship Fortures for the Shih of Ming-chou" Richard L.Davis Duke University Press Durham 1986 pp.35-36

（29）鄞県移住後の史氏の事跡に関しては、『攻媿集』、『水心文集』、『宝慶四明志』等にも記されてくる。

（30）表4東銭湖浚渫年表参照の事。

（31）史浩『鄮峰真隠漫録』巻二

本縣餘支・汝仇兩湖、廢罷盜種田。……竊詳侵種之弊本、緣湖邊居人沿堤種殖茭荷、歲久根株湮塞、漸至淺淀增培築埝、始成畦隴。……若官司興夫毀掘、則兩湖之田千頃、所用工力不可數計。……卻候今冬農隙、以所收米斛募民爲夫、將其畦隴鑿而爲深池積而爲島嶼、庶幾爭訟永絕。

（32）『民国鄞県通志』輿地志・歴代名人冢墓考略では、廃湖派の樓氏・王氏の墓は西郷の広徳湖周辺に、守湖派の王庭秀や史氏の墓は東銭湖周辺に、それぞれ多く分布する。

（33）ここで〝郷村社会〟とせず、〝郷党社会〟としたのは、以下に問題とする郷曲義田ないし宗族義田等が、決して広汎な中・小農民の救済を念頭に置かず、あくまでも〝仕族〟の救済を対象としたものだからである。そして本章の主たる対象もまた、当時のこれら〝仕族〟（官戸・形勢戸）を中心とするからである。

明州の地域社会についての研究は、近年盛んである。従来の Linda Walton 'Kinship, Marriage, and Status in Song China: A Study of The Lou Lineage of Ningbo, c.1050-1250' Journal of Asian History volume 18 No.1 1984 pp.41-44や、註（28）の Richard L. Davis 書をはじめとして、包偉民「宋代明州樓氏家族研究」（『大陸雑誌』九四—五、一九九七年）、樓氏・汪氏・袁氏等の研究をまとめた黄寛重『宋代的家族与社会』（国家図書館出版社、二〇〇九年）、梁庚堯「家族合作、社会声望与地方公益：宋元四明郷曲義田的源起与演変」（『中国近世家族与社会学術研討会論文集』中央研究院歴史語言研究所、一九九八年）等の労作がある。また、陸敏珍『唐宋時期明州区域社会経済研究』（上海古籍出版社、二〇〇七年）は、人口・交通・水利建設・農業技術・都市等、この時代の明州地域を対象にした本格的な区域（地域）史研究である。

（34）袁燮『絜斎集』巻一一、「資政殿大學士贈少師樓公行状」

（35）『攻媿集』巻八五、「亡妣安康郡太夫人行状」

（36）『攻媿集』巻六〇、「汪氏報本庵記」に、

府君（元吉）以才選爲吏、古君子也、終身掌法、一郡稱平。范文正公王刑公皆以士人侍之。

とあり、王安石の『臨川先生文集』巻七六、「上浙漕孫司諫薦人書」に、

明州司法吏汪元吉者、其爲吏廉平、州人無賢不肖、皆推信其行。

とある。

（37）『攻媿集』巻八五、「先兄厳州行状」

（38）ただし、『宝慶四明志』巻九、先賢事蹟に

建炎三年、金寇至、本載其姑姊妹凡五族百餘口、逃于海、傾資給之、悉免于難。

とあるから、厳密には居民と言えないかもしれない。

（39）徐夢莘『三朝北盟会編』巻一三五・一三六、『繋年要録』巻三一、『宝慶四明志』巻一一、車駕巡幸

（40）清水盛光『中国族産制度攷』（岩波書店、一九四九年）、福沢与九郎「宋代郷曲（郷人）義田荘小考」（『史学研究』六二、一九五六年）、福田立子「宋代義荘小考——明州樓氏を中心として——」（『史艸』一三、一九七二年）

（41）山内正博氏が「南宋政権の推移」（『岩波講座世界歴史』9、岩波書店、一九七〇年）の中で、南宋政治史を、「軍を背景に北方から移住した皇帝の一族およびそれにつらなる新地主層と、北宋以来の伝統に支えられた南方の在来の地主層との間の対立・妥協・抗争の展開であったといえる」と展望したのを受けて、寺地遵氏が、寺地（B）論文で、江南出身者でも秦檜の如く、いわば北方流寓系特権地主層の代弁者と、李光の如く江南在地地主の代弁者との二つのタイプの存在を指摘している。同様の傾向を指摘したものとして、時代は異なるが森正夫氏「明代の郷紳Ⅱ士大夫と地域社会との関連についての覚書Ⅰ」（『名古屋大学文学部論集』LXXVII〈史学、二六〉、一九八〇年）があり、明末の郷紳を、〝陞官発財（出世して金儲けをする）〟型と、〝経世済民（世を治め民を救う）〟型への二類型を試みた。また、檀上寛氏は「義門鄭氏と元末の社会（『東洋学報』六三—三・四、一九八二年）、「元・明交替の理念と現実——義門鄭氏を手掛りとして——」（『史林』六五—二、一九八二年）で、森正夫氏の二類型化を念頭に置きつつ〝利益追求型〟（〝陞官発財型〟）、〝権力志向型〟、〝郷村維持型〟（〝経世済民型〟）の三類型化を試みた。

（42）こうした、宗族と郷村社会を扱ったものに、最近では小林義廣「宋代史研究における宗族と郷村社会の視角」（『名古屋大学東洋史研究報告』8、一九八二年）がある。

（43）その代表的なものが、渡部忠世・桜井由躬雄編『中国江南の稲作文化——その学際的研究——』（日本放送出版協会、一九八四年）である。

（44）足立啓二「宋代両浙における水稲作の生産力水準」（『熊本大学文学部論叢』一七〈史学篇〉一九八五年）、大澤正昭「〝蘇湖熟天下足〟——『虚像』と『実像』のあいだ——」（『新しい歴史学のために』一七九、一九八五年）、宮澤知之「宋代先進

地帯の階層構成」（『鷹陵史学』一〇、一九八五年）

（45）　島居一康「宋代に於ける官田出売策」（『東洋史研究』三六―一、一九七七年）

〔付記〕

本章は、一九八六年一一月四日の「中国水利史研究大会」（於なにわ会館）での報告「南宋時代明州における湖田問題――廃湖をめぐる対立と水利――」を基に作成したものである。報告の席上、佐藤武敏・古林森廣両先生からは、湖田問題と国家財政・帝室財政との関連が重要である、との御指摘を頂いた。また、北田英人氏からは、隆興元年の張闡の上奏は、広徳湖田の出売を請願したものではなく、再検討を求めたものだ、と史料解釈の誤りを御指摘頂いた。

本章作成にあたり、森田明先生、松田吉郎氏から懇切な御指導を賜わり、また寺地遵先生には静嘉堂文庫所蔵の『甬上族望表』の存在を御教示頂いた他、有益な示唆を頂いた。以上御世話になった方々に、心から感謝の意を表します。

表1　広徳湖浚渫に関する年表

年代	担当官等	内容	出典
斉・梁の際（四七七～五五七）	―	創湖の時期	曾鞏「広徳湖記」(1)
唐、大暦八年（七七三）	県令　儲仙舟	修治の功を加える。	『宝慶四明志』巻一二　広徳湖
唐、貞元元年（七八五）	刺史　任侗	湖を浚渫し、灌漑面積を広げる。	曾鞏「広徳湖記」
唐、大中元年（八四八）	御史　李後素	民の湖田請願に対し、験視の結果廃湖せず。	〃
宋、建隆中（呉越）（九六〇～六二）	節度使　銭億	農隙に郷夫一〇万を集め、一〇隊に分け官吏に董せしむ。給米九〇〇〇碩、銭五〇万、公復た千緡を出す。周廻一万二八七一丈の隄を修す。	『乾道四明図経』巻二　広徳湖
宋、淳化二年（九九一）	―	民、始めて州県の疆吏と、湖を盗み田と為す。	曾鞏「広徳湖記」
宋、至道二年（九九六）	知州　丘崇元	自ら按視し、復湖する。湖禁を一州の勅に著わす。	〃
宋、咸平中（九九八～一〇〇三）	―	官吏の職田として、湖西の山足地百頃が充てられ、次第に湖田化する。	〃
宋、天禧二年（一〇一八）	知州　李夷庚	始めて湖界を正し、限一八里を築き、これを限る。	〃
宋、天禧二年（一〇一八）	知州　李夷庚	太平興国（九七六～八三）以来、民が冒取していた林村・高橋の湖濱地を禁絶する。	〃
宋、天聖・景祐の間（一〇二三～三七）	州従事　張大有 知州　李照	民復た相率いて湖田請願をする。州従事張大有、按行してこれを止める。知州事李照「至道の詔」を石に刻み、息む。	〃
宋、康定中（一〇四〇）	県主簿　曾公望	益々湖を治む。	〃
宋、熙寧一・二年（一〇六八・六九）	知県　張峋	熙寧一年一一月～同二年二月、民力八万二七九二（工） (1)「民の人と為り信服せられ、知計有る者」を選び、督役せしむ。 (2)環湖の隄、凡て九一三四丈を築き、碶九、埭二〇を為る。又、楡・柳三万一〇〇を植え、隄を固める。資材は皆余材を用いる。	〃 〃 〃
宋、元祐中（一〇八六～九六）	―	議者復た、廃湖の説を倡ふ。	王庭秀「水利説」(2)
宋、元祐中（一〇八六～九六）	知県　殷藻	慶暦丁亥（七年、一〇四七）より今元祐癸酉（八年、一〇九三）に距ること、凡て四七年。而して湖提を修めるは、前に荊公（王安石）、中に張侯峋、最後に段君藻。湖提に、楡柳一三〇丈分を植える。	舒亶「水利記」(3)
宋、崇寧中（一一〇二～〇六）	兪襄 知州　葉棣	兪襄、復た廃湖の議を陳べる。知州葉棣、兪襄を罰す。兪襄遂に都省に走り、其の策を献ず。蔡京これを悪み、本貫に拘送する。	王庭秀「水利説」
宋、政和七・八年（一一一七・一一八）	知州　樓异	徽宗、樓异の請願を納れ、湖田化を許可する。（詳細は省略）	『宋史』巻三五四、樓异伝

表2　広徳湖田の面積、及び租課額

湖田面積	毎年の租課（総額）	出典
七二〇頃（七万二〇〇〇畝）	穀三万六〇〇〇石（米一万八〇〇〇石）	『宋史』巻三五四　樓异伝
八〇〇頃（八万畝）	米二万石	王庭秀「水利説」
―	租米一万九〇〇〇余碩	『宋会要』食貨七―四五、水利三
上等田 中等田 下等田　計五七五頃九九畝（五万七五九九畝）	租米一万八四三一碩六斗八升（毎畝三斗二升）	『宋会要』食貨六三―一九八、農田雑録

表3　它山堰設置・修築等年表

年代	担当官等	内容	出典
唐、太和七年（八三三）	県令　王元暐	畳石為堰于両山間闊四十二丈……渠與江截為二。	『宝慶四明志』巻一二、它山堰
北宋、建隆中（呉越）（九六〇～六二）	節度使　銭億	它山堰損壊不可修。跪請于神増築全固。	『宝慶四明志』巻一、太守
北宋、崇寧一・二年（一一〇二～〇三）	知県　龔行修	父老に它山堰の利害を詢い、石と鉄で、増強する。	『四明它山水利備覧』巻下
南宋、紹興一六年（一一四六）	知州　秦棣	它山堰の損壊箇所を増強する。	〃
南宋、嘉定七年（一二一四）	知州　程覃	捐田四〇畝を置き、経費に充てる。	〃　巻上
南宋、嘉定一四年（一二二一）	魏峴	程覃にならい、田を置き経費に充てる。	『宝慶四明志』巻四、日月二湖
南宋、紹定元年（一二二八）	知州　胡榘	程覃にならい、田を置き経費に充てる。有司の責を重くする。	〃
南宋、嘉熙三年（一二三九）	知州　趙以夫	魏峴に委ね、田畝を増置する。	『四明它山水利備覧』巻上
南宋、淳祐一～三年（一二四一～四三）	知州　余天錫 知州　陳塏 知州　黄壮猷	魏峴に委ね、浚渫させる。 廻沙閘を置く。 洪水湾に石塘を築く。	〃　巻下
南宋、宝祐六年～開慶元年（一二五八～五九）	都吏　王松 正将　鄭瓊	洪水湾を浚渫させる。	『開慶四明続志』巻三、洪水湾

表4　東銭湖浚渫に関する年表

年代	担当官等	内容	出典
晋代（二六五～四二〇）	—	創湖の時期	李暾「修東銭湖議」（4）
唐、天宝中（七四二）	県令　陸南金	田一二万一二一三畝を廃す。毎畝、米三合七勺六杪を徴す。八塘を築き、四堰を築く。	〃
北宋、天禧中（一〇一七～二一）	知州　李夷庚	旧廃址に因り、湖隄を増築して堅固にする。	魏王趙愷『剳子』（5）
北宋、慶暦八年（一〇四八）	知県　王安石	湖界を重浚す。	〃
北宋、嘉祐中（一〇五六～六三）	—	始めて碶・閘を置く。	〃
北宋、治平元年（一〇六四）	—	六隄に修め、陸南金・李夷庚の祠を隄の旁に立てる。	〃
北宋、熙寧一・四年（一〇六八・七一）	知県　張峋 知県　黄頌	東銭湖と、隠学山棲真寺の放生池との経界を、山旁の耆耋の言により正す。	沈遼「隠学山復放生池碑」（6）
南宋、紹興一八年（一一四八）	—	請佃を尽く罷める旨の検挙約束あり。	『宋会要』食貨八—二七　水利化
南宋、乾道五年（一一六九）九月	知州　張津	「農隙を候ち、淤塞した湖面を浚渫したい」との請願。資金・労働力は援助を乞う。	〃
一〇月	知州　趙伯圭	後任の趙伯圭は、知県楊布を遣わし、調査させた結果、費用不貲で中止と決定。	魏王趙愷「剳子」
南宋、淳熙四年（一一七七）	知州　趙愷 知県　姚枱 長史　莫済 司馬　陳延年	知県の乞により、長史・司馬を遣わして実地調査をさせ、「士人の心力有る者」に開葑工事を辦集させたが「因銭米不給、頗有擾民」の事態となる。	提刑程覃『剳子』（5） 尚書胡榘『剳子』（5）
南宋、淳熙一二年（一一八五）	（明州申）	「菱葑の除去」この菱葑が積載された土地の請佃を、禁止する旨の詔を請う。	『宋会要』食貨六一—一三二、水利四
南宋、嘉定七年（一二一四）	知州　程覃	(1)開湖局を置き、府銭三万二〇〇〇緡を撥し、田一〇〇〇余畝を買い、毎歳の租穀二四〇〇余石を開葑船の費用とする。 (2)捐田の管理は「近郷の物力最高の者」に輪委し、米穀・緡銭は近湖の寺院に分在させる。 (3)而後来、有司奉行不虔、田租浸移用、湖益塞。	提刑程覃『剳子』 〃 『宝慶四明志』巻一二、東銭湖
南宋、宝慶二年（一二二六）	知州　胡榘	(1)朝廷に度牒百道・米一万五〇〇〇石を請い、湖面を浚う。 (2)一〇月、水軍と七郷の食利戸に券食を給い、又漁戸を募り、交互に開葑を行う。	〃 『宝慶四明志』巻一二、東銭湖

		(3)更に、程覃以来の「置田策」を継続させるため、銭二万八〇〇〇余緡を増額し、田も合計三〇〇〇畝に増加した。	〃
		(4)捐田の管理は翔鳳郷長顧泳之に主らせ、漁戸の管理制度も整備し、開葑に当らせた。更に、府県丞による督察、提挙常平司による董事制度も整備した。	〃
南宋、淳祐二年（一二四二）	知州　陳塏	冬、農隙に、制幹林元晉・僉判石孝広に命じて、買葑策を行わす。「不差兵不調夫、随舟大小葑多寡、聴其求售交葑……」	『宝慶四明志』巻一二、東銭湖（後守続増）

（1）曾鞏「広徳湖記」は、『元豊類藁』巻一九に拠る。
（2）王庭秀「水利説」は、『宝慶四明志』巻一二、広徳湖条に拠る。
（3）舒亶『水利記』は、『乾道四明図経』巻一〇に拠る。
（4）李暾「修東銭湖議」は、『雍正寧波府志』巻一四に拠る。
（5）魏王趙愷・提刑程覃・尚書胡榘の「劄子」は、いずれも『宝慶四明志』巻一二、広徳湖条に拠る。
（6）沈遼『隠学山復放生池碑』は、『乾道四明図経』巻一一に拠る。
（7）明州は、南宋の紹熙五年（一一九四）に慶元府に昇格したが、本稿では便宜上すべて明州に統一し、長官も知州とした。

表5　(一)鄞県水利施設、設置・修築等一覧（跛湖・渠・堰・塘・碶）(修)は、修築を示す。

	名称	年代	担当官等	出典
1	東銭湖	晋代（二六五～四二〇）	―	李暾『修東銭湖議』
2	広徳湖	斉・梁の際（四七九～五五七）	―	曾鞏『広徳湖記』
3	小江湖	唐・貞観一〇年（六三六）	県令　王君照	『乾道四明図経』巻二
4	九里堰塘	唐、大暦中（七六六～七九）	刺史　呉謙	『延祐四明志』巻一五
5	仲夏堰	唐、太和六年（八三二）	刺史　于季友	『乾道四明図経』巻一
6	它山堰	唐、太和七年（八三三）	県令　王元暐	『宝慶四明志』巻一二
7	烏金碶	唐、太和中（八二七～三五）	県令　王元暐	〃
		南宋、嘉定一四年（一二二一）	魏峴	〃
8	積瀆碶	唐、太和中（八二七～三五）	県令　王元暐	〃
		南宋、嘉定一七年（一二二四）	―	『民国鄞県通志』輿地志己編
9	行春碶	唐、太和中（八二七～三五）	県令　王元暐	『宝慶四明志』巻一二
10	風棚碶	北宋、熙寧八年（一〇七五）	知県　虞大寧	〃
11	雲龍碶	北宋、熙寧中（一〇六八～七七）	県主簿　黄宁	『至正四明続志』巻四
12	育王碶	南宋、宝慶中（一二二五～二七）	阿育王寺	〃
13	保豊碶	南宋、淳祐元年（一二四一）	知州　余天錫	『宝慶四明志』巻一二
		南宋、淳祐二年（一二四二）	知州　陳塏	〃
		南宋、開慶元年（一二五九）	知州　呉潜	〃
14	廻沙閘	南宋、淳祐二年（一二四二）	知州　陳塏	〃
15	江東碶	南宋、淳祐二年(修)（一二四二）	知州　陳塏	〃
16	大石碶	南宋、淳祐二年(修)（一二四二）	知州　陳塏	〃
17	中塘河（西塘）	南宋、淳祐六年（一二四六）	知州　顔頤仲	『民国鄞県通志』輿地志己編
18	顔公渠	南宋、淳祐六年（一二四六）	知州　顔頤仲	『至正四明続志』巻四
19	練木碶	南宋、宝祐五年(修)（一二五七）	知州　呉潜	『開慶四明続志』巻三
20	洪水湾塘	南宋、宝祐六年(修)（一二五八）	知州　呉潜	〃
21	北津堰	南宋、宝祐六年(修)（一二五八）	知州　呉潜	〃
22	西渡堰	南宋、宝祐六年(修)（一二五八）	知州　呉潜	〃
23	呉公塘	南宋、宝祐六年(修)（一二五八）	知州　呉潜	〃
24	開慶碶（鵲巣碶）	南宋、開慶元年(修)（一二五九）	知州　呉潜	〃
25	鄭家堰	南宋、開慶元年(修)（一二五九）	知州　呉潜	〃

㈡東銭湖七堰

あ	莫枝堰
い	平水堰
う	大　堰
え	高湫堰
お	銭　堰
か	梅湖堰
き	栗木堰

㈢鎮市の所在

A	小渓鎮（句章郷）
B	横渓市（豊楽郷）
C	林村市（桃源郷）
D	甬東市（万齢老界郷）
E	下荘市（陽堂郷）
F	東呉市（陽堂郷）
G	小白市（陽堂郷）
H	韓嶺市（翔鳳郷）
I	下水市（翔鳳郷）

㈣水利施設関係の廟祠の所在

	名称	所祀神	創建時代
a	嘉沢廟	陸南金（李夷庚）	唐、天宝中（七四二～五五）
b	後巖廟	唐、明州刺史王沐	唐、貞元中（七八五～八〇四）
c	横塘廟	唐、奉化県令趙定・趙察	唐、元和～長慶（八〇六～二四）
d	遺徳廟（善政侯祠）	唐、王元暐（銭億、他）	唐、太和中（八二七～三五）
e	白鶴山廟	唐、任侗	唐、咸通中（八六〇～七三）
f	乾崇廟	唐、斉閭（宋、陳矜）	唐、乾符中（八七四～七九）
g	王荊公廟（聚勝廟）	北宋、王安石	北宋、嘉祐六年（一〇六一）
h	風棚廟	北宋、虞大寧	北宋、熙寧中（一〇六八～七七）
i	豊恵廟（樓太師廟）	北宋、樓异（王説）	南宋、嘉定中（一二〇八～二四）
j	鐘公廟	北宋、鐘廉	南宋、慶元中（一一九五～一二〇〇）
k	胡墅廟	南宋、胡榘	南宋、宝慶中（一二二五～二七）
l	胡公祠（胡墅廟）	南宋、胡榘	南宋、宝慶中（一二二五～二七）
m	戚浦廟	北宋、樓异	宋時
n	戚浦新廟	北宋、樓异	宋時
o	烏金廟	唐、王元暐	宋時
p	白鶴山新廟	唐、任侗	南宋時

（『民国鄞県通志』卯編、廟社）

図１　鄞県の水利開発総合図（南宋末）

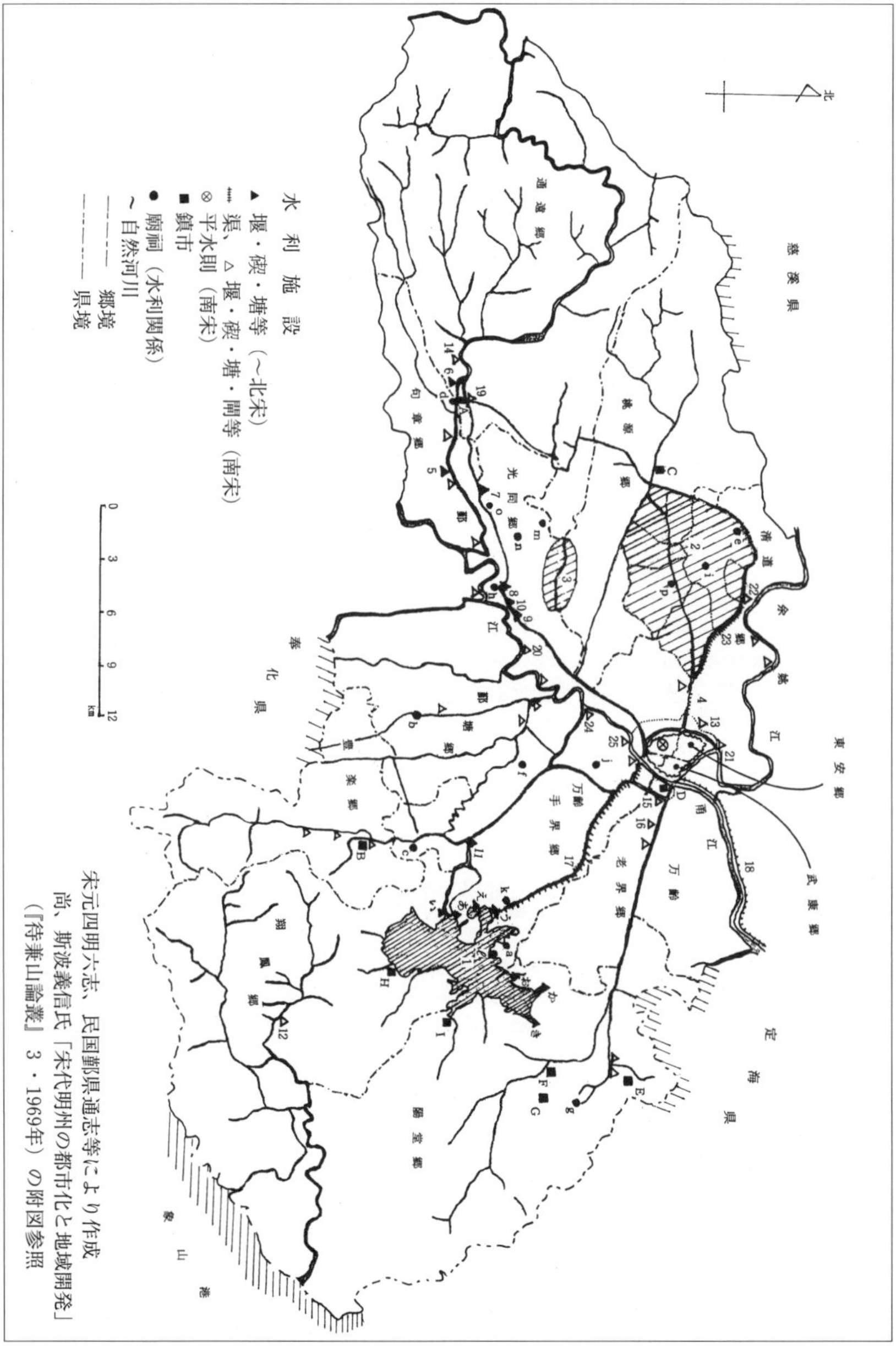

第二章　広徳湖・東銭湖水利と地域社会

一、湖田の経営と農業技術の発展

広徳湖の面積は、曾鞏の「広徳湖記」では八〇〇頃とあり、『宋史』巻三五四、樓异伝には、「七二〇頃の湖田から毎歳穀三万六千石を租米として得ている」、とある。これについて、『至正四明続志』巻九祠祀、神廟の条に引く、元・況逵の「豊恵廟記」には、湖田造成時の状況について、

政和七年四月、至郡按行它山堰水利無恙、卽募民疏鑿溝塘、布畫耕墾、等第受給、凡爲田七萬餘畝、界於清道・桃源二鄉七甲。歳得穀三十餘萬斛。依元豐故事、造畫舫百柁置海口、專備麗使。……又以田租之餘、築西埭、置閘於傍。

と、やや詳しく伝えている。樓异は、明州知事となって着任すると、西郷の水源として它山堰が使用に耐え得ることを確認した後、民を募って必要な用水路を疏し、或いは塘を鑿っている。そして新たに造成された湖田は七万余畝（七〇〇余頃）、毎歳穀三〇万斛を得、場所は清道・桃源二郷の七甲にまたがり、田租のあまりで埭・閘の設備も造ったという。

これよりも更に具体的な史料として、『宋会要』食貨六三之一九八、農田雑録に、

（紹興二年）七月十七日、樞密院計議官薛徽言（言）、被旨體問得、明州廣德湖田元分三等、計管五百七十五頃九

十九畝。毎畝納祖米三斗二升、通計一萬八千四百三十一碩六斗八升。緣開墾之初不問肥瘦高仰深葑、一等亡租。其上・中二等皆權勢之家請佃、下等多是不曾耕種所得不足輸官、往往抑勒貧民承認分種、歲久爲害。

とある。広徳湖田には、上・中・下の三等の別があり、合計面積は五七五頃九八畝余り、毎畝の租米は三斗二升で、合計一万八四三一碩余り。開墾の初めなので、田税は徴収しない。上田・中田は憲政の家が独占し、貧民は下等田を強制的に割り当てられていた、という。この史料に見える、五七五頃九九畝という数字だが、今仮にそれぞれ八〇〇頃と七二〇頃とに占める割合で換算すると、約八〇％、約七二％となる。南宋初の陳旉『農書』巻上、「地勢之宜篇」に、

若高田、視其地勢高、水所會歸之處、量其所用、而鑿爲陂塘、約十畝田卽捐二・三畝、以瀦蓄水。

とある。陂塘（陂湖）灌漑を述べたものだが、元の湖面が八〇〇頃であれ、七二〇頃であれ、最低約一五〇頃分の貯水源があれば、残りの約五七六頃の湖田を灌漑するには事欠かない。先の『至正四明続志』巻九に引く、況逵の「豊恵廟記」には、募民疏鑿溝塘とあり、湖田経営に必要なだけの用・排水路、或いは貯水源は、十分確保していたものと考えられる。

これらの湖田には隠利があり、このことが、湖田を盛行させた直接的な要因であろう。「緣開墾之初、不問肥瘦高仰深葑、一等亡租」とあるように、新開田たる湖田には、田税は当面課されなかった。

さらに、『宋会要』食貨七之四五、水利三に、

（紹興九年）五月二十四日、權發遣明州周綱言、嘗考明州城西十二里有湖名廣德。周回五十里、蓄諸山之水、利以灌漑、鄞縣七鄉民田、其利甚廣。自政和八年守臣樓异請廢爲田召人請佃、得租米一萬九千餘碩。至紹興七年、守臣仇悆又乞令見種之人不輸田主悆徑納、官租增爲四萬五千餘碩。臣嘗詢之、老農、以爲、湖水未廢時七鄉之民田

毎畝收穀六七碩。今所收不及前日之半、以失湖水灌漑之利故也。計七鄕之田不下二千頃、所失穀無慮五六十萬碩、又不無旱乾之患。乞、還舊物仍舊爲湖。伏望、特賜指揮施行。詔、依令、轉運司疾速措置申尚書省。

とある。樓异の湖田は「召人請佃」とあるように、佃作（小作）をさせており、毎歳の租米は一万九千石であったが、紹興七年に守臣仇悆が田主を経ずに見種之人に直接納めさせたところ、租米は四万五千余碩に増額した。これは、兵火後に飢饉に見舞われた際にとられた臨時の措置と推測されている(1)。

『宝慶四明志』巻六、敍賦下・湖田条には、

及高麗罷使、歳起發上供。自水軍駐劄定海江東西兩寨、朝廷科撥、專充粮米。

とあり、定額として

糙米四萬六千二百七石六升五合四勺

と記している。先の『至正四明続志』巻九、沉逵「豊恵廟記」にも、

紹興初、會湖田所得租四萬六千餘石、以贍定海屯駐諸軍。

と記されている。このような利益があったからこそ、度重なる「廃田復湖」の上奏にも関わらず湖田は姿を消さず、『建炎以來繫年要録』巻一四八には、

（紹興十有三年春三月）辛亥、明州言、自廢廣德湖田、歳失官租三千餘斛。請、復以爲田。從之。事初見九年五月

とあり、紹興九年の周綱の「復湖」請願は部分的に実行されていたが、毎歳官租三千余碩を失うとの理由で再び湖田とされている。廃湖派の代弁者たる王正己も「廢湖辨」の中で、

湖之爲田七百頃有奇、歳益穀無慮敷十萬斛、輸于官者什二三斗、

と、湖田の利益が大きいことを認めている。また李光は『建炎以來繫年要録』巻八六で、

（紹興五年閏二月）戊申……（中略）……自廢湖以來、所得租課、每縣不過數千斛、而所失民田常賦、動以萬計。

としている。廃湖で得た租課よりも、それにより失った民田の常賦の方がはるかに多い事を指摘している。地域（郷村）社会にとって、湖田とはまさに両刃の剣であったと言えるだろう。

〔湖田米の品種と米穀流通に関して〕

宋代、特に南宋時代における稲作の地域性や米穀流通に関しては、既に先学によって詳細な研究が成されている。それらの成果を踏まえつつ、本稿との関連部分に関して考察する。『宝慶四明志』巻四、敍産に、

明之穀、有早禾、有中禾、有晩禾。早禾以立秋成、中禾以處暑成、中禾最富、早禾次之、晩禾以八月成、視早益罕。

とある。明州の稲には、早禾・中禾・晩禾の三種類があって、中禾が最も多く作られ、早禾がこれに次ぎ、晩禾は早禾に比べても益々少なかった。立秋・處暑は、旧暦ではそれぞれ七月七日・七月二三日のことなので、明州での稲は秋の七・八月に熟成するものばかりである(2)。稲の成熟期による区別は、地域によって様々である。早・晩の二区分にしか過ぎないところもあれば、同じ早・中・晩でもその成熟期は品種によって異なっている。

次に、粘すなわち稲の粘り気の強弱による分類もなされていた。南宋中期の人羅願の『爾雅翼』巻一、稲の条に、

稻一名稌、然有黏有不黏。今人以黏者爲糯、不黏者爲秔。……（中略）……又有一種、曰秈、比於稉小而尤不黏、其種甚早。今人號秈爲早稻、稉爲晩稻。……（中略）……又今江浙間、有稻粒稍細、耐水旱而成實早、作飯稍硬、土人謂之占城稻。

とあり、黏（粘り気）の強弱によって、黏するものを糯、黏しないものを秔（稉）、最も黏しないものを秈といい、こ

の他に江浙の間には占城稲があると言っている。南宋では、秈は早稲、稉は晩稲とされていたようである。先の『寶慶四明志』巻四、敍産では、

其品、曰早黄、曰晩青、曰矮白、曰大白、曰細白、曰大赤、曰占城、曰金城、曰米糤、曰赤糤、曰烏糤、曰九里香、曰轉稻、曰冷水紅、曰早糯、曰黄糯、曰白糯、曰丁香糯、曰鼠牙糯、曰虎皮糯、曰麻糯、曰杭州糯、曰九日糯、曰青稈糯。

と、合計二五の品種が記されている。周藤吉之氏によると、早黄以下冷水紅までが秔稲・秈稲であり、合計一四種、糯稲が一一種である。秔稲と秈稲は早・中・晩に分けて記されていないが、早黄・占城・金城等の秔稲は早種で、九里香は晩稲であるから、その他のものは中稲が多かったであろうという。秔稲（粳稲）は粒が大きく、膏腴の田でなければ植えなかったが、占城稲や秈稲は粒が小さく、肥沃の田でも瘠せた田でも植えることができた。秔稲は穀（もみごめ）から少ししか米が得られず、高価であったが保存が利くために官への租税や地主への租米にはこれが用いられ、かつ上戸のみが食していた。これにたいして秈稲や秔稲の中でも特に占城稲は穀から多くの米を得られ、低廉であったが保存が利かないため、中産以下の戸（主として都市民や郷村民）の食用米として用いられた。更に糯米は、主に醸造用として植えられていた。

湖田等に植えられた稲の品種が、占城稲や秈稲であったろうことは容易に推察できるが、具体的な記事となるとやはり少ない。先の『宝慶四明志』巻六、敍賦下・湖田条には、「糙米四萬六千二百七石六升五合四勺」とあるのみで、具体的な品種までは記されていないが、『兩浙金石志』巻一六所収の、元・元統三年（一三三五）の「元慶元路儒學塗田記」には、

一段、十二都・王字一十九號、海塗田貳伯壹拾貳畝叁角壹拾貳歩叁尺。淳祐十年十一月□司計何堯欽等申、本學

有鄞縣翔鳳郷十二甲塗田、隣□天荒塗田壹月約二伯餘畝、東至海港……（中略）……其地舊名中央塗界、於本郷十三甲・十二甲之間。今屬十二甲、係錢貴・衞昶等承佃、自用工本、築捺、年納早黄穀伍十石、折納官會伍十貫文。

とあり、同じく、

黄綠穀自下種矣至收刈、不過六七十日、亦以避水溢之患也。

とある。この黄綠穀が、おそらく早黄穀にあたるものだとされている。(3)

こうした湖田経営と農業技術との関係を考察する上で、忘れてはならない人物がいる。その人物こそ、樓异の子樓璹である。かれは、陳旉『農書』と並ぶ当時の重要な農書（勧農文としての性格が強い）、『耕織図志』を著している。樓异とこの『耕織図志』との関係については、周藤吉之氏の研究に詳しい。(4)周藤氏はこの中で、特に樓异・樓璹が父子二代にわたって蔡京・秦檜といった時の権力者とのつながりが深い事を指摘している。そこには、いずれも能吏であった一方で、必ずしも在地・郷村の立場には立っておらず、むしろ彼らの犠牲の上に農業生産の増大をはかった、という共通した一面がある事を指摘している。周藤氏より早く、米沢嘉圃氏も中国絵画史の立場からではあるが、『耕織図志』に対して言及している。(5)氏は樓璹の立場を、所詮は官僚地主たる自らの立場を超えるものではなく、農民に憐憫の情をもって臨む儒教的ヒューマニズムの教化手段として、また農民に対する苛斂誅求の予防的措置として、『耕織図志』を制作したとする。これと対照的なのが陳旉『農書』であり、江南における自営農・手作り地主層の農家経営観を反映したものである。(6)その他、当時の水稲作に関する技術としては、「揷秧」（田植え）や「龍骨車」、あるいは施肥の普及等が重要である。このうち、「龍骨車」に関しては、魏峴の『四明它山水利備覧』巻上、淘沙条に、

旱歳淘沙、此則一時之急耳、是時、農夫皆自欲車注以救就槁……

と、「龍骨車」の使用を示唆しているし、また舒亶の「西湖記」には、

湖以汲水勞費甚、乃堤湖之中畜淸流、作樓於其上、以轆轤引而注之、至今以爲便。

と、「轆轤」の使用を伝えている。廃湖派たる樓氏の一族から、樓璹のような水稲作技術に精通した人物が生まれた事は決して偶然ではあるまい。或いは又、同じく廃湖派の王正己が、「廢湖辨」の中で、自らこうした辺湖の民である事を強調しているという事をも併せて考えると、やはり彼ら廃湖派こそ、或いは経済面から、又或いは技術面から互いに補い合って実際に湖田化を推進し、かつ湖田を経営した主体者であったと言えるのではなかろうか。(7)

二、東銭湖水利と淤葑

1東銭湖の成立とその機能

鄞県の東六郷を灌漑する東銭湖の創湖時期については、広徳湖同様詳細はよくわからない。ただし、『雍正寧波府志』巻一四、河渠・東銭湖条に引く李暾「濬東錢湖議」に、

陸士龍答車茂安書言、鄮治、東臨大海、西有大湖。蓋因鄮縣未徙時、湖在鄮城之西。可知晉時已有湖矣。

とある。広徳湖と同じように、六朝期には、すでに存在していたようである。東銭湖の規模については、広徳湖同様二説ある。その一は、『宋会要輯稿』食貨八、水利下に、

(乾道五年)九月六日、權知明州張津言、轄下東錢湖、容受七十二溪、方圓廣闊八百頃、傍山爲固、壘石爲塘、合八十里。自唐天寶三年、縣令南金開廣之。皇朝天禧元年、郡守李夷庚重修之。中有四閘七堰、凡遇旱涸、開閘放

　水、灌漑七郷民田計五十四萬畝。雖甚亢旱、亦無災傷。

とある。東六郷の田五四万畝を漑田するというものである。[8] その二として、『宋会要』食貨六一、水利雑録に、

　（淳熙）十二年正月五日、戸部言、明州申、鄞縣東錢湖、蓄積澗水、漑田三十餘萬畝。

とあり、漑田面積は三〇余万畝となる。所在位置は、『乾道四明圖經』巻二では、

　東錢湖縣東三十五里。一名萬金湖、以其爲利重也。在唐曰西湖。蓋鄮縣未徙時、湖在縣治之西。……（中略）……周回八十里、受七十二溪之流。

とあるように、後の三江口の県治からは三〇乃至三五里東にあった。ただし、『乾道四明圖經』で言う漑田八〇〇頃とは、やはり湖水面積の誤りであろう。[9]

2 東銭湖の推移、及びその淤葑化

唐代における湖水利用については、『寶慶四明志』巻一二、鄞縣志・東銭湖条に引く所の魏王趙愷「劄子」では、

　唐天寶中、鄞縣宰陸南金、益浚而廣之、其長八十里、灌田一百萬餘頃《ママ》。

とあるが、李暾「濬東錢湖議」によると、

　鄮令陸南金、開廣之。廢田十二萬一千二百一十三畝、即將其賦、派入沾利之田、毎畝加米三合七勺六杪。於是以爲周圍八十里之東湖。築八塘、……（中略）……築四堰、……（中略）……以受七十二溪之流、蓄水三河有半、灌漑鄞・奉・鎭三縣、老界・陽堂・翔鳳・手界・豐樂・鄞塘・崇邱七郷之田五十餘萬頃《ママ》。

とあり、陸南金の時、周辺の被恵田から毎畝米三合七勺六杪の湖田銭を取っていたことがわかる。つまり、東銭湖の管理は官が担当していたことになる。[10]

北宋期の東銭湖の情況については、魏王趙愷の「劄子」に、

至本朝天禧中、守臣李夷庚、因舊廢址增築堅固。自此、七鄉之民、雖甚旱、而無凶年憂。慶曆八年、縣令王安石、重浚湖界。嘉祐中、始置閘。至治平元年、復修六隄、立陸南金・李夷庚之祠於堤旁。歲久廢壞。至紹興十六年、邑民懷思舊德、復修祠宇、塑神像。皆有遺跡及碑刻可攷。

とあり、天禧中に李夷庚が、慶曆八年に王安石が、それぞれ堤防の修築や湖底の浚渫等を行った。また、嘉祐中、治平元年にも工事が行われている。

東銭湖の水利を論じる際、重要な位置を占めるのが湖畔に多くたてられていた寺院との関係である。沈遼の「隱學山復放生池碑」（『乾道四明図經』巻一一所収）によると、

隱學山之棲眞寺、有放生池焉。在錢湖之隱。其流西出而南匯、其爲浸五百畝。……（中略）……五代焚擾寺與池。……（中略）……熙寧元年、太常博士張侯峋爲令、乃復改作、使聚十方僧、以寶雲正公領之。未踰時而正公去、以修公至主之、縣爲召山旁耆耋、畫其經界。於是、地倣正矣。後三年、黄侯頌時、民或治其地益辨正之、四隅爲立石表焉。蓄池與湖相通而不相犯也。迨今光祿丞虞侯大寧、乃始白於州、州爲出檄以詔來者、然後畢復大曆之勝矣。

とある。東銭湖畔には、数多くの寺院があり、このような放生池がいくつか見られたであろう。「蓄池與湖相通」とあるように、湖と放生池との境界線がはっきりしない場合には、いくら湖禁政策を打ち出しても、容易に実行されなかったことは明察される。この「隱學山復放生池碑」の内容は、第一章で触れた雲龍碶や育王碶同様、郷村社会と寺院勢力との関係を考察する上で、重要な史料だといえる。

南宋になると、葑草による湖面の淤塞が甚だしくなり、官ではその対策に苦慮した。先に引いた『宋会要』食貨八、

水利下・乾道五年九月六日の条に、

昨、因豪民於湖塘淺岸、漸次包占、種植茭荷、障塞湖水。紹興十八年、雖曾檢擧約束盡罷請佃、歳久茭根蔓延、滲塞水脉致妨蓄水。兼塘岸、有低塌去處、若不開淘修築、不惟侵失水利、兼恐塘埂相繼摧毀。欲望、下本州候農隙之際、趂時開鑿、因得土修治埂岸、寔爲兩便。從之。

とあり、豪民が浅岸に沿って茭荷を植え、そのために湖水を障塞しているという。紹興一八年に請佃を止めるように定めたが、歳久しくして再び茭根が蔓延した。張津は、堤防の低所を修築しなければ、水利を失うばかりか塘埂そのものも毀れるので、農隙の際に淤塞箇所を開鑿し、その土で埂岸を修築すれば一石二鳥だとする。しかしこの上奏の一ヶ月後には、張津は後任の趙伯圭と交替している。魏王愷の「箚子」に、

乾道五年、守臣張津具奏、乞開茭葑、得旨依奏。趙伯圭踵其後、遣知縣事楊布、量步畝、計徒庸、當用錢一十六萬五千八十八貫、米二萬七千六百七十八石、工役至大、費用不貲、以故中輟。皆有案牘可攷。

とある。趙伯圭は、知県事楊布を遣わして湮塞した湖面の実面積を測量し、その開浚に必要な費用を算出したところ、銭一六万五〇八八貫、米二万七六七八石であり、工役至大、費用不貲ということで、この開浚計画は資金難のため実行に移されなかった。淳熙年間には、魏王趙愷が開浚工事を行った。魏王趙愷の「箚子」に、

今年（淳熙四年）四月、據知縣事姚槻乞開東湖、委長史莫濟・司馬陳延年、相視基址、詢訪湖邊父老以及士大夫、皆以爲當開。遂委官量步畝實數、具奏以聞。在法農田水利、竝以食利衆戶、共力修治。合是民間出財、陛下聖慈愛念黎庶、爲之出内帑會子五萬貫・義倉米一萬石。臣仰體聖意、凡用竹林支犒賞、搬運茭葑、竝用本州錢、以佐其費。緣是地界闊遠、分作四隅、差官董役、復選擇士人有心力者、相與辨集。令莫濟・陳延年、往來監視、計開葑二萬一千二百一十三畝三角一十六步。至十月三十日、已遂畢事、但運已開茭葑、增廣塘岸、或積在山坳、更須

月餘、方得浄盡。

とある。まず鄞県知事の姚枱から、東銭湖を開かんことを乞い、長史の莫濟・司馬陳延年に委ねて基址を相視させ、湖辺の父老・士大夫に詢うたところ、皆開濬の意見であった。そこで官に委ねて実面積を測量させ、具奏以聞させた。当時の農田水利法では、食利衆戸による共力修治も行われていたようであるが、特に内帑會子五萬貫と義倉米一万石が支撥され、本州銭が使用された。開濬工事に際しては、湖を四隅に分けて官を差わし、董役させた。莫濟・陳延年に検分させたところ、開葑した水草は合計二万一二一三畝三角一六歩で、本来の湖面の約四分の一にも相当する(11)。一〇月三〇日に、工事は一応の完成を見たが、開葑した水草で塘岸を増広し、あるいは湖辺の山のくぼみに積むのに、更に一ヶ月を要したという。しかし、『宝慶四明志』巻一二、東銭湖条が引く所の尚書胡榘の「劄子」には、

契勘、昨來魏王開浚、因錢米不給、頗有擾民。

とあり、同じく『宝慶四明志』巻一二、東銭湖条に引く所の提刑程覃の「劄子」には、

魏王判慶元日、復行申奏、蒙聖旨出内帑五萬緡・義倉米一萬石。本府均官・民戸有田之家、出人夫・器具、又差撥水軍、同共搬葑積于湖中、候有水方行搬載、曁有水之時、欺罔官司、將復行平攤、在湖徒費錢米無補纖毫。其時葑葑尚少。

とあり、開葑した水草も官司を欺き、水位の上昇を見計らって元に戻したようである。以上の例は、工事が実施されたかどうかは別として、史料から見る限り、臨時の浚渫工事という性格が強い。

三、おわりに——南宋後期、その後の対策——

嘉定七年には、提刑程覃が開浚工事を行った。『宝慶四明志』巻一二、東銭湖の条に、

嘉定七年、提刑程覃攝守、捐緡錢置田收租、欲歳給浚治之費。朝廷許其盡復舊址。

とある。程覃の開浚策の特徴は、捐田を置いて毎歳の浚治の費用に充てた、という点である。詳細は、程覃の「劄子」に述べられているが、以下にその要点を列挙する。(12)当時、湖面の淤塞はかなり深刻で、為に請佃や強引な湖田化が進んでいた。舟の水路も限られており、夏初の少雨には湖閘を開いて田に灌ぎ、急場をしのいだ。幸い朝廷の祈禱が即応したため、実りが得られた。そこで程覃は、この件について士庶から広く利害を尋ねた。程覃が通判と共に視察したところ、葑草による湖面の湮塞は予想以上に進んでいた。しかし、開浚費として民戸有田の家に畝頭銭を割り当てると騒擾を来す。また、水軍を差撥しても益があるどころか、むしろ教閲を妨げる虞がある。そこで、「速効を求るべからず」として田一〇〇〇畝を置き、毎畝三二貫、合計三万二〇〇〇貫を官會で支給して開浚の費用に充てた。この一〇〇〇畝の捐田からは、毎歳穀二四〇〇余石の収穫を想定し、義倉の例に照らして近郷の物力最高の等戸に輪番で管理させ、湖辺の寺院に安頓させるようにした。具体的な開葑策としては、毎歳の農隙に民間の舟で淤葑を刈り取り運搬させる。それに見合った穀子を支払おうというものである。程覃は、さらに銭三〇〇〇余緡で穀二〇〇〇余石を糴し、淤葑を収買させせた。実際には朝廷の権威を借りなければ事大主義を抑えられず、今後も妄りに侵占を行う者が後を絶たないから、と今後もこの措置に倣うように庶幾っている。また、この穀子を多用に供さないようにとも願っている。しかし、胡榘の「劄子」によると、

契勘、昨來堤刑程覃來攝府事、嘗剏立開湖一局、撥府千三萬二千緡、欲買田一千畝、歲收租穀二千四百餘石。募民歲取葑葑二萬船、可添瀦水二萬船、遲以十數年、東湖之葑可以盡去。然自置局之後、有司坐視不曾擧行、已買之田歲收租穀未免、將作應副修路之用、未買之錢見樁留于庫不曾買田。今湖面葑葑、日生月長、無有窮、已根株滋蔓日呑水利。

とあり、程覃は初めて開湖局なる専門の機関を設置したが、開局の後も官吏は座視していて、有効に機能していなかったらしい。已買の田については、租穀のみは徴収されたが、道路修理の費用にも充てられ、残りの銭は庫に樁留されたまま田を買わない状態であった。そして、湖面には益々葑葑が蔓延していった。

寶慶二年には、尚書胡榘が開浚工事を行っている。『寶慶四明志』巻一二、東銭湖条に、

寶慶二年、時尚書胡榘守郡、請于朝得度牒百道・米一萬五千石、又浚之。

とある。胡榘の開浚策の詳細は、「箚子」に記されており、これも以下に要点を列挙する。胡榘も、自ら山に登りあるいは舟で船頭に湖底を竿差させて、湖面淤塞の情況を具に検証した。胡榘の言によると、度重なる開浚にも関わらず、湖面が湮塞するのは、結局官吏の坐視と因循に帰因するという。胡榘は民の疲弊をできるだけ軽くするため、開浚工事を農隙の八・九月の交に行えば、水かさも低く、工事も容易であろうとする。さらに、次のような四つの具体策を挙げている(13)。

一、まず、葑葑とその根株を去り、然る後に湖水を乾放して淤泥を除くこと。深く浚えるほど瀦水効果も大きくなるが、同時に労働力・費用もかさむ。あくまでも計画的に、かつ順序よく行われなければならない。そして、水軍を使役するには生券を、民夫を募るには適正な労賃を、それぞれ支払わなければならない。十月の内に、瀕湖の

有田の家から乞う工夫人力を募り官の助けとせんことを願う。

一、先の魏王の開浚工事の時は、せっかく刈り取って一ヶ所に集めた茭葑も、湖旁に積んだために、官を欺いて再び元に戻してしまった。そこで、今回は前轍を踏まないために、刈り取った茭葑の根株を邵家山頭から根家山頭にかけての湖堤として積み上げれば、民旅の往来にも便となり、また費用も安くて済む。

一、湖辺の民が、それぞれの場所で微利を求め、結果として水利を妨げているのである。水源が浅ければ、当然水草は繁茂するし、深ければ自然と衰える。徹底した取り締まり、厳罰が必要である。

一、今回の浚湖に際しては、放水して先ず各所の碶閘を修理し、運河の水を江に放流し、然る後、湖の水を河に放流すべし。河の潴水量が多ければ、湖田の民は来春まで灌漑の利を失わないであろう。そこで、本府は開湖局を置き、通判の蔡奉議と範充を提挙官に任命する。朝廷に、度牒百道と常平・義倉米二万石を支撥させ、開浚の費用に充てる。以上、尚書省に具申して指揮を俟つ。

九月二一日の聖旨に拠り、浙東提挙司より常平・義倉米合わせて一万五〇〇〇石、封樁庫より度牒百道が、それぞれ支撥された。度牒は本府に付して毎道八〇〇貫、合計八万貫が開浚の費用に充てられた。これらの費用は、法に照らして運用すること。本府には常に監察の義務があり、今後もし官・民戸、寺観が再び侵佔を行い荷蓮を植えれば、犯人をただちに獄へ送って詳しく取り調べ、官吏の鐫黜を行い、あるいは罪を決して配流すること。

なお、すでに開掘したところの次第、用工・役銭・米帳の状況を具申し、封樁庫と浙東提挙司の証応を受けること。

とある。そしてこの浚渫工事は、『宝慶四明志』巻一二、東銭湖の条に、

十月、命水軍、番上迭休、且募七郷之食水利者、助行各給券食、祈寒輟工。明年春夏之交、役再擧農不使妨閡、募漁戸徐畢之。十月七日、告成。詔勞功有差。

とあり、一〇月に水軍に命じて交替で番上させ、七郷の水利を食む者を募り、各々券食を給し、祈寒になると工を輟めた。明年春夏の交に役を興したが、農繁期なので、漁戸を募り徐に工事を行わせた。一〇月七日に工事の終了を上申し、詔して労功に応じて褒賞が与えられた。胡榘はなお、この方針が中止されることを恐れ、銭を増やして捐田を増やし、翔鳳郷の郷長顧永之にこれを司らせ、漁湖五〇〇人を四隅に分け、毎歳穀六石を給し、茭葑の絶種を行わせた。漁戸の統率は、管隅一人、管隊二〇人であたらせ、府県丞に随時督察させ、提挙常平司に命じてこれを治めさせた。

淳祐二年には、陳塏が開浚工事を行った。『宝慶四明志』巻一二、東銭湖の条に、

淳祐壬寅年、制守陳塏、因歳稔、農隙命制幹林元晉・僉判石孝廣、行買葑之策。不差兵、不調夫、隨舟大小、葑多寡、聽其修售茭葑、給錢各有司存。

とあり、陳塏は豊作であったことを理由に、制幹の林晉元、僉判の石孝廣に命じて買葑策を行わせた。兵を差わさず、夫を調さず、舟の大小、葑の多寡に応じて銭を支給した。

以上見てきたように、度重なる浚湖・築堤工事にも東銭湖の淤葑・淤塞問題は、一時的には効果を上げても、本質

的には抜本策を打ち出し得ず、元・明・清と、守湖派と廃湖派の間で、同様の対立が繰り返された。前者は主に共同体を中心とし、後者は主に豪強といわれる勢力であった。水利用益権が次第に豪強によって専横される事態が現れたため、官による調停が屢々試みられた。やがて、これが郷紳を中心とした支配秩序に取って代わられていくという。ただし、最終的には、完全な湖田化は阻止されていた。

註

（1）小野寺郁夫「宋代における陂湖の利――越州・明州・杭州を中心として――」（金沢大学法文学部論集二、一九六四年）

（2）先の東銭湖の浚渫工事の記事で、胡榘「劄子」に、「八九月の交が農隙である」とあることからも裏付けられる。

（3）天野元之助「中国の稲考」（『人文研究』一〇―一〇、一九五九年。後『中国農業史研究』）

（4）「南宋の農書とその性格――特に王禎『農書』の成立と関連して――」（『東洋文化研究所紀要』一四、一九五七年。後『宋代経済史研究』）

（5）米沢嘉圃「中国絵画における庶民――特に農民画について――」（『東洋文化』二、一九五〇年）、樓氏一族については、本書第二部・第1章参照。また、Linda Walton 'Kinship, Marriage, and Status in Song China: A Study of The Lou Lineage of Ningbo, c.1050-1250' Journal of Asian History volume 18 No.1 1984 pp.41-44、包偉民「宋代明州樓氏家族研究」（『大陸雑誌』九四―五、一九九七年）、黄寛重『宋代的家族与社会』（国家図書館出版社、二〇〇九年）参照。

（6）天野元之助「宋・陳旉『農書』について――中国古農書考――」（『東方学』三二、一九六六年）、「陳旉『農書』と水稲作技術の展開」（上）・（下）（『東方学報』（京都）一九・二一、一九五〇・一九五二年）。寺地遵「陳旉『農書』と南方初期の諸状況」（『東洋の科学と技術』藪内清先生頌寿記念論文集、同朋舎、一九八二年）

（7）「廢湖辨」に、

湖之爲田七百頃有奇、歳益穀無慮數十萬斛、輸于官者什二三斗、大之州所利如此詎可輕議哉。士大夫不揣其本、而齋其末、且未嘗身歴親見、徒習飯豆羨芋之謠與。南豐之文焜燿、辨論震蕩心目、其亦不思甚矣。故餘作廢湖辨。

とある。

（8）全部で七郷に漑ぐが、鄞県のみでは六郷である。

（9）長瀬守「宋代江南における水利開発——とくに鄞県とその周域を中心として——」（『青山博士古稀記念宋代史論叢』省心書房、一九七四年、後『宋元水利史研究』国書刊行会、一九八三年所収。）

（10）関連する史料として、『宋会要』食貨七、水利上に、

（天禧元年六月）十二日、詔、明州城外濠池及慈溪・鄞縣陂湖所納課額、永除放、許民漑田蒔采菱茨。

とある。中村治兵衛氏は「宋代の魚税・魚利と漁場」（『中央大学文学部紀要・史学科』二八、一九八三年）の中で、

従来この二つ〔民がその水を水田に灌漑すること、水中の菱茨を採取すること：筆者〕は禁止されていたことを示し、課額を納めていたものが、その代償（反対給付）として水の使用と菱茨の採取も権利を保有していた（水中に棲息する魚類の採取も当然含まれる）と解釈すべきである。

と述べている。

（11）面積八百頃（八萬畝）とあるのによる。

（12）原文には、

民間因菱葑之漲塞、竝皆託囑請佃、或恃強侵佔、爲已業種荷裏田。今則湖中之水、通舟如綫。夏初、欽雨盡開湖閘灌田無多幸。而朝廷祈禱卽應、遂得一熟。士庶陳述利害、覃同通判親往相視、委實湮塞。若欲科率民戶有田之家畝頭出錢、則騷擾尤甚。復差水軍、非徒無補水利、且妨教閲。覃區區管見、不可求速效、當磨以歲月。合置田一千畝、每畝常熟價直三十二貫、官會計錢三萬二千貫、每歲得穀二千四百餘石、如義倉例、輪委近鄉等戶物力最高者掌管、分在近湖寺院安頓。每歲農隙之時、許民間劃取淤葑、計船之小大、論取葑遙近里數・葑之多寡、立爲定則、酬以穀子。一年會計可以運二萬餘船、若能去二萬餘船葑、則可儲二萬餘船水、年年開浚水利日廣、十數年之後、必可復見舊湖其址。諸鄉之田、雖旱無憂、若有坐視不早爲之計、它時慶元之田、既無水利可恃。則與仰天山田等、利害曉然、不敢繁述。

覃備員攝郡、撙節浮用、徑備上項三萬二千緡、責附等戸一面置田、條畫規式置立板榜。但其間、除月波寺・隱學寺・嘉澤廟・錢堰四處、舊有荷池、許留栽種。見委縣丞・縣尉置樁釘、立界至存留外、餘外盜種强佔或有已裏成田、并合開掘。如仍舊盜種强佔、不以官・民戸、定行追治監責。

覃竊慮、所立規模、今年置田、來年收穀、農隙興工、後年田家方得其利。如是、則來年闕雨、農家豈不利害。覃今復備錢三千餘緡、糴穀二千餘石、一面收買淤葑。庶幾、向後可以倣此施行。事大體重、若非朝廷力賜主盟、它日必有復萌侵占者妄行。陳乞、更改伏望、特賜敷奏行下、本府常切遵守、不許妄將上件穀子別有移用。如違許民赴訴、照常平條法施行。伏候指揮。

とある。（以上、提刑程覃劄子）

（13）原文には、

一、今開浚東湖、以興水利。勢須先去茭葑并其根株、然後放乾湖水、以去淤泥。庶幾開浚既深可瀦水澤。但功役頗大未易輕擧。今當以序而爲之。然役水軍則用生券或募民夫則用雇値。契勘、昨來魏王開浚因錢米不給頗有擾民。今要、當斟酌使公私俱便乃爲至計。擬于八九月之閒、先用水軍人船、以去茭葑、然後于十月内募湖下有田之室、出工夫・人力以助有司、庶事可以辦集。

一、契勘、昨來魏王開湖規畫、未遂盡善、頗有遺恨。所聞茭葑、積于湖旁、候有水用船運去泊、至水生用人船搬運。乃多爲欺罔、將茭葑平攤湖中、復至湮塞水面、徒費錢米、無補纖毫。今者用工不可又蹈前轍。然湖際四山少有可積葑去處、若卽用船搬運、尤爲重費。衆議今當聚茭葑淤泥、築爲一隄、可以盡除茭葑之根株、可以便民旅之往來。但昨者、衆議欲自月波寺築至靈山横絕渡河延袤八百餘丈工役尤大、不可輕爲。今者之議欲自邵家山頭、築至楊家山頭、纔三四百丈、工役減半、可以擧行。

一、東湖植荷、民微微利、所在皆是未免妨水或者乃持荷可養水之説、而不受淤泥曾不知水淺則荷盛、水深深則荷衰理之必然、所易曉者、昨程提刑嘗申請、不許民戸種荷、已蒙朝廷行下盡令、屏除今未十年、荷蕩已占三之一、菱葑因占三之二、今若浚湖勢須盡行屏去、自後不許種荷蓮、仍乞朝廷檢會、已降指揮施行、如或違犯許人陳首追人根勘具情犯申尚書省内命官、取旨重作施行。

一、今浚湖、必當放水、先須修整諸處碶閘放運河之水、以入于江、然後放東湖之水、以入于河、河水瀦蓄稍多庶幾、湖田之民、來春不失灌漑之利、右件開湖事條列在前。本府除已置開湖局、委通判蔡奉議範充提督官外、望朝廷給降度牒一百道、支撥常平義倉米二萬石、下本府添貼開浚東湖支費、畫圖已貼説築隄之路與前此不同、竝于風水無妨、勤具申尚書省伏候指揮。

九月二十一日、奉聖旨竝依所申令浙東提擧司于常平義倉米内支撥一萬五千石及令封樁庫支撥度牒一百道附本府每道作八百貫文、變賣竝充開湖使用務要如法。開浚經久流通無致積泥再有湮塞、仍仰本府常切覺察嚴立賞榜、今後如有官民戸寺觀復行侵占幷種植荷蓮、違戻之人許人陳首、卽仰將犯人送獄、根勘具情節申尚書省、命官取指揮重行鐫黜、餘人定行決配仍具已開掘次第及用工選錢米帳狀申幷下提領封樁庫所浙東提擧司各證應施行。

昨、因士民有請、桀卽躬親前往相視、繼委通判蔡奉議、重行檢踏。據蔡奉議申、五月二十六日躬親前往。是日、自錢堰挐舟先登二靈山、一覽盡見積葑充塞、殆十之八九。惟上水・下水與梅湖三節粗存。水面旣已得其大略、乃亟易舟前邁。令舟人以竿刺水、歩歩考驗、根株之下虚實相半、最深渺處不過不過數尺惟積葑、歳久勢雖浮上根、實附下、又雜茭葦、彼此麗屬重、以荷荇蒓蒲之類。生生無窮、異類同黨、其近山岸處、積湮更甚。

亦有因而爲安塍漸成畎畝者、乃詢問父老、審訂事宜、皆云、東湖自魏王臨鎭時、申請浚治一次、今踰四十年、有司未嘗過、而問焉失今不治、加以數年茭葑根盤、水不可入、雖重施人力、亦終無補。會稽之鑑湖、蓋可監也。倘蒙有司申請開浚、則湖下兩縣田業、可以歲享灌溉之澤。湖上四望、漁戶可以曰獲錙銖之利。號令一出其誰不然。且魏王開湖之始、役兼資于兵民、功具擧于表裏。故事立就其後有司非不念此、而或廢鹵莽、或牽于事力、或坐視不治、或粗擧無益、因循積累至于今極矣。至于所用日時、必須于農事之隙、八九月之交、水勢稍退、興工併手、則民有餘力官無峻。期或伸或縮、惟吾所命實爲至便。今條具到用功次第下項。

とある。

第三章　浙東台州の水利開発――台州黄巖県の事例について――

一、はじめに

宋代浙東の開発が浙西と異なる側面を持ち、経過を辿った事は、いくつかの研究によって指摘されている(1)。それは、自然的基礎を異にするため、農業構造・社会構成等も異なってくるためである(2)。台州の水利史を俯瞰した場合、特徴点が二つある。第一が治水面で、州城の修築と洪水対策に関するもの(3)、第二が利水面で、南部に広がる黄巖平野の開発であった。本章では、後者の問題に絞って考察する。台州の開発に関しては、草野靖・斯波義信・本田治の三氏が、すでに基礎的な考察をされている(4)。台州五県のうち、臨海・黄巖・寧海の三県は沿海部に、天台・仙居の二県は内陸部に、それぞれ位置する。前三県には海塘が築かれ、海潮を防ぎ、その内側を次第に耕地化していった。ただし、右の三氏の研究の重点は、これら新開地たる濱海田開発に置かれており、その前提となる地域社会の研究は十分とはいえない。実際、南宋の地方志、嘉定『赤城志』巻十三、版籍門所収の数字を見ても、〝塗田〟・〝海塗田〟の面積は田土統計中ではむしろ少ない(5)。本稿では、台州の〝濱海田〟を、直接の干拓地だけでなく、海塘を築き、主要河川に堰・埭・閘・壩等を設け、脱塩化し農業生産が可能になった〝濱〟海の低地（田）、と定義し、以下考察する。

また、最近寺地遵氏が宋元交替期の黄巖県社会を活写されている(6)。氏は、『台州金石録』、『台州墓誌集録』(7)、葉適『水心先生文集』中の墓誌銘、地方志等を丹念に追跡された。その結果確認された六三例中、黄巖県への移住が四〇例、更に、うち三〇例が宋代に集中している、と分析されている。そして、宋代黄巖県とは、「移住民の邦」であり、「移住民に満たされたフロンティアの性格が濃厚な地域」と分析されている。また、村落が集村形態をとり、一村落が同一宗族あるいは限られた宗族からなる例が多いことも、指摘されている。そこで、本章ではこれらの研究をふまえ、台州南部の穀倉地帯である黄巖県を取り上げ、耕地拡大の根幹をなす官河水系の開発と整備、この事業をめぐる在地郷党社会の対応、の二点について考察していく。

二、黄巖県の開発と水利

1官河改修と諸閘設置の推移

台州の地形は、おおむね西は高く東は低い。従って、台州の主要な渓流及び河川も、東流するものが多い。沿海部の三県のうち、黄巖県が最も肥沃であり、内陸部の天台・仙居両県は、主に渓流を堰・碶等の施設で堰き止め、あるいは陂塘を鑿つなどして、主に重力灌漑に頼っていた。各県水利の詳細に関しては、紙幅の都合もあり、ここでは省略する。(8)

黄巖県は台州南部に位置し、比較的広い平野を擁する。最大の河川は永寧江で、県城はその南岸に位置する。この永寧江は下流で霊江と合流し、以下を椒江と称する。県内には数多くの渓流・小河川が流れており、更にまた陂塘・堰埭を数多く設けていたが、沿海の田はおおむね塩害に悩まされていた。この塩害を解消し、農業生産力を増大させたのは、北宋元祐年間（一〇八六～九三）の提点刑獄羅適による官河開浚と、閘門設置工事に始まる一連の水利改良工事である。

官河は、永寧江より取水して、県城の東南一里の南浮橋より、蛇行しながら南流すること一三十里、嶠嶺（温嶺）に達し、支流として九河各二〇里、九三六涇、計七五万丈よりなっていた。そして、この官河流域に二百余埭が設けられ、霊山・馴雉・飛鳧・繁昌・太平・仁風・三童・永寧の八郷、計七一万余畝を漑田していた。(9)

羅適に関しては、舒亶撰「(宋)朝散大夫羅適墓誌銘」(『台州金石録』巻四、所収)によると、字は正之、世々寧海県の人で、治平二年（一〇六五）の進士である。初任官の舒州桐城県尉を振り出しに、知県（県令）を五任、監司を四任と、ほとんど地方官として過ごした。墓誌銘に、「蓋、公少長田間、於民事無所不知。」とあり、墓誌銘に付された王棐の案文に、「案、經濟之學、必以養民爲本、而養民之政、必以水利農田爲本。羅公精熟水利之事。」とあるように、地方官として各地を赴任していく中で、次第に水利行政のエキスパートと目されていったらしい。羅適以後、北宋末には、水利興修の記載は見当たらない。

靖康の変による混乱期を経て、南宋初期の水利興修は、紹興一九年（一一四九）、楊煒により再開された。それに先立ち、李椿年が創めた経界法は、台州でも紹興一八年（一一四八）から実施された。(10) 経界法の実施を機に郷村制度の再編が図られ、同時にその実施をめぐって、在地社会内部での対立も当然顕在化したはずである。楊煒以後の、浚河及び諸閘の設置に関しては、表1にまとめる。淳熙初年（一一七四）の孫叔豹の時は、饑饉への措置として賑恤に力を尽くし、工役四〇〇万を用いて堰閘五ヶ所を建てた。次が、著名な朱熹及び勾昌泰の措置である。この措置は、朱熹から勾昌泰へと、事実上は継続して実施されたものである。

孝宗の淳熙年間（一一七四～八九）、浙東は連年の如く水旱災が繰り返し、事態は深刻であった。淳熙九年（一一八二）、朱熹は浙東提挙常平として赴任し、管轄下の七府州を巡歴して各種の荒政を実施した。(11)『晦庵先生朱文公文集』巻一

八、「奏巡歴至台州奉行事件状」（以下、それぞれ『朱文公文集』、「台州奏状」と略記する。）に、

一、臣前項、所奏給降到錢三十萬貫。臣已分撥、婺州八萬貫・衢州六萬貫・處州五萬貫・臺州二萬貫・黄岩《ママ》興修水利一萬貫、及明州定海縣亦乞興修水利、已撥一萬貫、共已撥二十三萬貫。

とあるように、その被害状況に応じて賑恤費用を下付している。この奏状の冒頭に、「臣照得、本路州縣今歳旱傷……。」とあり、右の州別下付額でも、婺州・衢州・處州の三州に厚い。これらの地域は、浙東でも比較的山間部に位置し、水害よりもむしろ旱害が多いとされている。[12] 朱熹は黄巖県の生産力に注目しており、同書に、

臣體訪到本州。黄巖縣界分闊遠、近來出穀最多。一州四縣皆所仰給其餘波。倘能陸運、以濟・新昌・嵊縣之闕。

と、台州及び近隣の州県における、黄巖県の重要性を指摘している。次に、黄巖県の地勢及び水利の特性、さらには近年の状況を、

然、其田皆係邊山瀕海。舊有河・涇・堰。閘、以時啓閉、方得灌漑、收成無所損失。近年以來、多有廢壞去處、雖累曾開淘修築、又緣所費浩瀚、不能周徧。臣竊惟、水利修、則黄巖可無水旱之災、黄巖熟、則臺州可無饑饉之苦。

と記す。[13] まず、朱熹は黄巖県の農田の地勢を、邊山・瀕海に二区分する。又、「緣所費浩瀚、不能周徧」とあることから、工役がより大規模となる閘の修築を念頭に置いていた事が窺える。では、具体的な措置については、朱熹はどう考えていたのだろうか。同書で賑恤の実施を述べて、

……量逐縣災傷輕重、地理闊狭、均撥應副、仍詢訪到土居官員・士人、誠實練事、爲衆所服者、一縣數人、以禮敦諭、令與州縣當職官公共措置、差募人・前往得熟去處、收糴米斛、循環賑糶、仍多方敦諭上戶說諭、或出米穀或出錢物、幷行運糴、添助賑糶、仍據本州申到見管常平・義倉米五萬二千餘石、已令・管準備賑濟。及、一面立

式選差都正・郷官等、家至戸到、從實抄劄法應糴濟大小戸口、取見的確數目、各隨比近置場、以俟將來闕食、就行糴濟。仍立罪賞約束、不得泛濫抄劄、枉費官廩外、伏乞聖照。

とある。災傷地の実地検分をするのだが、その程度・地理的条件を勘案し、効果が公平になるよう、細かい配慮がなされている。また、州県当職官だけでなく、郷村・郷党の表裏・利害を知悉した士居の官員・士人にも協力を求めている。(14) 上戸に説諭して米穀や銭米を出させ、都正・郷官等を利用して各戸毎の実態把握に努め、実際に闕食の事態となって始めて糴濟を実施し、罪賞の約束も立て、不正の防止を図っている。右の史料によると、この時の朱熹の措置は、郷村での賑恤を前提とし、賑恤と結びついた形での水利興修であった。朱熹によって実際に任用された士居の官員・士人については、同書に、

其爲利害、委的非輕、遂於降到錢内、支一萬貫、附本縣及士居官宣教郎林鼐・承節郎蔡鎬、公共措置、給貸食利人戸、相度急切要害去處、先次興工、俟向後豐熟年分、却行拘納。

とある。県当局だけではなく、士居官たる林鼐・蔡鎬を用いている。この二人に関しては、

其林鼐、曾任明州定海縣丞、敦篤曉練、爲衆所稱。蔡鎬、曾任武學諭、沈審果決、以集事。

と、同書に力奨する。その反面、同書で、

但本縣知縣范直興、不甚曉事、恐難倚仗。欲乞、依本司已獲降到指揮、特與嶽廟理作自陳、別選清强官、權攝縣事。庶幾、興役・救荒、不至闕誤。伏候敕旨。

とある如く、知県と雖も賑恤・水利興修の現場指揮に堪え得ないと思われる人物に関しては、代替人事を建言している。(15)

朱熹は任期半ばで転出したため、その後の興修措置は、後任の浙東提挙常平勾昌泰が引き継いだ。『宋会要輯稿』

（以下、『宋会要』と略す）食貨八、水利下・四五～四六、黄巌県閘の条には、

淳熙十一年（一一八五）、十一月二十六日、浙東提擧勾昌泰言、臺州黃巖縣、舊有官河、自縣前至溫嶺、凡九十里。其支流九百三十六所、皆以漑田。元有五閘、久廢不集。今相度其河、有合開三十一萬九千丈有奇、一面開淘、兩月可畢。惟、有建閘一事、約費二萬餘緡。乞、從朝廷給降。詔、下兩浙轉運司、從本司取的實合用錢數、於本司所得窠名錢內取撥、應副施行。

とあり、さらに続けて、

十二年（一一八六）、四月二日、宰執進呈。昌泰再上言、漕司不應副錢。乞度牒二十道。上曰、此乃百姓水利、可與度牒二十道。令浙東提擧司每道作七百貫、出賣。奏本司合支用錢數、應副修興、候了畢間、開淘及修建去處、幷灌漑田畝數目、開具聞奏。

とある如く、諸閘の創建・修築には多大の費用を要するため、転運司所管の窠名銭だけでは賄えず、結局孝宗の特別の計らいを得て、度牒の交付を得、前任の朱熹の南庫銭一万貫等と通計して、約三万貫の経費を要している。ただ、費用の下付額もさる事ながら、在地の郷村社会では、むしろ、労役＝水利役の方が、より直接の影響が大きいのではなかろうか。『朱文公文集』中の既成出史料の中で朱熹が見せた配慮も、在地の立場からは、又別の見方があろう。

嘉定『赤城志』巻二十四、山水門・官河の条では、

……其區畫之詳、昉於元祐中羅提刑適、廣於淳熙中句《ママ》昌泰。既而、李謙・李大性踵將使指、又重修焉。役大費鉅、至煩朝廷撥封樁、降度牒以附益之、規模・遠矣。

とする。注目すべきは、朱熹の名が記載されていない点である。これは、いわゆる「慶元の党禁」あるいは「慶元偽学の禁」と呼ばれる政争がらみの学問弾圧事件の影響であり、嘉定『赤城志』の編者陳耆卿が、意図的に朱熹の治績

を載せなかったため、と推測される。(16)

2水利施設の再編と、政治的・社会的問題

靖康の変をはさんでの、北宋末及び南宋初の政治的混乱は、従来「軍を背景に北方から移住した皇帝の一族およびそれにつらなる新地主層」と、「北宋以来の伝統に支えられた南方の在来の地主層」との間の対立・妥協・抗争の展開であった、と展望されていたが(17)、近年、後者、即ち在来の地主層も、「秦檜の如く、いわば北方流寓系特権地主層の代弁者」と、「李光の如く、江南在地地主の代弁者」との二つのタイプの存在が指摘されている。(18)これらの対立を見る上で、一つの事例がある。

前述のように、紹興一二年（一一四二）に始まる李椿年の経界法は、国家財政の安定を図る上で重要な政策であった。農業社会において、その生産力を増大・維持するためには、基幹的水利施設の整備・維持が欠かせない。靖康の変以来の危機をひとまず乗り切り、財政の安定的確保を図った南宋政権は、順次経界法を実施し、各地の田産・税額の把握に努めた。台州での実施は紹興一八年、そしてその翌年に楊煒による浚河・置閘が実施されている。広い後背地を控えた黄巖県の生産力に期待が寄せられ、この事業となった。嘉定『赤城志』巻一一、秩官門・県令の条には、「楊煒。開官・私河、用工一百七十餘萬、立斗門九所、民頼之。」とある。次に、楊煒の人物を見ると、孫覿『鴻慶居士集』巻四一、「右從政郎台州黄巖縣令楊元光墓表」（以下、「楊元光墓表」と略す。）に、「元光諱煒、姓楊氏。常州晉陵縣人、元光其字也。……公避建炎之亂、家於會稽之嵊縣。」とある。楊煒は、先の参知政事李光と同郷の人であり、この李光は、紹興八～九年（一一三八～九）にかけて、會稽地方（江南）の士人層の世論を代表して、衆望を担う形で政権中枢に参画した人物であった。李光は越州・明州の湖田問題に対して一貫して「廃田復湖」論、即ち埋め立てに

よる新田開発を中止させ、旧湖水面を復活せよとする主張を繰り返してきた。[19] 李光と立場を同じくする楊煒が、黄巖県の官河改修事業に対して、どのような措置を講じたのだろうか。「楊元光墓表」に、

……臺州黄巖縣令、歳饑、流逋滿道。元光以便宜發粟賑之。州將大怒、方具奏劾、會罷去、事遂已。縣有大渠、納衆水而注之海。歳久蕪沒、爲平地。遇雨則水冒田爲患。元光率民田渠下者、合衆力疏治之、長凡十里、廣深如其故。又築斗門、以時瀦洩。至今、並渠之田、皆爲沃壤。

とある。賑恤には民の便宜に従ったため、知州と隙を生じている。[20] 官河の改修に際しては、「率民田渠下者、合衆力疏治之、長凡十里、廣深如其故」とあるように、必要以上の大工事は行なわず、沿河の食利人戸のみを動員し、在地の疲弊・負担を惹起しないような措置であったと言えよう。また、知州蕭振の信任と理解を得ていたことも、指摘できよう。(『宋史』巻三八〇、蕭振伝)

本節の最初に述べたように、楊煒・蕭振らは、地方官の立場から、「江南在地地主の代弁者」として、「北方流寓系地主」や「秦檜の如き彼らの代弁者」に対して抵抗した社会層であった、と位置づけられよう。ところが、嘉定『赤城志』巻一一、秩官門・県令の条に、「嘗、移書李参政公、詆丞相秦檜、爲豪民所訴、付大理獄。」とあるように、急速な開発により、田産を拡大しようとした豪民層は、在地の利害に配慮する楊煒と対立し、権要に働きかける事により、楊煒・蕭振の弾劾・謫貶にまで至った、と思われる。この時期には、黄巖県には未だ真の意味での郷党社会は成立しておらず、それが精神的・文化的な一体感を伴って発展するのは、正に寺地氏が指摘された通り、朱熹の赴任をもって始まる。[21]

「はじめに」で、述べたように、台州の水利開発に関して基礎的な考察をされたのは、草野靖・斯波義信・本田治の三氏である。斯波・本田両氏に共通している点は、いずれも水利（地域）開発を、地理学・経済学等の様々な手法

を駆使しつつ、いわば「定量分析」化しようとしている点である。斯波氏は、「明州のモデルケース＝〝人口圧〟により促された〝新田開発〟と、〝基幹的水利施設の整備及び堰埭→契閘への転換、海塘の建設〟等の工事が、若干のタイムラグを置いて、台州・温州へと波及した」、とされる。次に、本田氏は、斯波氏の方法論を継承しつつ、〝濱海〟田の開発という観点から、「羅適の一連の措置は、高郷・下郷、即ち高田・下田の対立を解消する意味で、従来の小規模分散的な約二百カ所の埭を整理統合したものだ」、とし、これを契機に、〝濱海〟田開発が進んだ、と見通されている。草野氏の研究は、年代的に最も早く、農田開発の研究に、〝古田〟と〝新田〟という対立した概念を導入した点で、画期的である。そして、「堰埭が決して農田の安定した収穫を保障するものではない」、とされ、同時に〝上下郷の利害〟の対立にも留意されている。

以上の三氏の研究は、いわば概論的なものであり、この上下郷（ないしは高下郷、高下田）の利害対立の実相については具体的に言及されていない。そこで、以下この問題を考察する。[22] 嘉定『赤城志』の史料では、官河は八郷、七一万畝の田を灌漑するとあるが、史料中の一一閘の所在地は、仁風郷が三閘（常豊清・常豊混・斗門）、飛鳧郷が一閘（交龍）、霊山郷が二閘（鮑家浦・長浦）、繁昌郷が五閘（周洋・回浦・永豊・黄望・金清）と、偏りがある（註（9）参照）。これらの諸閘は、地形的にいかなる所に設置されていたのだろうか。嘉靖『太平県志』巻三、地輿志下・水利　宋水利案語に、

　　按舊邑志、官河、自南浮橋南流至嶠嶺。……八郷之田、卑高不等、形如仰釜。而仁風以上西、而爲三童《ママ》・永寧、率負山麓。東而爲飛鳧・靈山、率濱海斥。負山、則接溪源、濱海、則近沙漲。皆釜唇。繁昌・太平・方岩三郷、處山海之中、地形最下、實居釜底。

とある。黄巖県八郷は地形的に三区分され、仁風以西の三童・永寧両郷は山麓に位置する（仁風は負郭の郷）。これに

対して、東の飛梟・靈山両郷は、濱海に位置する。三童・永寧は西部なので、もちろん山地であるが、この飛梟・靈山両郷も、「皆釜唇」とある所から、やや微高な土地ではないかと推測できる。問題は、「釜底」と称される繁昌・太平・方巖（南宋中期頃までは馴雉）の三郷であり、王居安の「黄巖浚河記」にいう下郷が、まさにここに該当するのであろう。(23) 同書に続けて、

河涇雖經緯其間、然蓄洩弗均。稍雨、則卑鄕受・南、晴、則高鄕虞嘆。此利、彼害、交相爲癒農、無數歳之稔、屢以禾旱奏報、官廩捐租者、踵相接也。

と記す。雨が降れば卑郷は冠水し、晴が続けば高郷は旱魃を虞れる、とあり、租収も屢々減免されていた。ただ、「屢以禾旱奏報」とある所からみると、旱魃の方が多かったようである。このことから、やはり高郷の田を中心とした収租対象が設定されていたことがうかがえる。同じく嘉靖『太平県志』巻三、地輿志下、水利　國朝水利・金清閘の条に、明代の「都御史李匡記」を引いて、

黄岩《ママ》中鄕之水、如棊道交布。至南監、而分流入海者、凡五道、金清其一也。先是、瀕海之民、爲鹹潮所害、齊民率築壩、以捍潮、時或積雨、則中鄕沉竈、往往竊而啓之、至不可復築、民甚苦焉。宋淳熙中、徽國公朱文公先生提擧浙東、始爲閘橋五道、又稍北一道、蠲並道之人雜役、俾以時啓閉。閉則、約其板之下、量其水之出、使不爲中鄕害。民甚賴之、歳積既久、金清閘爲齧毀、不復可啓閉。

とあり、朱熹（勾昌泰）の興修措置は、南監地方五道、及び稍北の一道、計六道の閘橋付近の食利人戸の雜役を免ずることで、負担を軽減し、閉閘時には必ず水位を確認し、放出した水量を測らせたという。同書には別に、葉良佩の記を引いて、

故老言、朱文公議閘河時、嘗謂蔡博士鎬曰、南監五閘底石、須齊平如一、使河流五道倶通。若一閘稍卑、卽衆流

併歸之、久而餘閘必湮已。而勾昌泰用其議、乃於淨應山上、樹旗置銃、俟潮退、正及閘底時、即曳旗放銃、五閘俱志定水則。由是五閘齊平、河五道俱通。

とあり、干潮時に小高い浄應山を起点に五閘で一斉に潮位（水位）を比較観測し、水則を定めたという。また、同書に引く明代の「太守周公奏疏」には、

宋元祐間、提刑羅適開河置閘也、始可耕民大稱便。淳熙九年、提擧朱熹奏請官錢、增修諸閘、而又繼之、勾昌泰之精思力行、遂迄成效。舊在黃巖者五閘、若長浦・鮑步・蛟龍・陡門・委山是也。今分隸太平者六閘、若金淸・迂浦・週洋・黃望・永豐・細嶼是也。淒潦、則洩之、旱、則蓄之、潮、則捍之。而又立爲爬梳之法、以時洗蕩之。經畫・區處、至爲詳備。其間田畝約計七十餘萬、盡爲膏腴。

とあり、羅適の時の「開河・置閘」の主眼は、沿海地でもむしろ飛鳧・霊山の両郷を中心とした、「釜唇」の地であり、朱熹の時になって、ようやく「釜底」たる中郷（繁昌・馴雉〈方巖〉・太平）の水系整備が本格的に始動したといえるのではなかろうか。

三、開発をめぐる問題と地域社会

1　南宋中期の郷党社会と水利

台州黄巖県の官河流域での水系開発と整備に、淳熙年間の事業が大きな役割を果たしたにもかかわらず、政争故に、同時代史料がその朱熹の治績に触れていない点は前述した。[24]しかし、『朱文公文集』、後代の地方志には、この事業へ

の記述がある程度存在している。そこで、淳熙年間の朱熹・勾昌泰の水利事業に関わった人的構成を、郷党社会を中心に考察していく。

嘉靖『太平県志』巻三、地輿志下・水利、宋水利「彭殿撰椿年閘記」には、

……（前略）……歳月滋久、前後興修者、往往功力不至、隨成隨壞、遂謂諸閘終不可建。惟、漕運幹官謝敷經、鄕士支汝績・陳謙・徐弗如・陳緯、深知其利病。……（中略）……乃檄寧海丞永嘉林季友・邑丞四明劉友直、董其事。又委鄕寓居與士人分領之。而武學博士蔡鎬、於規模條畫尤所究心。自甲辰春首役、至乙巳孟冬訖事。

とある。『朱文公文集』巻一八の「台州奏状」と、この「彭殿撰椿年閘記」に共通して登場するのは蔡鎬のみだが、林鼐の他、謝敷経・陳緯・支汝績・徐弗如については、多少その人物をたどる事ができる。嘉靖『太平県志』巻六、人物志上・宦業に、

蔡鎬、字正之、世居方巖鄕之白山。富盛累世、至父待時、乃折節行義。環白山數里、暴力銷耎、貧弱有恃。

とあり、嘉慶『太平県志』巻一四、墳墓、唐・蔡家墓所引の杜範「蔡家墓記」を参照すると、蔡氏は、元来黄巖県の来遠郷が本貫であった。唐末の中和年間、方巖（馴雉）郷に徙居した。蔡鎬は、始遷祖午から数えて一二世であった。

林鼐については、嘉靖『太平県志』巻六、人物志上・儒林に、

林鼐、字伯和、本太平鄕人。父興祥、少貧、業行賈、遂徙居舊邑之東巷。伯和登乾道八年進士。……鄕人尊慕之、名其所居地曰景賢坊。

とある様に、元来太平郷の人で、父興祥の代に県城内の東（禅）巷に徙居した。謝敷經については、林表民『赤城集』巻八、趙蕃「台州謝子暢義田続記」、葉適『水心先生文集』巻一〇、「上蔡先生祠堂記」、『宋元学案補遺』巻二四、等によると、上蔡先生謝良佐の裔孫であり、宋の南渡に際し、河南から台州に僑寓していた。陳緯に関しては、嘉靖

『太平県志』巻六、人物志上・一行に、

陳緯、字經仲、問道之族。……嘗同蔡武博、修建永豐等九閘、積三歳、不窺其家。復捐廩以賑飢民、不責其償。里人咸呼之曰陳義士、陳義士。

とある様に、水利事業に直接関与したのみならず、賑恤救済にも意を注いでいる。文汝續・徐弗如については、光緒『黄巖県志』巻一八、人物志・宦業、蔡鎬の条に、

……鎬及臨海謝敷經、同邑文汝續・徐弗如・陳謙・陳緯等、經營其間、而鎬之功居多。

とある。割注に拠ると、文汝續は徐庭筠の弟子、徐弗如は庭筠の子とある。『赤城集』巻一六、石賂「徐季節先生墓誌銘」を参照すると、庭筠の父中行は八行先生と称され、羅適と同門で、胡瑗安定の学統を受けていた。従って、特に水利等の技術・実学を重視する点に特徴があった。この中行の代に、臨海から黄巖の委羽山に徙居した。北宋末の事である。子の庭筠も時勢に阿らず、郷里で暮らした。更に、これらの人物に加えて、嘉靖『太平県志』巻六、人物志上・遺逸に、

王立之、字士特、樓奇人。……宋淳熙間、邑病水災、議久不決。立之指畫形勢、謂當開鶩嶼港洩月河水。其議乃定、已竟賫志、歿。郷人恆以爲恨。

とある。この王氏は、同書巻一八、雑志・舊家に、「邑姓最古、莫如樓旗王氏」とあることから、旧来の世族として、一定の影響力があったことが窺える。

これらの人物を分類すると、以下のように言える。まず、彭椿年の「閘記」、朱熹の「台州奏状」の両史料を通じて、最も枢要となる人物は蔡鎬である。その一二世の祖は、唐末の混乱期に黄巖県内の来遠郷から方巖（馴雉）郷に徙居している。これに対して、もう一方の中心たる林鼐は、太平郷に基盤があったが、父の代には行商を営み、遂に

は黄巖県城内の東禅巷に徙居し、城居地主化するに至った。謝敷経の場合は、中原からの典型的な僑寓士人であり、史料によると、その田産の確保には、時の知州黄嵤の援助という幸運があった。その義田も、郷党のため、というよりは、明らかに宗族内部を対象としていた。陳緯や王立之の活動は、対照的に、郷党、またはより広く郷村を対照としたものであった。右の様に、地方志等を検討していくと、「委郷寓居與士人、分領之」と記された当時の郷党社会が浮かび上がって来る。更に、進士及第者である林鼐や謝敷経ではなく、武挙出身という一段低い履歴であるにもかかわらず、あえて蔡鎬に郷党・郷村を統べさせたのは、本人の統率力もさることながら、蔡氏という在地社会での「名望」、定住度の古さを重視したからこそであろう。

2 南宋後期の郷党社会と義役田設置

前節の水利事業にやや遅れて、黄巖県では、義役及び義役田設置が問題となった(25)。義役の本来の趣旨は、徭役負担の軽減である。紹興一九年（一一四九）の婺州を嚆矢に、各地で実施された。淳熙六年（一一六九）春には、条令により諸州に実施を奨励し、妨げる者は罰する旨通達された。然るに、これが義務・強制を伴うと、やはり弊害を生じる。それは、不公平な役首の割当と、下等戸への負担転嫁が根本的な問題とされる。黄巖県でも、淳熙以後、義役が史料に散見し出す。万暦『黄巖県志』巻三、食貨志・徭役に、

朱文公行部、邑士童蒙正・諸葛蒸碩、請使民自結義役。文公奏行之、郷都亦間有不能承命者。

とある。朱熹の地方官としての施策を、「台州奏状」等の史料から見ると、当然の如く、負担の軽減・不公平の是正に留意している。黄巖県からの請願は、「請使民自結義役」という本来の形であったため、朱熹も認可したと思われる。ただし、その実像は史料の通り、郷都間で意見が異なり、試行に止まった様だ。本格的な実施は、嘉定五年（一

二一一二）、太平郷の林従周が知県陳汶に請願し、実現を見た事に始まる。太平郷では、その後も従周の子宋卿が運営を担った。しかし、霊山郷洪洋では、宝慶二年（一二二六）、趙処温・亥兄弟により、復興・改革が図られた。これらを受け、官の側も、知県王華甫が淳祐九年（一二四九）、改革に着手し、一定の成功を収めた。(26) 次に、義役の維持、民の救済に努めた例を、数例挙げる。四庁巷の人、陳容は本価荘を建てた。陳容は「尚誼楽施」、「忘己爲人」、「築河・甃江滸」とある様に、義行を多く行った。当然「君名田於縣」とある如く、豊かな田産が基盤にあり、余財を本価荘の運営に充てた。豊凶に応じて米穀を糴糶し、市価を調整したという。(27) 繁昌郷、温嶺の人、丁世雄は下第士人であったが、郷人の急難を救い、税役の肩代わりをし、凡そ義挙といえば先ず丁君といわれるまでになったという。(28) 丹崖の人、毛仁厚も、義役の維持・拡大に意を用いた。(29) 柔極の人、黄原泰は、歉歳には閩・浙から粟を買い、半値で邑人に頒けた。また、二〇年間一都の役を肩代わりし、改めて知州として赴任した王華甫から、義役荘の管理を委ねられた。(30) 太平郷の人、林喬年は、端平年間（一二三四〜三六）、北隅芝隩に沙埭上・下二閘を建てた。(31) 下保の人王公乂は、会々歉歳で大雪が重なったとき、粟を発して賑貸した。(32)

以上のような義行（義挙）は、当然各地方志の人物伝等で、「一行」、「遺逸」、「隠逸」等として顕彰され、時には誇張され、多くは後に「郷賢祠」等に祀られる対象となるが、これも幾つかの内容に分類できるのではないか。今仮に、これを㈠官私連携型、㈡私的救済型、㈢開発投資型、の三つに分けてみる。先にも述べた様に、義役は本来徭役負担の軽減化を図るための自発的なものだが、林従周・宋卿父子、趙処温・亥兄弟の様に、公的な支援ないし一種のお墨付きが得られれば、㈡→㈠への発展型、となろう。ただし、この型は、比較的大規模な場合であろう。黄原泰もここに属そう。これに対し、私的救済型は、あくまでも本来の「義」行としての側面が残ったもので、陳容・丁世雄・毛仁厚・王公乂などがこれに相当しよう。ただし、これは前者に比べて規模も小さく、期間も短い場合が主であろう。

開発投資型は、より積極的な地域開発のタイプで、林喬年の場合がそうである。

四、おわりに――明清時代への展望――

黄巖県の開発は、通常生産力の増大という面からのみ捉えられがちだが、現実には様々な政治的・社会的問題、あるいは矛盾が生じて来る。広義の〝濱海〟地の開発は、その関鍵を握る官河水系の「浚河・置閘」事業に、「郷寓居與士人」と表現される勢力――具体的には、一靖康の変に伴って徙居した郷寓士人、二南渡以前に徙居したが、郷党社会での地位が未だ確立していない士人、三南渡以前の比較的早い時期に徙居し、郷党社会での地位が既に確立している士人、の様なタイプが想定される――が深く関わった。そして、淳熙年間、朱熹・勾昌泰いずれからも、水利興修の要として全幅の信頼を置かれたのは、三のタイプに属する蔡鎬であった。

こうした郷党社会をまとめ、維持するため、義役が実施されていく。南宋の乾道・淳熙年間あたりから、義役は両浙を中心に普及し始めた。黄巖県でも、嘉定年間以後、本格的に規約が整い、同時に都市部（州城・県城）でも、救済施設が充実してくる。(33) また、義役とは別だが、ある場合は並行して、様々な義行が行われる。こちらも、郷里・郷村をもその対象としていたことは、言を俟たない。

南宋中期の淳熙年間、朱熹・勾昌泰の水利興修に携わった当時の郷党社会の構成員と、南宋後期の嘉定・淳祐・咸淳年間等を中心とした義役（田）の運営、あるいは義行に携わった当時の郷党社会の構成員との間に、連続性はあるのだろうか。この点について、寺地氏は、淳熙年間に朱熹と黄巖県士人達を通した師弟関係、つまり講学仲間という人間関係・集団が創出され、その学統の流れから、義役・義行が積み重ねられていった、と述べられている。そして、こうした流れとグループを受け継いだのが、杜範の存在であったとされる。[34] つまり、大きな流れでは連続性がある、とされているのだが、郷党社会と地域開発との関わりを見る際、負の側面にも目を向ける必要がある。義役や義行は、一種の予防措置的な行動ではなかったか、と思われるからである。この点の論拠について述べたい。

水利事業においては、銭米・資材の供出は、「頃畝の多少」、「戸の等第の上下」という国家の戸等制区分を基準として割り当てられており、これらのうち、公権力たる州県官の直接的指揮下に係る〝水利役〟も、戸等制原理によって賦課される国家の差役、或いはそれに準ずる役である、とされる。[35] 黄巌県官河流域の「浚河・置閘」に携わった、当時の郷党社会の構成員達は、その献身性を高く顕彰される一方、現実には疲弊・没落していったのではなかろうか。その一例として、蔡鎬の子孫が挙げられる「一行」として顕彰される趙希悦の事蹟は、かつての世族〝蔡氏〟の墳墓を取り戻し、隳廃の危機から救ったという事実によってなのである。[36] そこで、前者の凋落ぶりを目の当たりに見た後者の構成員達は、「郷飲酒礼」し、「累世聚居」し、「族産」を設け、また互いに婚姻を結び、更には「義役」、「義行」等幾重にも再保障の紐帯を結び合わせ、自らの没落をくい止めようとしたのではなかろうか。[37] また、南宋の中・後期を比較すると、前者では、科挙出身者という〝名望〟と、在地有力者とのバランスを取り、措置を委ねているのに対し、後者では、科挙出身者の重みが、相対的に軽い様に思われる。後代、歴史的範疇として使用される、〝郷紳社会〟の萌芽的な成立が、早くも見られるのではないだろうか。[38]

ともあれ、黄巌県の水利開発を、歴史的に長期間に亙ってみた場合、「定量分析」的に開発された、とする趨勢には異論はあるまい。[39] その中で、更に「開発と在地社会の利害対立」といった問題を研究するには、宋一代の断代史よりも、むしろ通史的なアプローチの方法がより有効なのではあるまいか。元代、黄巌県は「州」に昇格された。明代には県に戻されたが、成化五年（一四六九）、黄巌県のうち南三郷を割き、後温州楽清県の二郷を併せて太平県へと分県される。南三郷とは即ち繁昌・方巖・太平であり、「下田」・「下郷」と記され、「中郷」・「釜底」と記された地域であり、結局「高田」・「上郷」との対立は解消されないまま分県されたのであろう。[40]

台州（黄巖県）の開発は、㈠漢～魏晋南北朝・隋唐、㈡宋元、㈢明清の三期に画期できる。[41] 史料から跡づけると、明清水利の特徴は、海岸線への長大な海塘建設と耕地獲得である。同時に、宋元期に建設された、既存の大規模かつ基幹的な水利施設（閘等）の重修・補強等に重点が置かれたと考えられる。また、この時代、郷紳支配の成立と共に、水利事業等の工事の主体・管理も、地方官から郷紳層へと次第に担当者が移行するといわれている。黄巖・太平両県についても、概ねこの傾向があてはまる。また、当然の如く、政治的混乱期・安定期といった時代背景も、水利事業の消長と密接に関わっている。[42] 以上のような通史的展望を持ち、今後は工事の主体者、具体的な工事内容、技術的な側面、日常の施設管理やその担当者等も含めて、周辺地域での事例と、比較検討をしていきたい。

註

（1）周藤吉之「南宋郷都の税制と土地所有」（『東洋文化研究所紀要』八、一九五五年。後、『宋代経済史研究』東京大学出版会、一九六二年所収。ここでは、後者五四三頁による。）、柳田節子「宋代土地所有制にみられる二つの型――先進と辺境――」（『東洋文化研究所紀要』二九、一九六三年、九八～九九頁）、渡辺紘良「宋代福建・浙東社会小論――自耕農をめぐる諸問題――」（『史潮』九七、一九六六年、二八～二九頁）等。

（2）宮澤知之「宋代先進地域の階層構成」（『鷹陵史学』一〇、一九八五年）

（3）拙稿「宋代浙東の都市水利――台州城の修築と治水対策――」（『中国水利史研究』二〇、一九九〇年）

（4）草野靖「唐宋時代に於ける農田の存在形態」（上・中）（〈熊本大学〉『法文論叢』三一・三三、一九七三・七四年）、斯波義信「唐宋時代における水利と地域組織」（『星博士退官記念中国史論叢』、一九七八年）、本田治「宋元時代の濱海田開発につ

いて」(『東洋史研究』四〇—四、一九八二年)

(5) 表1参照。尚、統計史料の詳細な分析に関しては、宮澤知之「宋代先進地域の階層構成」(前掲註(2))を参照されたい。

(6) 「南宋末期台州黄巖県事情素描」(『唐宋間における支配層の構成と変動に関する基礎的研究』研究代表者吉岡真、一九九三年三月)

(7) (台州地区文物管理委員会・台州地区文化局編、丁伋点校、一九八八年)本書に関しては、広島大学大学院生、岡元司氏より、閲覧の好意を得た。

(8) 乾隆『浙江通志』巻五十八、水利七、臺州府・臨海縣の條、康熙『天臺縣志』巻五、水利、崇禎『寧海縣志』巻二、水利、光緒『僊居志』巻三、敍水、等參照。また、民國『臺州府志』巻四十八、水利略上に、「就全臺論、臨・黄・太・寧四邑、潮汐氾濫無以禦之。不獨塗田難於耕作、即民田亦慮斥鹵、則海塘尚矣。天・仙二邑溪流、直瀉勢奔馬、無以遏之。雨則下游慮潦、晴則上游慮旱、則堰・碶尚矣。」とある。また、『同書』巻六十、風俗志上に、「臨爲首縣、領袖六邑、富亞黄・太。……黄巖農田利、亞太平而、饒於各縣。故諺云、黄・太熟六縣足。……西鄕地瘠、山民尤苦、有終年食藷、不得粒食者。……東南土膏肥沃、既饒耕獲、又擅魚鹽之利、路橋・水陸集中、農商　較盛。……太平、由黄分縣、土沃於黄。粟帛・魚鹽之利、冠於六邑、吾臺之上腴也。……」とある。

(9) 嘉定『赤城志』巻二十四、山水門・水黄巖縣の條。「官河、在縣東南一里。自南浮橋南流、至嶠嶺一百三十里、陸程九十里、廣一百五十步。又別爲九河各二十里、支爲九百三十六涇、以丈計者七十五萬、分爲二百餘埭、其名不可殫紀。綿亙靈山・馴雉・飛鳧・繁昌・太平・仁風・三童・永寧八鄕、溉田七十一萬有奇。舊建閘一十有一、以時啓閉。其隷仁風者、曰常豐淸・混、斗門、隷飛鳧者、交龍、隷靈山者、曰鮑家步・長浦、隷繁昌者、曰周洋・囘浦・永豐・黄望・金淸。」

(10) 経界法に関する研究は、①曾我部静雄「南宋の土地経界法」(『文化』五—二、一九三八年。後、『宋代政経史の研究』吉川弘文館、一九六四年に収録。)②周藤吉之「南宋郷都の税制と土地所有——特に経界法との関連に於いて——」(『東洋文化研究所紀要』八、一九五五年。後、『宋代経済史研究』東京大学出版会、一九六二年に収録。)③寺地遵「南宋政権確立過程覚書——宋金和議兵権回収・経界法の政治史的考察——」(『広島大学文学部紀要』四二・特輯号、一九八二年。後、『南宋初期政治史研究』渓水社、一九八八年に所収。）

(11) 衣川強「朱子小伝」上（『神戸商科大学人文論集』一五―一、一九七九年）

(12)『浙江地理簡志』（浙江人民出版社、一九八五年、一三〇頁）

(13) 同様の認識は、淳熙一一～十三年（一一八四～八六）に知州であった熊克の「勧農十首」（嘉定『赤城志』巻三六、所収）にも見られる。

(14) 土居官・士人については、竺沙雅章「宋代官僚の寄居について」（『東洋史研究』四一―一、一九八二年）、高橋芳郎「宋代の士人身分について」（『史林』六九―三、一九八六年）

(15) 范直興は、曾祖范仲温（范仲淹の兄）が、北宋の慶暦五年（一〇五四）の州城水災時に、復旧工事において特に目ざましい功績を挙げ、黄巖県城内にも井戸を鑿ち、坊巷を整備するなど、代々黄巖県と縁の深い一族であった（嘉定『赤城志』巻二、地理門・坊市　黄巖、及び『同書』巻一一、秩官門・県令）。一方、朱熹が范直興の代替人事として、黄巖知県に懇望した清強官は、前黄巖県尉孫應時であった。（『朱文公文別集』巻三、書「孫季和」）

(16) あるいは陳耆卿の立場からすれば、真の郷里たる臨海県の台州城修築を優先させたいとの思惑が働いていたものと思われる。彼の門下たる林表民・王象祖・呉子良らが『赤城集』を編集し、台州城修築に関する文を、数多く載せている。この政争に関しては、『アジア歴史事典』、「慶元の党禁」の項参照。

(17) 山内正博「南宋政権の推移」（岩波講座『世界歴史』9、岩波書店、一九七〇年）

(18) 寺地遵「南宋政権確立過程研究覚書」（前掲註（10））

(19) 寺地遵「南宋政権確立過程研究覚書」（前掲註（10））。また、南宋時代の農田水利政策は、①南宋初期（建炎元年～紹興三二年、一一二七～六二）、②同中期（隆興元年～嘉泰四年、一一六三～一二〇四）、③同晩期（開禧元年以降、一二〇五～七九）に区分される。具体的には、各時期の政治の安定度を反映し、①租課重視による開発推進→②乱開発の制限→③再び開発推進、と推移した。（梁庚堯『南宋的農地利用政策』第三章「南宋的圩田政策」〈国立台湾大学文史叢刊四六、国立台湾大学文学院、一九七七年〉）

(20) 尚、この時の知州は呉温彦の事であろう。(嘉定『赤城志』巻九、秩官門・郡主) 次の蕭振は、紹興二〇年 (一一五〇) に州城水利の整備を行うなど、民政にも意を篤くしている。拙稿「宋代浙東の都市水利」(前掲註 (3))

(21) 寺地遵「南宋末期台州黄巖県事情素描」(前掲註 (3))

(22) 本田・草野両氏の引かれる根本史料は、①彭椿年「重修諸閘記」(「彭殿撰椿年閘記」)、②王居安「黄巖浚河記」、③元代の林昉「先賢祠堂記」の三つである。順に本文を掲げる。

①彭椿年「重修諸閘記」……「臺之五邑、黄巖爲壯邑。境之瀕于海者、率三之一、故其地勢斥鹵、抱山接塗、川無深源易潦易涸、非資于畎澮之利、則不可也。官河貫於八鄕爲里九十、支涇大小委蛇曲折者、九百三十六。其洩水至海者古來爲埭幾二百所、足以蔭民佃七十餘萬畝。元祐間、羅公適持節本路、因其埭之大者、建置諸閘。今之黄望・石湫・永豐・周洋皆其遺跡也。歳月滋久、前後興修者、往往功力不至、隨成隨壞、遂謂諸閘終不可建。……」

②王居安「黄巖浚河記」……「黄巖縣、爲田可百萬畝、而水鄕之田寔居太半。言水利者有浚河・置閘二事而已。又復不審不密、昔之爲河者、慮未及閘也。是之謂不審。其爲閘者、慮未及河也。是之謂不密。元祐以前、初未有閘、大率爲埭以堰水、頗爲高田之利、而下田病之。水潦大至、下鄕之民十百爲群、挾挺持刃、以破埭、遂有鬬爭格殺之事。於是鄕先生羅公適提刑本路、始議建閘。酌高下以謹啓閉、解仇怨以全鄕井、意則美矣。然、繼述匪人、諸閘既立、開時常少、閉時常多、潮水一石其泥數斗、潮汐淤塞、寖成平陸、時當巨浸、閘雖啓、而流實壅。於是、下田被害反咎。閘之閉水、曾不若・之可以破決其減水易且速也。」(①、②共に嘉靖『太平縣志』巻三・萬暦『黄巖縣志』巻一)

③林昉「先賢祠堂記」……「黄巖爲田畝百萬、其在南鄕者、負大海、貫河渠七十一萬五千有畸。元祐中、赤城先生羅公適、奏建永豐・周洋・黄望三閘、啓閉溢涸大爲農便。淳熙九年、朱文公提擧浙東、鋭意增築、請太府錢一萬緡、下黄巖工興、而衣繡江西。明年、蜀人勾公昌泰、繼公政請升二萬緡、遂建回浦・金清・長浦・鮑浦・交龍・仙浦六閘。紹熙甲寅、李公謙以本司錢建清・混二閘。最後知縣事陳君遇明、建石湫、王君華甫、建細嶼。由是黄巖號樂土。」(康煕『黄巖縣志』巻七)

①の彭椿年「重修諸閘記」に関しては、康煕『黄巖県志』巻七と、嘉靖『太平県志』巻三及び萬暦『黄巖県志』巻一所収

のものとを比較してもほとんど字句の異動はない。他方、②の王居安「黄巖浚河記」は、草野氏の引かれる『赤城集』巻十三所収の文と、嘉靖『太平県志』巻三及び萬暦『黄巖県志』巻一所収のものとを比較すると、かなり字句の異動がある。前者では、「紹興以前」となっている箇所が、後者では「元祐以前」となっている（波線部分）。更に、後半部分が後者ではより詳細かつ具体的である。『赤城集』には節録が載せられている様だ。水利や徭役等の在地利害に関する記載を数多く収め、いわば後世への〝証文〟を遺す為に編纂された地方志の類と、州城修築への援助要請の一環として編纂された文集とでは、その意図するところが、自ずから異なっていたのではないか。

(23) 両史料の対立点・政治的意味合いを、地方志等によって探ってみると、彭椿年は紹興二七年の進士で、提挙福建市舶、江東転運副使等を歴任した、いわば財務官僚である。この文は紹熙五年（一一九四）、提挙常平李謙の永豊閘重修を機に作られた。ここで、主に「置閘論」を展開する。一方、王居安は、淳熙一四年の進士で、江東提刑司幹官、右司諫等を歴任しており、郷賢祠に祀られている。嘉定一七～宝慶元年（一二二四～二五）、知県蔡範（斉碩の援助）による浚河を機に作られた文である。ここでは「浚河論」を展開する。不十分ながらも、遺された史料等から両者を比較すると、彭椿年の論は、より政府の立場に近いものであり、諸閘の修築・維持が農業生産の確保につながる、との前提に立脚する。一方王居安の論は、諸閘設置の意義を認めつつも、かえって下田の水没をきたしている現状を述べ、農閑期の適切な浚河が重要な点を強調する。王居安は下田にあたる後の太平県の人であり、より在地の立場に近かったと言えるのではないか。（民国『台州府志』巻一百文苑伝、巻一一六　名臣伝）

(24) 嘉靖『太平県志』巻三、地輿志上・水利　宋水利・附録朱文公詩案語

(25) 義役に関する代表的な研究は、以下の如し。清水盛光『中国族産制度攷』（一九四九年、岩波書店）、同『中国郷村社会論』（一九五一年、岩波書店）、大崎富士夫「宋代の義役」（広島文理科大学史学科教室編『史学研究記念論叢』一九五〇年、柳原書店）、周藤吉之「南宋における義役の設立とその運営――特に義役田について――」（『東洋学報』四八―四、一九六六年。後、『宋代史研究』一九六九年、東洋文庫所収）、また、関連で小林義廣「宋代史研究における宗族と郷村社会の視角」（『名古屋大学東洋史研究報告』八、一九八二年）最近の研究としては、伊藤正彦「〝義役〟――南宋期における社会的結合の一形

態――」（『史林』七五―四、一九九二年）がある。氏は、黄巌県のケース・スタディをもとに、義役運営に関する在野の読書人層の役割に着目している。

(22) 王華甫撰「義荘田記」、趙処温撰「義荘田後序」、趙亥撰「義荘田跋」（いずれも、光緒『黄巌県志』巻六、版籍志三、徭役に所収）、黄震「台州黄巌県太平郷義役記」、同「義役差役榜」（いずれも、『黄氏日抄』巻八六、七九に所収）

(27) 『赤城集』巻一二、杜範「陳氏本価荘記」、萬暦『黄巌県志』巻六、人物志・一行

(28) 葉適『水心先生文集』巻一四、丁君墓誌銘、嘉靖『太平県志』巻六、人物志上・一行、また、川上恭司「科挙と宋代社会――その下第士人問題――」（『待兼山論叢』史学二一、一九八七年）

(29) 嘉靖『太平県志』巻六、人物志上・一行

(30) 萬暦『黄巌県志』巻六、人物志・一行

(31) 嘉靖『太平県志』巻六、人物志上・一行

(32) 嘉慶『太平県志』巻一二、人物志・隠逸

(33) 拙稿「宋代浙東の都市水利――台州城の修築と治水対策――」（前掲註（3））、嘉定『赤城志』巻五、公廨門二

(34) 寺地遵「南宋末期台州黄巌県事情素描」（前掲註（6））

(35) 柳田節子「中国前近代社会における専制支配と農民運動」（『歴史評論』三〇〇、一九七五年）、同「郷村制の展開」（岩波講座『世界歴史』9、岩波書店、一九七〇年）（後、いずれも『宋元郷村制の研究』創文社、一九八六年に所収）、周藤吉之「宋代の陂塘の管理機構と水利規約――郷村制との関連において――」（『東方学』二九、一九六四年。後、『唐宋社会経済史研究』東京大学出版会、一九六五年に所収）

(36) 嘉靖『太平県志』巻六、人物志上・一行

(37) 黄巌県の代表的宗族の、牟氏・応氏・鹿氏・杜氏等については、詳細な系図が作成されている。（寺地遵「南宋政権確立過程研究覚書」）（前掲註（10））ここでは、葉適『水心先生文集』巻二十三、「竹洲戴君墓誌銘」、同巻二十五、「戴佛墓誌銘」等により、戴氏・蔡氏・毛氏間の婚姻関係を掲げておく。また、「郷飲酒礼」に関しては、王華甫「義荘田記」（光緒『黄巌

県志』巻六、所収）に、その具体的な様子が記されている。尚、伊原弘氏も、「宋代士大夫覚え書」（『宋代の社会と宗教』宋代史研究会研究報告第二集、汲古書院、一九八五年）の中で、この郷飲酒礼の持つ意味に注目している。その後、寺地遵氏は「義役・社倉・郷約――南宋期台州黄巌県事情素描、続篇」（『広島東洋史学報』創刊号、一九九六年）、「方国珍政権の性格――宋元期台州黄巌県事情素描、第三篇――」（『史学研究』二二三号、一九九九年）を発表された。特に前者で義役の意味を積極的に問い、義荘・社倉を設け、郷約なども結んだ「地域自治システムの形成」が見られた、活気あるフロンティア地域と位置づけている。其処では、州県官の関与、強い指導力のみに注目することには疑問を呈し、在地社会の州県官との協同や地域行政への働きかけを重視している。また、伊原弘氏の「宋代台州臨海県における庶民の経済力と社会――寺観への寄付金一覧表から――」（『駒澤大学禅研究所年報』第七号、一九九六年）も、庶民生活を推し量る有益な視点であろう。

(38)　伊原弘「宋代士大夫覚え書」（前掲註（33））、小林義廣「宋代史研究における宗族と郷村社会の視角」（前掲註（21））、劉子健著・梅原郁抄訳「劉宰小論――南宋一郷紳の軌跡――」（『東洋史研究』三七―一、一九七八年）

(39)　斯波義信「唐宋時代における水利と地域組織」、本田治「宋元時代の濱海田開発について」（いずれも前掲註（4））。また開発と移住という視点からは、本田治「宋元時代温州平陽県の開発と移住」（佐藤博士退官記念『中国水利史論叢』国書刊行会、一九八四年）があり、参考になる。

(40)　嘉靖『太平県志』巻一、地輿志上・沿革には、「……元改台州爲台州路、陞黄巖爲州。國朝洪武初、改路爲府、黄巖仍爲縣。成化五年、阮知府勳、奏析黄巖南三郷管都二十一置太平縣治太平郷。十二年、袁知縣道、又奏析温之樂清下山凡六都以附之、屬台州府隷浙江東道。」とある。『同書』巻二、地輿志下・郷都によると楽清県の二郷は、山門郷と玉環郷である。分県に際し、太平の人林克賢は、「上分県封事」を奉り、徭役負担、民生への圧迫、分県に伴う土木興役費負担の増加等の五つの理由を挙げ、分県に反対している。民の側は、官による税収確保をめざした措置、と認識した様だ。
　また黄巌県は、南宋初期から「四十大県」（劇県）の一つに数えられていた。（寺地遵『南宋初期政治史研究』（前掲註（9））三八〇頁）、（梅原郁『宋代官僚制度研究』同朋舎、一九八七年、二〇一頁）例えば、『宋会要』職官四八之四四、県官に、「慶元二年九月二十八日、両浙路運副使師睪奏、管下台州黄巖縣、比之台仙居・寧海諸邑、地界廣闊、戸口繁夥、幾及一倍、詞訟紛紜、税賦浩瀚、素號難治。」とある。また、『赤城集』巻三、王居安「黄巖県重建庁事記」に、「吾邑爲台壯縣、訟繁賦重」とあり、『同書』巻四、蔡範「黄巖知県続題名記」に、「黄巖之壤、襟山帶海、膏腴百萬畝、其地曰益墾闢、甍宇十萬家、其民曰益蕃庶。故凡賦輸之富、倍旁邑、訴牒之夥夐、絶浙地。」とあり、康熙『黄巖県志』巻七、芸文、杜範「黄巖県楼記」に、「黄巖爲浙東壯邑。其治當舟車之會、占江山之勝、有物之庶。」とある。

(41) 寺地遵「南宋末期台州黄巖県事情素描」（前掲註（3））

(42) 松田吉郎「明清時代浙江県の水利事業」（佐藤博士還暦記念『中国水利史論集』国書刊行会、一九八一年）、佐藤武敏「明清時代浙東における水利事業——三江閘を中心に——」（『集刊東洋学』二〇、一九六八年）

史料によると、その概要は、㈠工事主体に紳士・紳耆・生員・諸生・監生等の名が散見する事、㈡時期的には、①（明）嘉靖、②（清）康熙、③乾隆、④同治に大規模な工事が集中する事、㈢両県に跨る工事は、㈡①期の知府周志偉による永通閘設置（黄巖知県曾才漢・太平知県方介）、㈡②期の黄巖知県蔡旭庵・太平知県何有略による金清等六閘の修築以外はほとんど見られない事、（ただ、㈡③期には、黄巖知県劉世寧が浚河と諸閘の新設を、太平県では郷紳主導で度々諸閘の修築が図られている）、㈣同時に官の権威低下も顕著となり、特に太平県では、雍正・道光・咸豊と、度々水利をめぐる騒擾、民による閘壩の破決、械闘がしばしば記されている事、等が特徴。（以上、光緒『黄巖県志』巻三、水利、嘉慶『太平県志』巻二、水利、光緒『太平續志』巻二、水利による。）

表1　宋代台州の戸口・田土統計一覧（嘉定『赤城志』巻13、版籍門）

台州の戸数増加					出　典
太平興国中		31,941	主戸	17,499	『太平寰宇記』巻98
(976〜84)			客戸	14,442	
元豊1		145,713	主戸	120,481	『元豊九域志』巻5
(1078)			客戸	25,232	
大観3		243,506	主戸	178,727	嘉定『赤城志』巻15
(1109)			客戸	64,779	
嘉定15		266,014	主戸	184,720	嘉定『赤城志』巻15
(1222)			客戸	76,294	
台州各県の戸数統計					田土統計
臨海県	大観3①	70,626	主戸	51,840	祖田　637,995畝
			客戸	18,786	新囲田　5,612畝
	嘉定15②	73,997	主戸	54,167	海塗田　24,732畝
			客戸	19,830	田合計　668,299畝
黄巌県	大観3①	63,318	主戸	46,476	経界田　939,163畝
			客戸	16,842	塗田　11,811畝
	嘉定15②	68,898	主戸	49,213	田合計　950,974畝
			客戸	19,685	
寧海県	大観3①	31,660	主戸	23,239	経界田　385,033畝
			客戸	8,421	塗田　687畝
	嘉定15②	35,518	主戸	21,840	田合計　385,720畝
			客戸	13,678	
天台県	大観3①	41,371	主戸	30,358	
			客戸	11,013	三等田　313,122畝
	嘉定15②	43,841	主戸	31,590	
			客戸	12,251	
仙居県	大観3①	36,531	主戸	26,814	祖田　309,226畝
			客戸	9,717	新開田　900畝
	嘉定15②	38,760	主戸	27,910	田合計　310,126畝
			客戸	10,850	
					台州田合計　2,628,283畝

表2　黄巌県の郷里一覧（嘉定『赤城志』巻2、地理門・郷里）

仁風郷（東200歩、管里二）	備礼郷（県西北15里、管里四）	馴雉郷（県西南35里、管里五）
三童郷（県西10里、管里二）	飛鳧郷（県東南20里、管里七）	繁昌郷（県南70里、管里三）
永寧郷（県南15里、管里二）	靖化郷（県西南20里、管里二）	来遠郷（県西南90里、管里二）
善化郷（県北10里、管里二）	霊山郷（県南30里、管里二）	太平郷（県東南100里、管里四）

表3　黄巌県諸閘設置・修築、浚河等略年表

年代	担当官等	内容等	出典
[北宋] 元祐六年 （一〇九一）	羅適（提点刑獄）	常豊清・混・石湫、永豊、周洋、黄望の諸閘を設置。	万暦『黄巌県志』巻一、水利按語
[南宋] 紹興一九年 （一一四九）	楊煒（知県）	「開官・私河、用工一百七十餘萬、立斗門九所、民頼之。」、 「率民田渠下者、合衆力疏治之、長凡十里、廣深如其故。」	『赤城志』巻一一、秩官門・県令 「楊元光墓表」
乾道初 （一一六五～七三）	楊玉休（県尉）	「乾道初、楊玉休倡議欲鑿温嶺以殺水勢。」	嘉靖『太平県志』巻二、宋水利
熙元年 （一一七四）	孫叔豹（知県）	「歳饑、極力賑恤、修水利建閘堰五所工役四百万。」	『赤城志』巻一一、秩官門・県令
淳熙九年 （一一八二）	朱熹（提挙常平）	回浦、鮑浦、金清、長浦、蛟龍、陡門六閘……新建永豊、周洋、黄望三閘……増修 費用は南庫銭一万貫。	『朱文公文集』巻一八、「台州奏状」
淳熙一一年 （一一八四）	勾昌泰（提挙常平）	①漕運幹官謝敷経、郷士支汝績・陳謙・徐弗如・陳緯の謀 （「郷寓居與士人」） ②{寧海丞林李友・黄巌丞劉友直}——士居官蔡鎬・林鼐／「郷寓居與士人」——※ ※——都正・郷官——食利人戸 ③費用　一万貫、度牒二十道一万四千貫、本司銭六千貫 （朱熹の事業を引き継ぐ。）	嘉定『赤城志』巻二三、彭椿年「重修諸閘記」
照熙五年 （一一九四）	李謙（提挙常平） 李大性	永豊閘の修築・新建。	『赤城志』巻二三、地理門、永利
慶元中（一一九五～ 一二〇〇）	李洪川 （常平使者）	謝深甫の援助を得、工事を完成。	万暦『黄巌県志』巻一、水利

慶元元年（一一九五）	何坦（県丞）	分治閘河	万暦『黄巖県志』巻一、水利
開禧二年（一二〇六）	杜思齊（里人）	「新河。里人杜思斉、率衆鑿。」	万暦『黄巖県志』巻一、水利
嘉定一七年～宝慶元年（一二二四～一二二五）	蔡範（知県）	①県内河の浚渫と、護岸の保全・侵街の規制。 ②「初年疏決閘内外諸港、使水有所洩、明年遂開浚田間諸河稍令港広大、使水有所瀦」、「用葉森議、建為爬梳之法、設長鐵爬及輥江龍……」、「為請於朝、得旨分命郷官・士民濬之、直派旁流深広有度。」「濬官・私河七十五万丈、修築塘路三十五里。」	万暦『黄巖県志』巻一、水利 王居安「黄巖浚河記」 万暦『黄巖県志』巻四、人物
紹定三年（一二三〇）	陳遇明（知県）	石湫閘を重建。	林昉「先賢祠堂記」
端平間（一二三四～三六）	林喬年	「沙埭上下二閘。端平間林喬年建。」	嘉靖『太平県志』巻二、水利
淳祐八～一〇年（一二四八～五〇）	王華甫（知県）	細（西）嶼閘創建。	林昉「先賢祠堂記」 嘉靖『太平県志』巻二、水利
[元]	韓国宝（知州）	西城閘……新建	林昉「先賢祠堂記」
大徳三～五（一二九九～一三〇一）		周洋新、鮑浦、長浦……重建 常豊清・混、蛟龍、陡門、金清、西嶼、永豊、黄望……重修	嘉靖『太平県志』巻二、水利元水利 万暦『黄巖県志』巻一、水利
		県内河の浚渫・河路整備と侵街規制 「凡所経費、一毫不仰於県官、而率諸閘之係其田者捜材石募丁匠、苦心三年、而後成。」	
至正庚寅（十）（一三五〇） 至正年間（一三四一～六七）		車路閘（太平郷） 九眼陡門、六眼陡門（山門郷）、蕭万戸塘、長渉塘、塘下塘（太平郷）、截嶼塘（山門郷）、能仁塘、江心塘、霊山塘（玉環郷）	嘉靖『太平県志』巻二、水利元水利

表4　元・明・清代、黄巖県の戸口・田土統計（民国『台州府志』巻4戸口表、巻5土田表）

		戸　口		田　　土
元	至大4年（1311）	戸	49,291	官民田地山塘　95万8,529畝5分3釐
明	洪武24年（1391）	戸	53,289	田地山塘　1万1,690頃99畝3分5釐5毫
		口	242,649	
	成化5年（1469）	戸	7,249	官民田地山塘　4,564頃56畝4分5釐
		口	29,581	（共に、太平県に析出）
	弘治間（1488～）	戸	11,129	田地山塘　6,755頃2畝9分9釐7毫
		口	44,621	
	嘉靖間（1522～）	戸	10,908	田地山塘　6,885頃25畝4分1釐2毫
		口	45,820	
清	順治14年（1657）	——		田地山塘　6,930頃52畝4分5毫（合計）

表5　明・清代、太平県の戸口・田土統計（民国『台州府志』巻4戸口表、巻5土田表）

		戸　口		田　　土
元	至大4年（1311）	戸	49,291	官民田地山塘　95万8,529畝5分3釐
明	成化5年（1469）	戸	7,249	官民田地山塘　4,564頃56畝4分5釐
		口	29,581	（共に、黄巖県に析出）
	〃　12年（1476）	戸	4,000	田地山塘　1,010頃
		口	11,250	（共に、温州楽清県より析出）
	嘉靖間（1522～）	戸	10,908	田地山塘　6,885頃25畝4分1釐2毫
		口	45,820	
清	康熙9年（1670）	——		田地山塘　3,629頃39畝4分（合計）

戴氏・蔡氏・毛氏系図

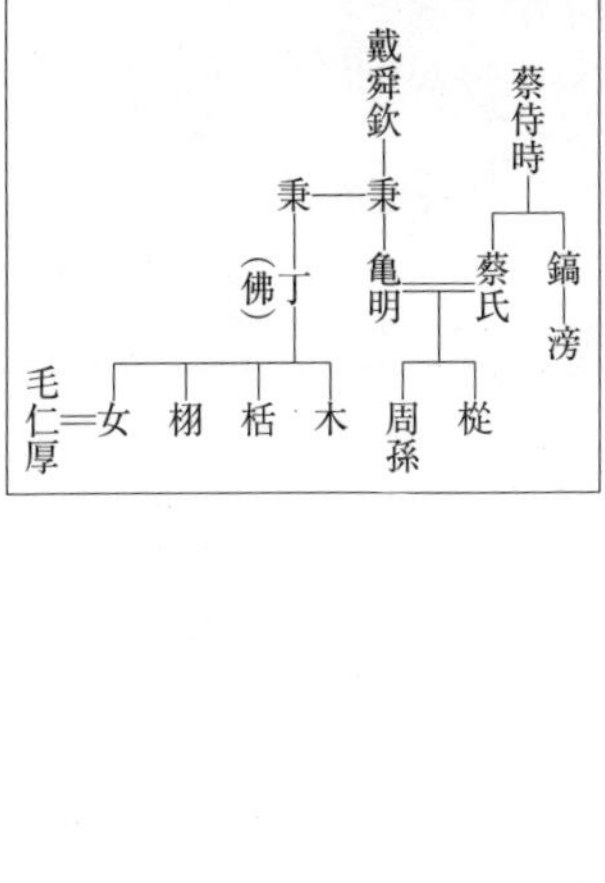

図1　台州地形図

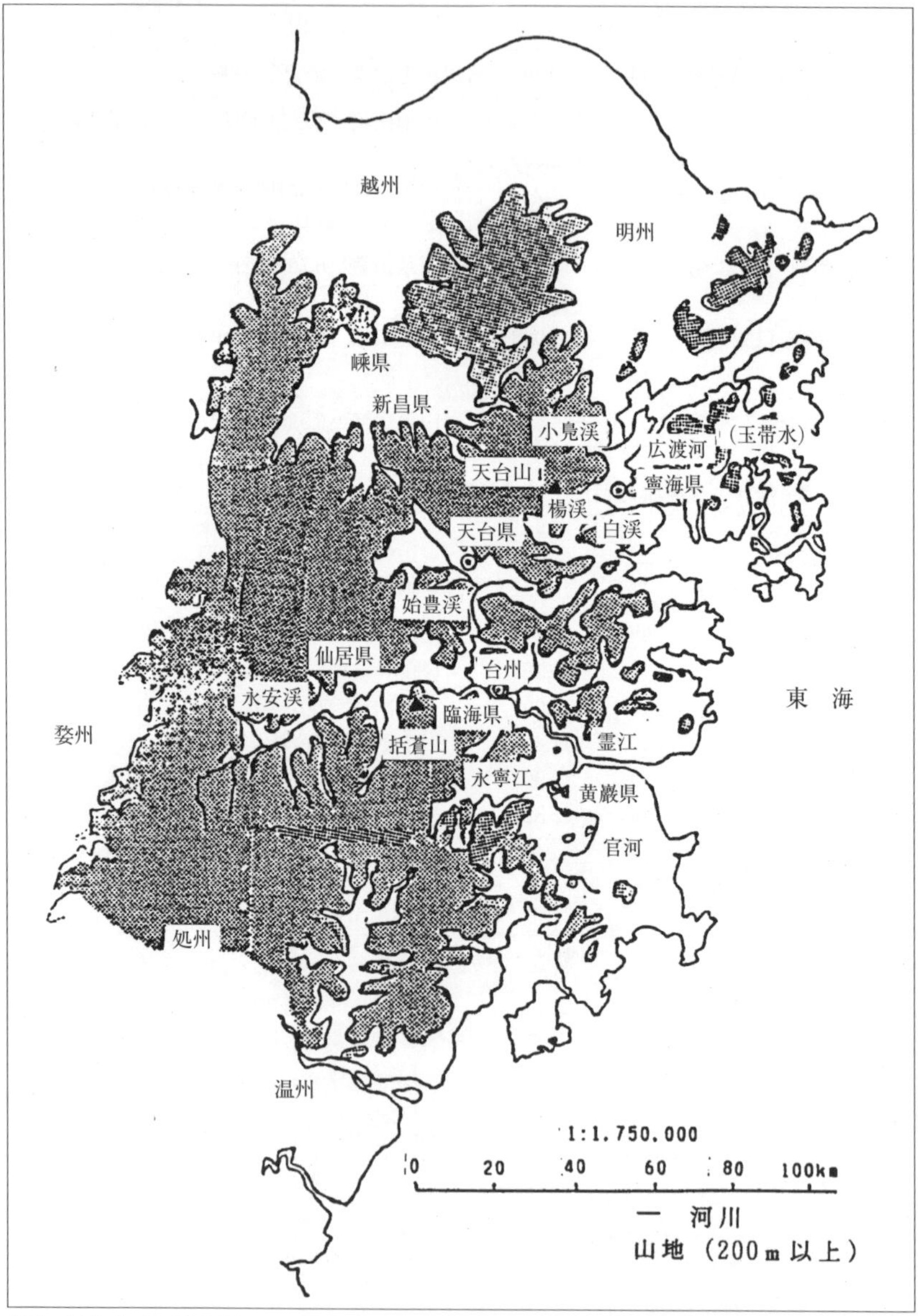

『浙江省地図』地図出版社、1984年9月：『中国歴史地図集』（第六冊）地図出版社、1982年10月、などにより作成。

図２　宋代黄巖県水利関係地図

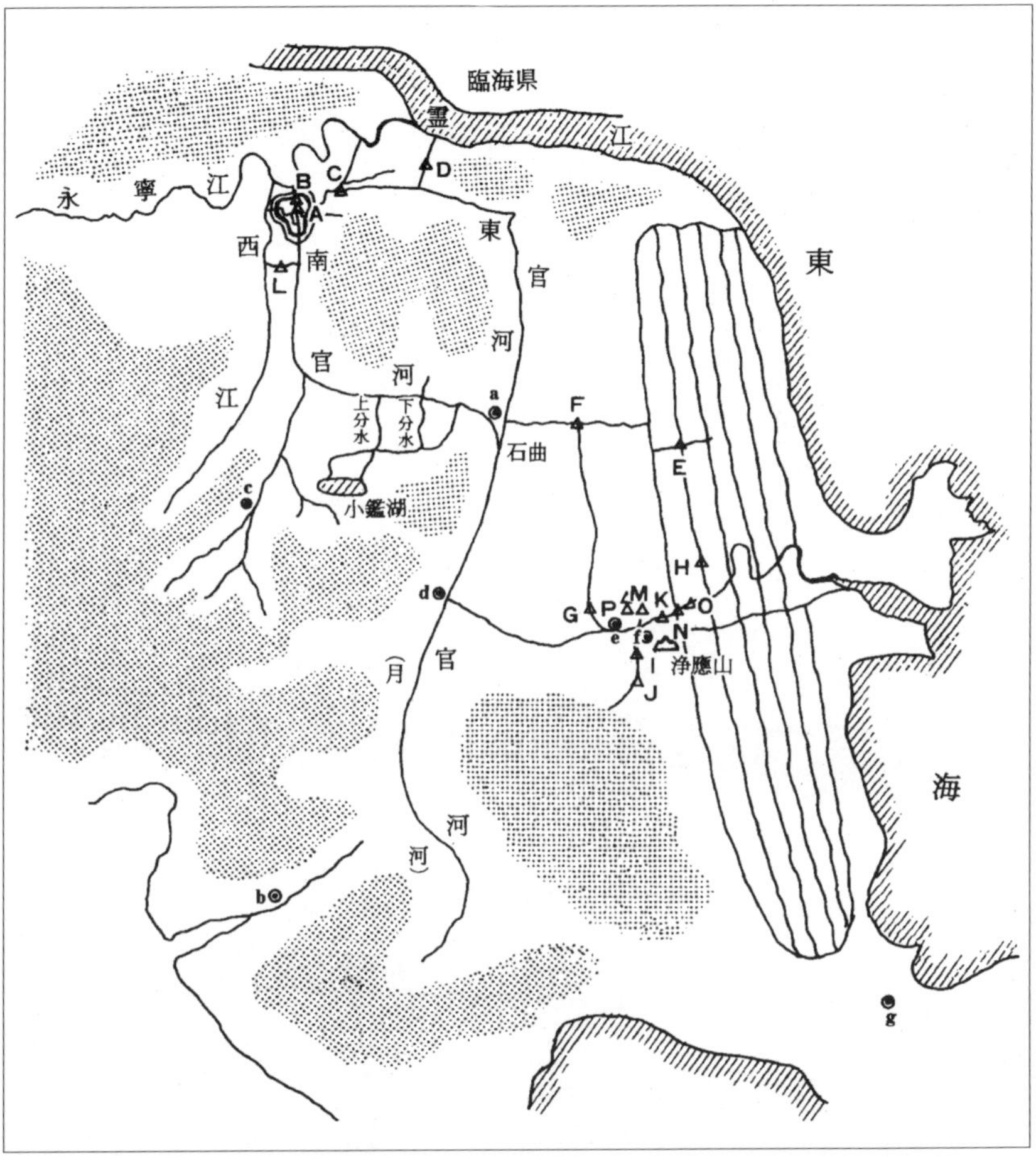

A常豊清閘　B常豊混閘　C斗門閘（以上、仁風）　D交龍閘（飛鳧）　E鮑家歩閘　F長浦閘（以上、霊山）　G周洋閘　H回浦閘　I永豊閘　J黄望閘　K金清閘（以上、繁昌）　L石湫閘（羽山）　M迂浦閘　N西嶼閘（細嶼）　O永通閘（明代）　P沙埭上下二

a路橋鎮　b嶠嶺鎮　c院橋　d沢国（沢庫）　e南監（高橋）　f新河　g松門塞

第四章　浙東台州の都市水利——台州城の修築と治水対策——

一、はじめに

宋代の都市に関する研究は、近年盛んに行われている。ただし、史料等の制約もあり、それらは国都ないしは準国都級の都市に関するものが多い(1)。また、商業や流通との関係から、鎮市に関する研究も盛んとなりつつある(2)。しかし反面、州城クラスの都市を扱ったものは、大運河沿線の都市以外はあまり研究されていない(3)。近年、盛んに都市関係の出版物を刊行している中国でも、その対象は日本の研究と同様に大運河沿線の都市、または港湾都市などが中心のようである(4)。日本での都市水利に関する研究は、従来は大運河の漕運との関係を論じたものが主であったが、近年、飲料水の問題を扱った研究、多目的な水利を扱った研究などが増えてきている(5)。

そこで、本章では、宋代の浙東台州城をモデル・ケースとし、これら都市水利のうち、従来あまり触れられていない防洪、すなわち洪水・治水対策、及び城内河渠の浚渫の問題を中心に考察し、具体的な事例研究の一環として位置づけたい。

二、台州の地理と水利の特性

宋代の両浙路は、当時の経済的な先進地域との認識が一般的である。ただし、この〝両浙〟とは、〝浙西〟（銭塘江以北）と〝浙東〟（同以南）とを合せた呼称であり、両者の間には生産力・社会構成等に少なからぬ相違点があることも、従来から指摘されている。(6) 本稿で考察する台州は、後者の〝浙東〟に属し、その淵源は三国呉の臨海郡及び臨海県創置（太平二、二五七）に溯る。その後、名称及び領域は幾度か変遷を重ね、唐の武徳五年（六二二）天台山にちなんで台州と改称された。(7)

宋代の台州は、首邑臨海県の他、黄巌・天台・仙居・寧海の計五県を領有していた。地形的には、臨海・黄巌・寧海の三県は沿海の、天台・仙居の二県は山間の、それぞれ県である。台州の水利開発に関しては、草野靖・斯波義信・本田治の三氏が基礎的な考察をされている。(8) それらによると、台州は山や丘陵が多く平野に乏しい地形のため、濱海田の開発が盛んであった。沿海三県には海塘が築かれ、海潮を防ぎ、その内側をしだいに耕地化していった。

台州の地形は、概ね西が高く東は低い。従って、台州の主要な渓流及び河川も、東流するものが多い。(9) 天台県から始豊渓が東南流し、仙居県からは永安渓が東流して、台州城の西北二〇里で霊江となる。台州城はこの霊江の北岸に築かれたが、扇状地の要（扇頭）に位置するため、しばしば出水に見舞われている。また、海潮の逆流の被害をも受けている。(10) そこで、以下において、台州城周域の水害状況と、それに対する治水対策を考察していきたい。

三、州城の修築と治水対策

1北宋時代

台州城修築の記録は、陳耆卿の『嘉定赤城志』巻二、地理門・城郭の条によると、北宋初（太平興国三年、九七八）から南宋の嘉定年間（一二〇八～一二一四）に至る約二五〇年間で、主なものだけでも合計八回を数える。『嘉定赤城志』によると、(11)

按舊經、周回一十八里、始築時不可攷。太平興國三年、吳越歸版圖、其城、示不設備所存。惟繚墻、後再築。

とあり、太宗の太平興国三年（九七八）、呉越が宋に帰順した際、その外壁を壊し、異心のなきことを示した。ただ、外縁の墻だけは後に再建された。その後数十年間は大きな被害は記録されていないが、仁宗の慶暦年間以後、記録が散見する。『嘉定赤城志』に、

慶曆五年、海溢、復大壞。部使者田瑜以聞、詔新之。乃命太常博士彭思永攝州事、命縣令范仲溫等、分典四隅、從事蘇夢齡等、總其役、三旬而畢。

とあり、慶暦五年（一〇四五）夏六月、海潮が逆流して、台州城の城壁を破った。これを他の史料で見ると、林表民の『赤城集』巻一、蘇夢齡「台州新城記」に、

慶曆五年夏六月、臨海郡大水。壞郛郭、殺人數千人、官寺・民室・倉帑財積、一朝掃地、化爲泥塗。……主計田侯瑜、聞之震驚、亟乘傳、……而視之、問其食、則糠覈而臭腐焉。問其衣、則藍縷而顚倒焉。問其居、則草而漸

汝焉。横屍塞于衢、窮盜充于郊。……是移文其鄰、貿遷用度、以衣食之相貿、厥居躬自安輯。……于時、司憲王侯偕、亦迹而會焉。於是、始議城之俾。……遂請以太常博士監新安郡彭思永、權守之、祕書丞定海宰馬元康、爲之貳。已乃量功、命日、屬役賦之文、分僚職、而帥焉。

とあり、死者は数千人を数え、官寺・民室・倉帑の財積は冠水して泥をかぶり、民は衣食住にも事欠き、おまけに治安が乱れ、盗賊が横行していたことも指摘している。そこで転運使の田瑜は提点刑獄の王偕と善後策を協議した。①先ず、近隣の州県から食料・衣料を調達し、死者の埋葬・住居の復旧に着手した。②次に、水害対策の人事が発令された。太常博士・睦州通判の彭思永が権知州となり、秘書丞・定海県令の馬元康が通判となった(12)。この蘇夢齡「台州新城記」には、州城の復旧工事の分掌を載せている。

繇西北隅、以黄巖令范仲溫專掌之、從事趙充參綜之、西南隅以臨海令李匄專掌之、從事蘇夢齡參綜之、東南隅以寧海令吳庶幾專掌之、從事褚理參綜之、東北隅以臨海尉劉初專掌之、決曹魏中參綜之。

とあるように、州城を全体で西北隅・西南隅・東北隅・東南隅の四隅に分け、それぞれに専掌（正）と參綜（副）とを置いて、現場の指揮に当たらせた。その分担は、台州管下の三県（臨海・黄巖・寧海）にまたがっている。天台県から未派遣なのは、同様な災害が生じていたためかと思われる。さらに市中の警備と治安の維持にも人員を割いている(13)。このうち西南隅は、臨海知県と州従事が派遣されており、地形的すなわち河道の方向からみても、とりわけ被害が甚だしかったと想像できる。このときの修築工事で、最も功績が大きかったのは、西北隅で指揮に当たっていた黄巖知県范仲温であった。その措置は、①まず出穀を渋っていた富人達に対して、糴米という形で納得させたことと、②次に修築に甓を用いようとしたのに反対し、民の疲弊を軽減するため、牛数百で土を踏み固めさせたこと、等が伝えられている(14)。このときの工事期間は三旬で終了していることから、応急の復旧措置であり、州城の修築よりは、被災民対象の賑恤・救済を中心としたものであったと考えられる。

翌慶暦六年（一〇四六）、再び出水があり、水災を被った。『宋史』巻三四三、元絳伝に、

元絳、字厚之、其先臨川危氏。……知臺州。州大水冒城、民廬蕩析。絳出庫錢、卽其處作室數千區、命人自占、與期三歳償費、流移者皆復業。又甓其城、因門爲牐、以禦湍漲。後人守其法。

とある。この水災は、恐らく前年の復旧措置が不十分であったために惹起されたものであろう。そこでこの時、州城内外で抜本的な水路改修工事と城壁・城門の整備等が行なわれた。『嘉定赤城志』によると、

明年（慶暦六年）元守絳至、迺因新城增甓之。作九門、捍外水之怒、十竇窗、疏内水之壅。又鑿渠貫城、厮爲三支、閲歳訖工。是秋、水不爲災。

とある。更に林表民の『赤城集』巻一、元絳「台州雜記」によると、

新城、出帑金、以購財募工、石累。環周表裏外内九門、飾之樓門。絙木于門、牝牡相函、外水方悍、以禦其怒。作十竇窗、裁以密石、内水方淹、以疏其惡。又、鑿渠貫城、厮爲三支、達壅、渟淸餘波、距川。十二石杠、蜿蜒跨渠、舟車堨來行者、不病。旬歳、而工旣。

とあるように、まず、環城内外に、九門及び樓門を作った。次に、州河（城内河）を整備した。こうして外水を防ぎ、城内には一〇本の排水路を設けて悪水を排出した。同時に一〇（ないし一二）の石橋を築き、交通の便を計った。

至和元年（一〇五四）の水災は、『嘉定赤城志』には、

至和元年、復大水、城不沒者數者尺。孫守礪、再加增築。

と簡単に記されているだけだが、林表民の『赤城集』巻二、張奕「台州興修記」で補うと、

夏秋之交、大雨蟄嘔、而川洩洶湧、湍悍爭赴于海、迅風乘潮壅閼不得下、溢岸淩城不及踰者數尺。公遣僚屬夜守

闤闍土諸門、以備非常。翌日、水遵故道、墻壘剥、蕩邊江民廬・官宇、十二三。城中生聚、僅免溺者、醫公力焉。

とあり、知州孫礪は、①属僚を遣わし、特に弱い土諸門を夜守・警戒させた。そして、罹災者を救助した後、

遂按閲官府之沮漏庫毀者、用羨貨市材、新廩屋二區凡三十楹、以儲軍食、又易甲杖庫、重聽事之西廡、爲樓五楹以藏兵械。然後、調五縣上中之産、得丁夫二萬六千五百九十一工、採近山之石、雜以瓴甓、完州城六百七十八丈、以禦災患。

とあるように、城壁の修築に当たっては、②官府の在庫を閲し、羨貨で倉庫を建て、軍食・兵器を貯蔵した。③台州管下の五県の上中戸から丁夫二万六六五九一工を調し、近山の石と瓴甓《しきがわら》を雜ぜて、六七八丈を修築した。

嘉祐六年（一〇六二）には、『嘉定赤城志』に、

嘉祐六年、大水復壞。徐守億謂、城南一帶當水衝、用牛踐土。而築之。毎日、穴所築地。受水一盂、黎明開視、水不耗、乃止。

とあるように、知州徐億は水災後に、城南の水衝地帯の城壁を牛で踏み固めて補強させた。

熙寧四年（一〇七一）、知州銭暄は城東の沼沢地帯を広げて遊水池（東湖）を整備した。『嘉定赤城志』に、

熙寧四年、錢守暄、又累以密石、且慮水齧其足、遂浚湖以其土實之。

とある。すなわち、密石で城壁を補強し、東湖を浚渫した土で護岸を補強した。この東湖については、『嘉定赤城志』巻二三、山水門、水・東湖に、

東湖。在崇和門外三十歩。初爲船場・水軍營。蓋、端拱二年（九八九）、張守蔚所建也。景祐中（一〇三四～三七）、運使段少連、廢船場、歸溫・明二州。嘉祐中、徐守億徙水軍營入城。熙寧四年、錢守暄、始開爲湖。時方累石修城、以水至漂溢故、鑿湖以受衆水、且以其土、隄城之東、絶後患焉。

とあるように、もとの船場であり、水軍営も兼ねていた。景祐中、転運使段少連が船場を廃し、嘉祐中には徐億が水軍営を城内に移動させていた。地形的には州城→東湖→霊江の順に低くなるため、斗門を作って水を泄し、霊江に注がせた。

宣和三年（一一二一）には、北側の城壁が補強されている。州城の東・西・南の三方は度重なる水災に備えて比較的堅固な城壁があったが、ただ北側だけは山麓に位置していたため、城壁が不完全であった。前年、睦州青渓で方臘の乱が起こり、翌三年には台州仙居県の呂師嚢がこれに乗じて乱を起こした。この際、臨海県の人黄襲明が私財を出して倡となし、北側の城壁を補強した[15]。まもなく台州城も包囲・攻撃を受け、これに恐れをなした知州趙資道・通判李景淵は遁走した[16]。しかし、戸曹参軍滕膺が州人を説得し郷兵三〇〇〇人を得て一三塞を築き、反乱軍を退けた[17]。

2　南宋時代

南宋時代になると、一層詳しい記録が残っている。まず、高宗の紹興二〇年（一一五〇）、知州蕭振が、再び東湖の浚渫をした。

隆興二年（一一六四）、秋潦と大潮の害があり、知州趙伯圭が対策を講じた。楼鑰『攻媿集』巻八六、「皇伯祖太師崇憲靖王行状」に、

　隆興二年、秋潦暴漲、加以潮溢、亟遣舟、濟溺者。水將入城、囊土塞門補苴罅漏、水殆及女垣。

とあり、趙伯圭はすみやかに舟を遣わし、溺れたものを救助させた。水勢はなおも衰えず、城壁を乗り越えんとする勢いであったため、早急に土嚢を積んで門を塞ぎ、漏水箇所を補塡させた。

乾道五年（一一六九）、知州向汋は、①城内外水利の整備と、②東湖の機能整備とを行った。林表民の『赤城集』巻

一三、王廉清「修東湖記」には、向沟が着任後直ちに、

……問民所疾苦。舊聞、此湖堙廢弗除。卽躬至其所、環利病、攷卜協日、興工庀役。公、以浙東兵馬都監開封兪紳、才幹有餘、敏於集事、卽檄以董之。臨海令會稽陳居安、方以民功薦聞、興利除。

とあるように、現場視察を行い、浙東兵馬都監兪紳に工事を担当させた。また、臨海知県の陳居安の意見を入れ、「民功」を用いる事とした。まず、①の城内外水利の整備に関しては、同書に続けて、

乃覈舊跡、披故道。昔之沮礫鬱積者、今疏鑿之、昔之侵漁蔽虧者、今疆理之。浚城中之水溝、刱城闉之斗門、覆以亭屋、以引左右之水、以達懷義橋之南北。

とあるように、百余年前、知州元絳の時の城内河故道・排水門故跡を再整備したものである。②の東湖の機能整備に関しては、同書に、

又卽湖東故城之址舊斗門築三閘、以通西江、總爲斗門六、爲亭者一。凡湖、其南方、東西十六丈五尺、其北方、東西六十五丈五尺、南北通袤三百二十丈、計其廣輪二百十三畝有奇、其深七尺。興工於六年二月之丙戌、而訖於三月之壬戌。凡用工、八千九百有奇、……不勞於民、不擾於市。

とあるように、城内外水利整備の一環として実施されている。この時の東湖の規模は、南側で東西幅が一六丈五尺、北側で東西幅が六五丈五尺、南北の長さが三二〇丈、面積は二一三畝、水深は七尺であった。期間は六年二月丙戌より三月壬戌まで、八九〇〇余工を用いた。

乾道九年（一一七三）、またもや大災害が台州城を襲った。『嘉定赤城志』によると、

乾道九年、火及闉。

と、ごく簡潔に記すのみだが、林表民の『赤城集』巻一三、姜容「州治浚河記」には、

癸巳（九年）、火。河蔽於瓦礫、以迄於今非惟閼塞、而貧侵富蝕、上廬旁塹、河幾廢矣。

とあるように、城内河も瓦礫で埋まった。この大火そのものは、『宋史』巻六三、五行志・火によると、

乾道九年九月、臺州火。經夕、至于翌日晝漏半、燔州獄・縣治・酒務及居民七千餘家。

とあるような惨状で、住民にも多くの罹災者を出した。これに対してすぐさま詔が発せられ、平江府（蘇州）・秀州の常平米それぞれ二万石・一万石が船で台州に運ばれ、賑糶用とされ、台州に見在の常平・義倉米は、賑濟に充てることとされた。[18] 尚、時の知州陶之真は、事態に迅速に対応できなかったため、罷免されている。[19]

この後、火災に遭った台州城内外の復旧が緊急かつ重要な課題となった。『嘉定赤城志』によると、

淳熙二年、趙守汝愚、又繕築焉。先是、郡有壯城。遇水患、令司其役。已乃屬役於士庶。吏誅求不饜、則捃摭、鞭箠、至有殞於非命者。公、從州士請、歸其役於壯城、民用以寧。

とあるように、淳熙二年（一一七五）には趙汝愚による復旧工事が実施された。史料中にあるように、以前は水患の際には壮城指揮（廂軍）が労役に携わっていたが、いつしか士庶が負担させられていた。しかも吏の誅求が厳しく、甚だしい場合には、命を落とすものさえあった。そこで趙汝愚は、州士の請願によって再びこれを壮城指揮に帰す事とした、とある。『赤城集』所収の史料によれば、「暇日循行、牆落」との現状を見、時の宰執に上奏して壮城指揮の待遇を改善し、その上で軍事判官蘇延寿に費用・食料・資材の調達・管理を、兵馬都監胡勝に兵士の現場指揮を、それぞれ命じた。その結果、鎮寧・興善・豊泰・括蒼の四門を新たに作り直し、崇和・靖越・朝天・順政・延慶の五門を修築した。[20] 修築工事の内容は、『赤城集』巻一、呂祖謙「台州重修城記」に、

起淳熙二年六月癸酉、訖閏九月戊辰、累日積工、凡一萬五千三百七十有六、大抵取具於壯城之籍。聞民、願卽工者、厚醻之。不欲、勿彊會。其數賑役兵、纔十之二。……其材瓦石甓之用、積二十一萬萬七千九百、錢以貫計、

米以石計者、合四千六百有奇、維、侯憂民急病之意、既達於下精知周慮、又足以綜理之故、公無羨費、民無留力、工無餘技、役事首尾、再時版臿、竝作觀堀興、而近郊之甿、初未嘗釋隴畝。

とあるように、①期間は、淳熙二年六月癸酉から閏九月戊辰まで、②労力は、一万五三七六工、概ね壮城指揮の兵を動員した。希望者があれば民間からも工夫を募り、厚遇した。しばしば問題となる強制は禁止し、この民夫は、全体の二割ほどであった。③費用は、瓦・石・甓が二一万七九〇〇、銭米は合計で四六〇〇貫石であった。しかも、余分な労力を費やさないように、細心の注意を払い、近郊の農民を煩わすことはなかった。(21)

翌淳熙三年（一一七六）秋、大雨が襲った。『嘉定赤城志』に、

三年秋、大雨、城又幾墊。尤守袤極力隄護事、竟復修城、城全。

とある。これを『宋史』巻三八九、尤袤伝でみると、

尤袤、字延之、常州無錫人。……前守趙汝愚修郡城、工纔什三、屬袤成之。袤按行、前築殊鹵莽。亟命更築、加高厚、數月而畢。明年大水、更築之、墉正直水衝、城賴以不沒。

とある所から、工事が三割程完成した時点で、趙汝愚は新任地に転出し、後任の知州尤袤が工事を引き継いだ。実地調査の結果、尤袤は亟に城壁の補強を命じ、数ヶ月に及ぶ大工事となった。翌淳熙三年の大水の際には、更に増築を加えている。この事から、足掛け二年に亙る大工事であったことが読み取れる。更に、翌淳熙四年には、知県彭仲剛が、県治を修築し、余材で県丞庁・主簿庁・社稷壇を再建した。夫も附邑の三郷から集め、報酬・休息も充分に与えられ、待遇も改善された。(22)乾道九年の大火後の復旧に、実に四年を要した。

その後、やや年月を隔てて、城内の区画整理が行なわれた。『嘉定赤城志』に、

嘉定十六年、齊守碩復經界。有以故基爲言者。亟遣官吏、按視、卽知城趾廣踰四丈中有二斗門瀉水。遺蹟具在、

而以居人奄據、或田、或圃、歳久懼愈湮。迺於其中、酌存丈許、旁揭牌以爲表識、其奄據者、貰不治、而聽其承佃、如官店基法焉。新城既全、而舊城且不泯矣。

とあるように、嘉定一六年（一二二三）には、知州齊碩により経界が正され、城内の居住地と、田地及び圃地とが区別された。ただし、見に奄據されている土地については、条件付きでその承佃を許している。(23)

翌嘉定一七年（一二二四）には、知州王梴により、城内河の浚河・整理が実施されている。『赤城集』巻一三、姜容「州治浚河記」に、先述の「癸巳（九年）、火。河蔽於瓦礫、以迄於今非惟閼塞、而貧侵富蝕、上廬旁塹、河幾廢矣。」に続けて、

雨俄頃、濁潦沒道、甚或破扉齧屋、春夏濕蒸疾癘以滋。於是、今守王侯梴慮之、……始季秋迄仲冬、命戸曹惠孔時總其要。諭民治溝溜使各達於河、潦歛夫具畚臿、使輦河之淤土、續斷潰引別派、深廣各倍於初。因民所利不擾、而辦河以丈計、總千五百六十有八、而内歸之蝕者什三、不以工計、總萬三千九百有一、而内參以壯城者什二、錢以貫計、米以碩計、總千五百七十有奇、而外饋勞之費什一。河之舊、雖已難復、而平瀾衍流、環映庭戶易沮洳爲亢爽、無雨潦疾癘之憂、晏然如己丑時矣。

とある。その内容は、①まず、戸曹參軍惠孔時に、城内浚河の要を總べしめた。②城内河に至る末端の溝溜の浚渫は、住民の自弁とした。③城内河の淤土の浚渫・運搬は、官が費用・道具を負担した。④工事の規模は一五六八丈（十分の三は住民の侵街によるもの）、人員は一万三九〇一工（十分の二は壯城指揮）、費用は貫・碩で計って一五七〇（饋勞費が十分の一）、等であった。

紹定二年（一二二九）には、またもや大規模な水害が台州を襲った。『赤城集』巻一〇、王象祖「浙東提挙葉侯生祠記」によると、

紹定二年、臺郡夏旱秋潦。九月乙丑朔、復雨。丙寅加驟。丁卯、天臺・仙居水自西來、海自南溢、俱會於城下。防者不戒、襲朝天門、大飜括蒼門、城以入雜、決崇和門側城。而出平地、高丈有七尺、死人民踰二萬、凡物之蔽江塞港入於海者、三日。癸酉、前邦君今本路倉使葉公、聞變馳來。朝廷、以公得臺民心、因命天災、以續民命。……須錢米、助修築、弛徵榷、閣租賦。……得旨、征榷豫一年、凡官錢皆如之。秋租減其七、明年夏賦捐其半。須錢米、以賑恤城築者、合緡斛幾百萬。初、倉廩蕩於波濤、遺禾腐於泥潦、人身惶怖、公移粟於近、告糴於遠、勸商賈通有無。……内選郡僚、外求寓公。寓公各自擇其鄉之堪其事者、幷書吏、省文書。災傷、以輕重爲差、州郭重於諸縣。臨海重於天臺・仙居、天臺・仙居重於寧海・黃巖。重者數倍輕者、必稱必均、各競於善、而惠無不實。日有粥月有給、疾病有藥、死亡有棺、獨孩幼者有養。

とあるように、この年は夏旱と秋潦が襲った。九月乙丑・丙寅の両日、豪雨が続いた。丁卯になると、霊江上流の天台県・仙居県から奔流が押寄せ、台州城を襲い、まず朝天門・括蒼門を直撃して流入し、崇和門の側城から流出した。城壁は半ば水没し、住民二万人を殺し、多くの物を流し去った。二日後、前知州・見浙東提挙常平使の葉棠が急遽馳来し、被害状況を検分し、賑恤・救済に努めた。その結果、①征榷は一年を予す。②秋租はその七分を減じ、明年の夏賦はその半ばを捐した。③近隣の州県及び商賈から米を集め、銭米約一〇〇万で城壁の修築に対して賑恤を加えた。④属僚はもとより、寓公に対しても協力を要請し、官民挙げての応分の負担を求めた。⑤災傷は、州郭→臨海県→天台・仙居県→寧海・黄巖県と、被害に応じて等級を付けた。⑥鬻・衣料・薬等の支給、死者の埋葬、窮民収容施設の充実、等の措置を講じた。

次に、その具体的な修築の状況だが、続けて同書に、

始於季秋、畢於季夏、臺郡無前聞也。水先壞門、……多門多罅、水多衝括蒼門。故塞括蒼門。括蒼無罅、水必犇

豐泰門。併塞豐泰門。患江之齧、外爲長堤以護城足、患水之衝、内爲高臺以助城力。城崇舊二尺、厚舊三尺、埋深以固址開疊、以廣基器利材良土密工練、展民居除惡壤。暮穴其築、以受水、詰朝水不耗方止。……復通利河渠、疏整溝閘、堅闢裏城、修郡庠、復賓館、新橋梁、廣養濟、作雄樓於臺上、以壓江勢。

とあり、『赤城集』巻一八、葉棠「台州壽台樓記」に、

豫、時在越、得變告、疾馳來、發倉捐緡、竊用便宜。……賑公錢三十六萬貫、米斛十萬、而民始蘇。復盼緡錢二十萬、米萬斛、而城迺新。初、水之破城也、入自括蒼門、豫、塞之、作樓七間、据城上。

とあり、『赤城集』巻一、王象祖「重修子城記」に、

大城、水潦毎降、江潮亙凝舂撞、無時傾圮、……於是、長堤一千四百丈、以捍城足。涉江之西、有盤石、潮汐上下、翻濤攻擣、長堤復慮其難。恃之撤、於江深踰二丈、累石於結成三疊、復以捍堤、以牛練土、以水試滲、萬杵同力、百材共良、門闢如鐵、雉堞可礪。

とあるように、①水衝の括蒼門・豐泰門を塞ぐ。また、高さ二尺・厚さ三尺を、それぞれ旧に増す。②霊江の北岸に長堤一四〇〇丈を築き、石で補強し、牛に踏ませて固める。③城基を侵す民居は多所へ移す、④郡庠を修め、賓館を復し、橋梁を新たにし、養濟院の規模を広げる、等の復旧措置を実施した。これらの措置に要する期間は、季秋より翌年の季夏までとし、費用は公銭三六万貫、米一〇万斛、更に、銭二〇万貫、米一万斛を賑す、とある。

その後、南宋の末年までに、台州城の水災に関する直接の記事は、淳祐一二年（一二五二）と、咸淳六年（一二七〇）の二例を数えるのみである。(24)

四、都市の発展と水利

1人口増加と居住地域の拡大

台州城の羅城は、前述来の如く、周囲一八里（約一〇キロメートル弱）、城壁（墻）は高さ一丈八尺（約五メートル半）、幅一丈二尺（約四メートル弱）、七門を備えていた。これは、通常の州城クラスがほぼ一〇里（約五・五キロメートル）前後の城周とされる点と比較すると、やや大きいといえよう(25)。

しかし、州城内の北部は大固山、南部は小固山・巾子山が占めており、東側には東湖があって、やや低湿であり、西南面も絶えず洪水の危険性にさらされていた点を考慮に入れると、その居住空間は必ずしも十分とは言えなかった。州城内の官衙は、当然最も高燥な西北地区を占めていた。ここに、更に周囲四里（約二キロメートル強）の子城が築かれた。『嘉定赤城志』巻五、公廨門二、州治に、

州治。在州城西北、大固山下。舊在山上。今永慶院。

とある。また、『嘉定赤城志』巻二、地理門・城郭　子城には、

按舊經、周回四里、始築時不可攷。或云、州治舊在大固山上、有子城故趾焉。後、隨州治徙今處。

とある。州治は、大固山上→大固山麓と、漸次移動してきたことがわかる。子城外の南側に、臨海県治が隣接している。臨海県治は、周囲二九五歩（約四五〇メートル）、元来城壁があったが、後に墻に代わった。他の諸庁を加えて、この一帯が官庁街を形成していた。

宋代の台州城内の人口は、正確には算出できない。ただし、若干の史料から、南宋の嘉定一五年（一二二二）前後の戸数は、概ね一万戸程度と推定される。[26] 州城内の一般住民の居住の様子を史料で見ると、『赤城集』巻一三、王廉清「修東湖記」に、

天臺爲郡、負山帶江、地形嶮巇、草木翳薈、人烟繁夥、萬室鱗比、隨山高下。

とある。又、『宋史』巻三一七、銭惟演伝　銭暄伝附には、

臺城悪地下、秋潦暴集、輒圮溺、人多卽山爲居。

とあるように、住民達は洪水禍から逃れるため、少しでも高燥な土地を求めて集住した。

一方、北宋末から南宋初にかけて、台州城内の人口は当然増加したと考えられる。これには、自然増に加えて、商工業の発達に伴う過密化、更には宋の南渡に因る影響、等も考慮する必要がある。[27] 人口増加にともない、居住空間も又、低湿地に下りてくる。『嘉定赤城志』巻二、地理門・坊市には、状元坊以下、美徳坊までの一四坊、節孝巷以下、黄甲巷までの五巷、大街頭市以下、興善門外市までの一一市が記載されている。[28] 一一市のうち、五市は城門付近に所在し、商工業等で大いに賑わっていたであろう。朝天・括蒼・鎮寧・興善の四門は、洪水の侵入路であると同時に、交通の要衝でもあった。特にその鍵鑰の地たる興善門外には、南宋の淳熙八年（一一八一）、知州唐仲友により、中津橋が設置された。『赤城集』巻一三、唐仲友「新建中津橋碑」に、

城臨三津、其中最要。道出黃巖、引歐・閩、往來晝夜不絕、招舟待濟。

とあるように、州南の穀倉地帯の黄巖県を経て、南隣りの温州、更には福建へ行く際の重要な渡津であった。橋が架けられる前、唐仲友が父老に未架橋の理由を尋ねると、「對、以潮汐升降、經營、爲艱食於津與瀕江之市、又沮之、皆中輟。」との答えが返ってきた。

つまり、霊江を溯る海潮の干満の差が大きい事と、渡守とその対岸の市（興善門外市）の利害関係がその理由であった。そこで唐仲友は、属僚に分担させて地勢の高下を度り、霊江の広深を測り、一〇〇分の一の模型を作って実験した結果[29]四月丙辰より九月乙亥まで、「金木土之工、二萬二千七百」、「州銭九百八十萬、米四百五十斛、酒二百六十石」、の資材・費用と人員を用いた。そして、「因其地名之、曰中津。」とある如く、地名に因って中津橋と名付けた。その構造は、舟二隻を一節とし、二五節、全五〇隻を繋いだ浮梁であった。橋役は五県で共にし、資材は竹纜（竹で編んだ縄）は黄巌県が、その他は、臨海県が負担した。管理は、臨海県尉・支塩官で、更に報恩寺の僧侶・童行二人を選び、吏属・将校・橋守を置き、廩給を厚くした。[30]この中津橋は、その後慶元元年（一一九五、知州周曄）、同二年（一一九六、知州劉坦之）、嘉定四年（一二一一、知州黄螢）、同六年（一二一三、知州兪建）、同一五年（一二二二、知州齊碩）と、相次いで修築・補強された。[31]

2州河・東湖等の整備

州城内を流れる州河は、前述の如く北宋の慶暦六年（一〇四六）、知州元絳の措置によって整備された。『嘉定赤城志』巻二三、山水門、水・州河に、

州河。在城中。按舊經、原始平橋、平橋始石佛寺後山流。

とある。この州河は、州治の南縁を経、更に東流して悟真橋・観橋前で二筋に分れた。一は南流して都酒務の後を通り、宝城巷水門から泄水し、一は東流して都米倉の前を通り、稍東南の崇和門水門から泄水した。余水は一旦宝城巷に会し、小固山水門から泄水した。宋代以前、州河に三つの支流があり、清漣・新沢・清水と呼ばれ、舟行が可能であったが、宋代に入り、「以居人櫛比、闕而小之。今不惟舟不得通、而車馬之路、亦轉側無所矣」という有様であっ

た。[32] この浚河の役は、慶暦六年（一〇四六、知州元絳）、乾道五年（一一六九、知州向沩）、嘉定一七年（一二二四、知州王梴）の前後三回であった。しかるに、汚物投棄や不法占拠・埋立等により、すぐに淤塞してしまう。「州治浚河記」の作者姜容は、「余求其故、昔之通舟注行、城袤而民稀。慶歴復舊城與民、未改也。至乾道、城既縮入、而居民多、故復之難。今愈多、故愈難。」と、やはり人口の増加がその根本原因だとしている。

一方の東湖については、『赤城集』巻一三、王廉清「修東湖記」に、

厥初經營、智者相攸鑿湖於城東。當衆山禁匯之要、以受百水、即城徑庭、爲瀆以疏之。湖高而江低、並湖爲斗門泄水、以注之江。

とあり、衆山からの百水が流入する要の地に当たる。東湖は霊江より高いため、斗門を設けて泄水した。このため、「旱、則瀦蓄以待灌漑之須、民用奠居、無復水患。」と水・旱災両方の備えとなった。このように、城内河の整備と東湖の整備とは、密接な関係にあった。

台州城内の上水は、こうした山流の他、井泉が鑿たれ、使用された。『嘉定赤城志』巻二三、山水門、水には、三台泉井以下四井、玉泉以下四泉を載せるのみで、詳細は不明である。これらはいずれも、州城北縁の山麓と、それに連なる諸寺院周辺に分布している。

『民国臨海県志』巻四、疆域、敍水・井には二八宿井という記載がある。

相傳、始建城時、濬築取象二十八宿。

とある。この二八宿井は、概ね城内の西南隅・東南隅に分布していたようである。

3 在地の立場と経費の負担

州城修築・堤防護岸工事・州河浚渫といった事業は、以上に見てきたように、ほとんどが知州からの発令で実施される。また、県治の修築は、知県からの発令である。更に、特に災害規模が大きい場合には、転運使・提点刑獄・提挙常平使等の監司を派遣し、賑恤・救済等の措置と並行して、復旧措置を実施している。

これに対して、在地の関わり方はどうか(33)。州城修築や州河浚渫には、壮城指揮が動員されていたが、いつしか士庶に帰され、趙汝愚の時に、〃州士の請〃により旧に復された経緯は前述の如くである。『赤城集』巻一、陳耆卿「上丞相論台州城築事」にも

至張奕所爲至和城記、亦有驅人趨作、如赴敵陣之語。可見其工程之嚴、而慮患之宻矣。

とある。州士と呼ばれる彼らにとって、苛斂誅求により、民が疲弊するのは、最も憂慮すべき事態であった。「上丞相論台州城築事」は、紹定二年の水災害の直後に書かれたもので、費用・資材等、要路への支援要請をしたものと考えられる。同書には、州士としての陳耆卿の現状分析がある。「某等生長台城」で始まるこの文は、以前には雨が降れば兵卒を料撥し、土木を蓄え、諸門を巡守するなどして不時の出水に備えたため、大災害には至らなかった事を述べる。しかるに、「獨自近歳、漫不如意、甚至、常用之閘板、預備之泥土、亦皆缺焉」とあるように、紹定の水災は、むしろ漫心による人災が根底にあると指摘する。そして、「細民、亦栖托城外、以希旦暮之活全」の現状であり、「望、有司監近禍之慘、亟修城壁」と進言する。ただ、冬から春にかけては、「雨雪連綿、度皆難於興役、人心惶惑、未知所依然」と人心に配慮する必要がある。そこで、「以某等觀之、固亦有要領矣」と、以下に修築の具体策を展開する。「因山爲城」した所は特に問題なく、ただ興善門から朝天門に至る水衝地帯を重点的に修築せよ、と言う。その際、

「海塘之状」の如くし、厚さ三～四尺の石板を用いるよう、指定している。肝心な経費については、「恐、所費増多、更乞優降銭粟、以為之助」とあり、支援を要請している。

では、『赤城集』出版の意図は何か。『赤城集』は、淳祐八年（一二四八）に出版された。『嘉定赤城志』の出版（嘉定一七年、一二二四）から数えて二四年。内容的にも、これだけまとまって州城修築・州河浚渫等の関連資料を収録している点、編纂者林表民が、この両者の間に、いずれも州城治水と関連の深い『赤城續志』・『赤城三志』を編纂している点、等を繋ぎ合せていくと、まさに州城修築に対する州士から要路への働きかけ、という意図が明瞭に浮かび上がって来る。

五、おわりに

以上、本章で考察した内容をまとめ、今後への課題を述べたい。

1州城修築と治水対策を内容的に類別すると、㈠城壁・城門等の修築、㈡城西・城南西の長堤の建設・修築、㈢州河（城内河）の浚渫、㈣東湖の開鑿。浚渫、等に分けられる。当然、これらは、いくつか併行して実施される例が多い。

2担当官の類別。㈠監司（北宋では、転運使・提点刑獄、南宋では提挙常平使）。これは、特に災傷が甚だしく、大規模な賑恤・救済を必要とする場合。㈡知州。州城修築・子城修築・州河浚渫は、ほとんどが知州の発令で、実務は属僚（主に戸曹参軍）に担当させる。㈢知県。県治の修築は、知県の発令。

3費用及び人夫。一州城修築の費用は、通常は州銭等で、有力戸に銭米を支出させる場合もあった。大規模な場合は、中央に願った。人夫は、主に壮城指揮を用いた。一時期民に割り当てたが、負担が重く、後には有償の雇傭となった。二州河の浚渫は、末端の溝溜は住民の自弁、幹線部分の淤土の浚渫・運搬は官が費用・道具を負担した。ここでも、壮城指揮が動員された。

4官衙は城内西北の大固山麓に位置し、旧来の居住地域もその周辺に限られていた。人口増加に伴い、次第に低湿地に拡大した。城西・南の城門一帯では内市・外市が設けられ、人口が集中した。特に要衝たる南門、興善門外には、中津橋が築かれて、交通の便が図られた。

5林表民の『赤城集』は、州城修築・州河浚渫等の関連史料を多く含む。『嘉定赤城志』の編纂者陳耆卿の立場を継ぎ、要路の支援を要請する目的で出版されたものである。

元以後も、台州城修築は繰り返し実施されたようだが、「邑人捐資」あるいは「紳董」等の実例は、清朝末の道光二〇年（一八四〇）以降の事である。(34) 台州城内の戸口数は、微増に止まっている。これは、度重なる水災で、都市そのものの順調な発展が阻害されたためと考えられる。(35) 台州城の州治としての地位は、その後も変わらないが、台州の発展は、むしろ南部の黄巖県に重点が移って行く。(36)

最後に、都市研究との関連で、今後の課題を述べたい。地域開発・都市化の一環として見た場合には、周辺の農村部や鎮市との商業・流通のネットワークの中で捉え直す事が重要であろう。都市社会史の一環として見た場合には、住民構成、自治も含めた管理制度、貧民の救済対策等、更に詳細な研究が必要であろう。(37)

当面、㈠断代史的側面からは、宋代の他の都市の具体例、㈡通史的側面からは、県城・鎮市も含め、元明清以降の台州の都市の発展、という両面から、事例研究を深めて行きたい。

註

（1）近年の代表的な研究としては、梅原郁編『中国近世の都市と文化』（京都大学人文科学研究所、一九八四年）所収の諸論文、梅原郁「宋代の開封と都市制度」（『鷹陵史学』三・四、一九七七年）、伊原弘「唐宋時代の浙西における都市の変遷——宋平江図解読作業——」（『中央大学文学部紀要』史学科二四、一九七九年）、同「宋代浙西における都市と士大夫——宋平江図坊名考——」（『中嶋敏先生古稀記念論集』〈上巻〉一九八〇年）、同「江南における都市形態の変遷——宋平江図解析作業——」（『宋代の社会と文化』宋代史研究会、汲古書院、一九八三年）、等がある。最近の研究動向を概括したものに、木田知生「宋代の都市研究をめぐる諸問題——国都開封を中心として——」（『東洋史研究』三七—二、一九七八年）、山根幸夫「中国中世の都市」（『中世史講座』三、中世の都市学生社、一九八二年）、斯波義信「中国都市史研究から」（『講座　日本の封建都市』巻一、総説　文一総合出版、一九八二年）、伊原弘「宋代を中心としてみた都市研究概論——寄木細工の多面体解剖学——」（『中国—社会と文化』二、一九八七年）、等がある。また、岸俊男編『中国の都城遺跡——中国都城制研究学術友好訪中団報告記録——』（同朋舎、一九八二年）、同『中国江南の都城遺跡——日本都城制の源流を探るⅡ』（同朋舎、一九八五年）、等も参考になろう。その他、唐代史研究会編『中国都市の歴史的研究』（唐代史研究会報告　第Ⅵ集、一九八八年）も有益である。

（2）林和生「中国近世における地方都市の発達——太湖平原烏青鎮の場合——」、秋山元秀「上海県の成立——江南歴史地誌の一駒として——」、（いずれも、梅原郁編『中国近世の都市と文化』〈前掲〉所収。）、本田治「宋代の地方流通組織と鎮市」（『立命館文学五〇〇号記念論集』、一九八七年）

（3）斯波義信「宋代明州の都市化と地域開発」（『待兼山論叢』三、一九六九年）では、詳細な研究がなされているが、明州も浙東運河の東端に位置している。また、同氏「荒政の地域史——漢陽軍（一二一三〜四年）の事例——」（『東洋学報』六六—一・二・三・四、一九九五年）。（後、いずれも『宋代江南経済史の研究』汲古書院、一九八八年所収。）

（4）拙稿「中国における最近の水利史研究」（『中国水利史研究』一八、一九八八年）参照。（三、漕運関係　四、都市水利　七、中国水利史研究文献目録）

（5）　都市水利の対象は、多岐に亙る。それらを、今仮に㈠飲料水・産業用水の問題、㈡城内河渠の浚渫——都市管理との関係——、㈢漕運（水運）との関係、㈣水害・治水対策、の四つに分けると、本稿は主に㈡と㈣が考察対象となる。それぞれの研究では、㈠では、佐藤武敏「唐宋時代都市における飲料水の問題——杭州を中心として——」（『中国水利史研究』七、一九七五年）。㈡では、斯波義信「江西宜春の李渠（八〇九〜一八七一）について」（『東洋史研究』三六—三、一九七七年、後、『宋代江南経済史の研究』〈前掲〉所収。）、森田明「清代淮安の都市水利について」（『中国水利史研究』九、一九七九年）、同「清代蘇州における商工業の発展と水利機能」（『人文研究』三四—二、一九八二年）、同「清代常州の浚河事業について」（佐藤博士退官記念『中国水利史論叢』国書刊行会、一九八四年）（後、いずれも『清代水利社会史の研究』国書刊行会、一九九〇年所収。）、松田吉郎「明清時代浙江鄞県の水利事業」（佐藤博士還暦記念『中国水利史論集』国書刊行会、一九八一年）、同「明代南京の水利について」（山根幸夫教授退休記念『明代史論叢』汲古書院、一九九〇年）。㈢では、中村圭爾「建康と水運」（佐藤博士退官記念『中国水利史論叢』国書刊行会、一九八四年）、古林森廣「北宋前半期における汴河の水路工事」（『中国水利史研究』一一、一九八一年）、同「北宋熙寧・元豊年間における汴河の水路工事」（佐藤博士退官記念『中国水利史論叢』国書刊行会、一九八四年）。㈣では、近藤一成「知杭州蘇軾の救荒策——宋代文人官僚政策考——」（『宋代の社会と文化』宋代史研究会研究報告第一集、汲古書院、一九八四年）。

（6）　周藤吉之「南宋郷都の税制と土地所有」（『東洋文化研究所紀要』八、一九五五年。後、『宋代経済史研究』東京大学出版会、一九六二年所収。ここでは、後者五四三頁による。）、柳田節子「宋代土地所有制にみられる二つの型——先進と辺境——」（『東洋文化研究所紀要』二九、一九六三年、九八〜九九頁）、渡辺紘良「宋代福建・浙東社会小論——自耕農をめぐる諸問題——」（『史潮』九七、一九六六年、二八〜二九頁）等。

（7）　『アジア歴史事典』第六巻三三頁、「台州」の項（梅原郁）。陳耆卿『嘉定赤城志』巻一、地理門・叙州。

（8）　草野靖「唐宋時代に於ける農田の存在形態」（中）（『法文論叢』〈熊本大学〉三三、一九七四年）、斯波義信「唐宋時代における水利と地域組織」（星博士退官記念『中国史論集』一九七八年、後、『宋代江南経済史の研究』（前掲註（5）所収。）、本田治「宋元時代の濱海田開発について」（『東洋史研究』四〇—四、一九八二年）

(9)　図1参照。

(10)「台州の沿海部は特に台風の影響を受け易」く、……「また、これに伴なって、霊江水系の河川は、特に六月と九月に増水する。更に、海潮の逆流がこれに加わる。しかし、台風の影響が少ない時には、逆に西部の山間部を中心に旱害が発生し易くなる。」(『浙江地理簡志』浙江人民出版社、一九八五年。一三二・一三三頁)

(11) 以下、単に『嘉定赤城志』とある場合は、『嘉定赤城志』巻二、地理門・城郭の条からの引用である。同書に、

蓋自尤守以前、城凡八修。徽是、難闕修、非大役、故不書。

とある。

(12) 彭思永のこの時の措置は、董煟『救荒活民書』巻三、「彭思永賑救水災」として収録されている。尚、吉田寅「『救荒活民書』と宋代の救荒政策」(青山博士古稀記念『宋代史論叢』省心書房、一九七四年)参照。

(13)『赤城集』巻一、蘇夢齢「白州新城記」には、

其址凡環叡里、而四隅三面壇界、相屢。惟北面、以破山、簡閲焉。城制、雖存無賃巨防也、中以仙居令徐赳専掌之、獄掾宗惟一、參綜之。又命司邏喬筠・邢昭素・宋世隆、迭番譏呵、以警非常。

とある。(「台州城修築職掌の具体例」、参照。)

(14)『赤城集』巻一、蘇夢齢「台州新城記」及び范仲淹『范文正公集』巻一三、「太子中舎致仕范府君墓誌銘」。

(15)『嘉定赤城志』巻三四、人物門・遺逸

(16)『嘉定赤城志』巻九、秩官門・郡守

(17)『赤城集』巻一八、陳公輔「送滕子勤赴衢州司録序」、李昌齢「滕侯守台頌弁序」

(18) また、『宋会要輯稿』食貨一二之一一・身丁に、

乾道九年十一月九日、南郊赦、臺州城内、被火居民、仰本州取會、保明詣賞、將今年未納身丁、與免一年。

とあり、身丁銭が一年免除されている。

(19)『宋会要輯稿』瑞異二之三六、及び『嘉定赤城志』巻九、秩官門・郡守

(20) このうち、順政・延慶の二門は、子城の東門・西門に当たる。（『嘉定赤城志』巻二、地理門・城郭　子城）

(21) 趙汝愚は、この時養済院も設置している。（『赤城集』巻一八、趙必愿「養済院創置修復本末序」）

(22) 『赤城集』巻三、尤袤「臨海県重建県治記」、呉子良「臨県重建県治記」

(23) 梅原郁「宋代の戸等制をめぐって」（『東方学報』四一、一九七〇年）によると、宋代では、特に税役上都市居住者を坊郭戸と呼び、十等の戸等に分けられていた。また、斯波義信『宋代商業史研究』（風間書房、一九七三年）では、『嘉定赤城志』巻一三、版籍門・田、所収の田土統計を引用し、「……すなわち経界法の行なわれた地域では、都市的土地所有＝坊郭基地を丈尺単位で算出し（丈尺は恐らく間口の広さであろう）、しかも十等級に分類した上、三等（上中下）ないし十等に分って物力＝家業を算定していたようである。」、と説明する。（第四章　宋代における都市、市場の発展　二　都市的土地所有——課税原理と都市の再編成——、三二七頁）

(24) 『宋史』巻六一、五行志・水上、淳祐一二年六月の条、及び『宋史』巻四三、理宗本紀、淳祐十二年六月丙寅の条。『宋史』巻四六、度宗本紀、九月壬子の条、及び同一〇月丁卯の条。また、『民国台州府志』巻九六、名宦伝、趙子寅の条。

(25) 『康熙臨海県志』巻二、建屋・城郭に、

　邑城附郭。按赤城舊志、周廻一十八里、長二千四百九丈、高一丈八尺、濶一丈二尺。

とある。州城のサイズについては、斯波義信「宋代の都市城郭」（『中嶋敏先生古稀記念論集』〈下巻〉、一九八一年。後、『宋代江南経済史の研究』（前掲）所収。）による。氏は、地方志等により、宋代の一三九の城郭都市のサイズ等の統計を作成した。全体を、上位治所（国都・路治）、中位治所（府州軍治）、下位治所（非負郭県治）の三ランクに分け、その中で、華中の中位治所の平均値は、一三・三里である。また、城門については、『嘉定赤城志』に、

　今有七門、各冠位樓。南曰鎮寧門、樓名神秀。曰興善門、樓名超然。東曰崇和門、樓名惠風。西曰括蒼門、樓名集仙。東南曰靖越門、樓名靖越。西南曰豐泰門、樓名霞標。西北曰朝天門、樓名興公。

とある。また、斯波氏は、台州城の城幅を、『嘉定赤城志』に、

　亟遣官吏、按視、則知城趾廣踰四丈。

とあることから、四丈とされている。

(26) 樓鑰『攻媿集』巻三、「寄題台州倅廳雲壑圖」に、

頃年登赤城裏、江繞城中萬家市。

とあり、『宋史』巻六三、五行志・火に、

乾道九年九月、臺州火。經夕、至于翌日晝漏半、燔州獄、縣治、酒務及居民七千餘家。

とあるのによる。尚、梁庚堯「南宋城市的発展〈上・下〉」(『食貨』月刊復刊一〇—一〇・一一、一九八一年)参照。

(27) 『赤城集』巻一、陳公輔「臨海風俗紀」に、

臨海魚稻之鄉、在東南一隅、昔最號無事。餘少時、見米㪷百錢、魚肉每斤不過三十賤、薪柴雜物極易得。……比年以來、國家多事、官吏冗雜、軍兵經由、州縣需要供應不暇。……故城中百物騰踊、價皆十倍於前。餘雖敝廬、度不可居、於是遁迹村落。

とある。

(28) 大街頭市(州東二〇〇歩)・小街頭市(州東三〇〇歩)・尼巷口市(州市三〇〇歩)・税務前西市(州南三五〇歩)・報恩寺西市(州南一里二〇〇歩)・朝天門内市(州西八〇〇歩)・朝天門外市(州西一二〇歩)・括蒼門外市(州西二五〇歩)・鎮寧門内市(州南一里五〇〇歩)・鎮寧門外市(州市一里八〇〇歩)・興善門外市(州市一里三〇〇歩)

(29) 潘供萱(武部健一編訳)『中国名橋物語』(技報堂出版、一九八七年)二四七～五〇頁で紹介されており、その構造の推定図も載せられている。現在は、朝天門外の上津橋跡に移されている、という。

(30) 『赤城集』巻一三、唐仲友「新建中津橋碑」

(31) 『嘉定赤城志』巻三、地理門・橋梁　中津橋。及び、同書巻一三、高文虎「重建中津橋記」・葉適「重建中津補記」。尚、この中津橋をめぐっては、唐仲友が力勝銭＝橋銭を課し、朱熹による有名な弾劾事件の理由の一つに数えられている。(朱熹『朱文公文集』巻一八、「按唐仲友第三状」。)

(32) 『嘉定赤城志』巻二三、山水門、水・州河に、

於括蒼門後、頗湮塞、自括蒼門衍於州南橋、東北澤至東橋、並棲霞宮。又東北流越悟眞橋・觀橋、疏而爲二。一南流至都酒務後、凡白塔橋・尼巷水之水、皆入焉。又東則入楊柳巷、出寶城巷水門。一東流直出都倉米倉前、稍南復東、出崇和門水門。餘水南流、亦會於寶城巷。自餘兜率六通一帶之水、又出小固山水門。大抵地勢、西仰東卑、故河流亦知之。昔傳、河之名有三、曰清漣、曰新澤、曰清水、今皆汙壞通涓流而已。

とある。

(33) 北宋末の宣和三年、邑人黄襲明が、私財を出して北側の城壁を強化し、賊に備えた事例は、典型的な自衛手段の場合である。また、洪邁の『夷堅支戊』巻六、「天台士子」に、

淳熙初、天臺（＝臺州）城外兩江水、因雨天漲涌、幾冒郭門。民死於洪流者、不可計。士子某、居城中、而田在黄巖。水未起之前、棹小舟往取穀。所載四十籮、毎籮容穀一斛。才出溪口、波濤如山、乍浮乍況、相望不絕。士子維舟高岸、遇漂至側者、欲救之、而舟力不能勝、于是、毎載一人、則擲棄一籮穀、頃刻之間、登者五十輩、而穀盡矣、乃與之還城。時尤延之袤爲郡守、歎賞其仁、卽治盛具延請、而餉以百千錢。

とある。士子は、いわゆる城居地主で、その田は黄巖に在った。秋の収穫を船載して州城に戻る途上で水害に遭い、その収穫と引き換えに人命を救い、知州尤袤から、その功により百貫を餉られた。これは、水災に際して城居の有力者が自発的に人々を救助した事例である。

(34) 表5参照。

(35) 表6参照。この事は、『康熙臨海県志』巻一一、芸文志、周潤祖「重修捍城江岸記」に、

皇元大一紀、盡隳天下城郭、以示無外、獨臺城不隳、備水患也。

と記されている事からも窺えよう。

(36) 黄巖県は、南宋初期から「四十大県」（劇県とも呼ばれる）の一つに数えられていた。（寺地遵『南宋初期政治史研究』渓水社、一九八八年、三八〇頁。梅原郁『宋代官僚制度研究』同朋舎、一九八七年、二〇一頁。）例えば、『赤城集』巻四、蔡範「黃巖知縣續題名記」に、

黄巖之壤、襟山帶海、膏腴百萬畝、其地日益墾闢、甍宇十萬家、其民日益蕃庶。故凡風輪之富、倍蓰旁邑、訴牒之夥夐、絶浙地。

とあり、『康熙黄巖系志』巻七、記、杜範「黄巖県譙樓記」に、

黄巖爲浙東壯邑。其地當舟車之會、占江山之勝、有物之庶。

とある所からも、想像できよう。その後、元代には「州」に昇格した。明代には県に戻されたが、成化五年（一四六九年）以後、黄巖県のうち南三郷と温州楽清県の二郷を併せて、新たに太平県として分県された。（『嘉靖太平県志』巻一、地輿志上・沿革）

（37）淳熙二年に趙汝愚が創置した養済院は嘉定四年に黄畚により、再建された。この時、済霜倉・安済坊・漏沢園の三つの救済施設（広義）も同時に建てられている。当時の台州城の都市社会史の観点から、この問題を再考する必要があろう。尚、伊原弘「宋代の都市管理者達――序章として――」（『社会文化史学』二二、一九八六年）が、今後への問題提起を、数多く含んでいる。また、都市景観の観点から研究する場合、上田篤・世界都市研究会編『水網都市――リバーウォッチングのすすめ――』（学芸出版社、一九八七年）所収の兪縄方「水郷蘇州」に、庭園・建築・水路・街路・橋などの空間を読み込んだ優れた分析があり、参考になる。（Ⅱ川からの報告――都市と水路の再生――一二四～四四頁、陳楽平訳）あるいは、伊原弘『中国中世都市紀行――宋代の都市と都市生活――』（中公新書、一九八八年）参照。

台州城修築職掌の具体例

慶暦五年夏六月の水害

＊転運使・田喩
＊提点刑獄・王偕
［協議］　「於是、始議城之俾」↓

新人事

林表民『赤城集』巻一　「太常博士監新安郡彭思永權守之」
蘇夢齢「台州新城記」　「秘書丞定海宰馬元康為之貳」

仙居令・徐赳（専掌）
獄掾・宗惟一（参綜）

羅城外北面

黄巖令・范仲温（専掌）
従事・趙充（参綜）

臨海尉・劉始初（専掌）
決曹・魏中（参綜）

臨海令・李匄（専掌）
従事・蘇夢齢（参綜）

寧海令・呉庶幾（専掌）
従事・褚理（参綜）

表１　隋・唐間浙東の戸数増加

隋郡名	戸数	唐州名	戸数
東陽	19,805	衢	68,472
		婺	144,086
永嘉	10,542	温	42,814
		台	83,868
		処	42,936
遂安	7,343	睦	54,961
会稽	20,271	越	90,279
		明	42,127
計	57,961	計	569,543

『隋書』巻29～31、地理志：
大業５年（609）…総戸数8,907,546
『新唐書』巻37～43、地理志：
天宝１年（742）…総戸数8,525,763

表２　北宋元豊年間浙東の戸数

州名	元豊戸数	主戸数	客戸数
衢	86,751	69,242	17,509
婺	138,097	129,751	8,346
温	121,961	80,489	41,472
台	145,713	120,481	25,232
処	89,358	20,363	68,995
睦	76,751	66,915	9,836
越	152,922	152,585	337
明	115,208	57,874	57,334
計	926,761	697,700	229,061

『元豊九域志』巻５（総戸数16,569,874）
元豊１年（1078）

表 3　台州の戸数・田土統計一覧

台州の戸数増加				出　　典	
太平興国中	31,941	主戸	17,499	『太平寰宇記』巻98	
(976〜84)		客戸	14,442		
元豊 1	145,713	主戸	120,481	『元豊九域志』巻 5	
(1078)		客戸	25,232		
大観 3	243,506	主戸	178,727	『嘉定赤城志』巻15	
(1109)		客戸	64,779		
嘉定15	266,014	主戸	184,720	『嘉定赤城志』巻15	
(1222)		客戸	76,294		
台州各県の戸数統計				田土統計	
臨海県					
大観 3 ①	70,626	主戸	51,840	祖田	637,955畝
		客戸	18,786	新囲田	5,612畝
嘉定15②	73,997	主戸	54,167	海塗田	24,732畝
		客戸	19,830	田合計	668,299畝
黄巖県					
①	63,318		46,476	経界田	939,163畝
			16,842	塗田	11,811畝
②	68,898		49,213	田合計	950,974畝
			19,685		
寧海県					
①	31,660		23,239	経界田	385,033畝
			8,421	塗田	687畝
②	35,518		21,840	田合計	385,720畝
			13,678		
天台県					
①	41,371		30,358	三等田	313,122畝
			11,013		
②	43,841		31,590		
			12,251		
仙居県					
①	36,531		26,814	租田	309,226畝
			97.17	新開田	900畝
②	38,760		27,910	田合計	310,126畝
			10,850		
				台州田合計	2,628,283畝

『嘉定赤城志』巻13、版籍門

表4　宋代台州の州城修築・州河浚渫等年表

	年　　代	担当官等	内　容	出　　典
〔北宋〕	〔仁宗〕慶暦5年（1046）	転運使　田瑜 提点刑獄　王楷 知州　彭思永等	賑恤・救済 州城修築	『赤城志』巻2、地理門・城郭　※ 『赤城集』巻1、蘇夢齢「台州新城記」等
	〃　6年（1046）	知州　元絳 （通判　黄瑊）	州城修築 州河浚渫	『赤城志』巻2、『宋史』巻343　※ 『赤城集』巻1、元絳「台州雑記」
	至和元年（1054）	知州　孫礪	州城修築	『赤城志』巻2、『赤城集』巻2　※ 張奕「台州興修記」
	嘉祐6年（1061）	知州　徐億	州城修築	『赤城志』巻2　※
	〔神宗〕熙寧4年（1071）	知州　銭暄	州城修築 東湖開鑿	『赤城志』巻2、『赤城志』巻23　※ 山水門、水・東湖
	〔徽宗〕宣和3年（1121）	（邑人黄襲明）	州城修築	『赤城志』巻34、人物門・遺逸
〔南宋〕	〔高宗〕超興20年（1150）	知州　蕭振	東湖浚渫	『赤城志』巻23、山水門、水・東湖
	〔孝宗〕隆興元年（1164）	知州　趙伯圭	州城修築	樓鑰『攻媿集』巻86、行状
	乾道5年（1169）	知州　向汮	州城修築 東湖浚渫	『赤城集』巻13、王廉清 「修東湖記」
	淳熙2年（1175）	知州　趙汝愚	州城修築	『赤城志』巻2、『赤城集』巻1　※ 呂祖謙「台州重修城記」
	〃　3年（1176）	知州　尤袤	州城修築	『赤城志』巻2、『宋史』巻389　※
	〃　4年（1177）	知県　彭仲剛	県治修築	『赤城集』巻3、 尤袤襄「臨海県重建治記」
	〔光宗〕紹熙元年（1190）	知州　江乙祖	東湖浚渫	『赤城志』巻23、山水門、水・東湖
	〔寧宗〕嘉定16年（1223）	知州　齊碩	復経界	『赤城志』巻2　※
	〃　17年（1224）	知州　王梃	州河浚渫	『赤城集』巻13、姜容「州治浚河記」
	〔理宗〕紹定2年（1229）	提挙常平使 葉棠	賑恤・救済 州城修築 長堤建設 州河浚渫 子城修築	『赤城集』巻10、王象祖「浙東提挙葉侯生祠記」 『赤城集』巻1、王象祖「重修子城記」
	〃　4年（1231）	知県　呉楷	県治修築	『赤城集』巻3、呉子良「臨海県重建県治記」
	淳祐12年（1252）	――――	賑恤・救済	『宋史』巻43、理宗本記、巻61、五行志
	〔度宗〕咸淳7年（1260）	知州　趙子寅	州城修築 賑恤・救済	『民国台州府志』巻96、名宦伝 『宋史』巻46、度宗本記

上の表中、単に『赤城志』巻2、とあるのは、『嘉定赤城志』巻2、地理門・城郭の条である。（※の部分）

図１　『嘉定赤城志』巻首図

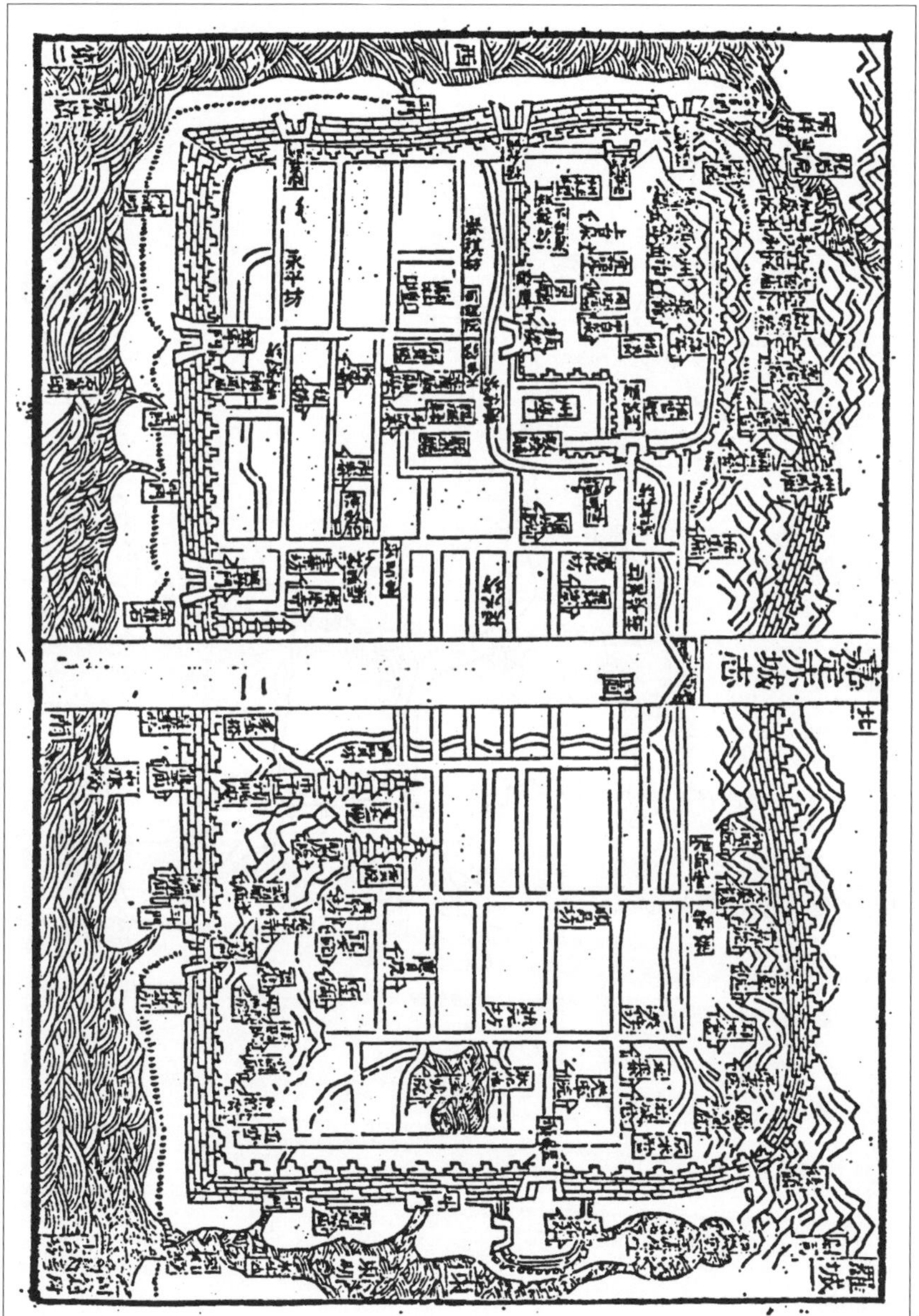

図２　台州城水利関係図（参謀本部陸地測量部五万分の一地図より作成）

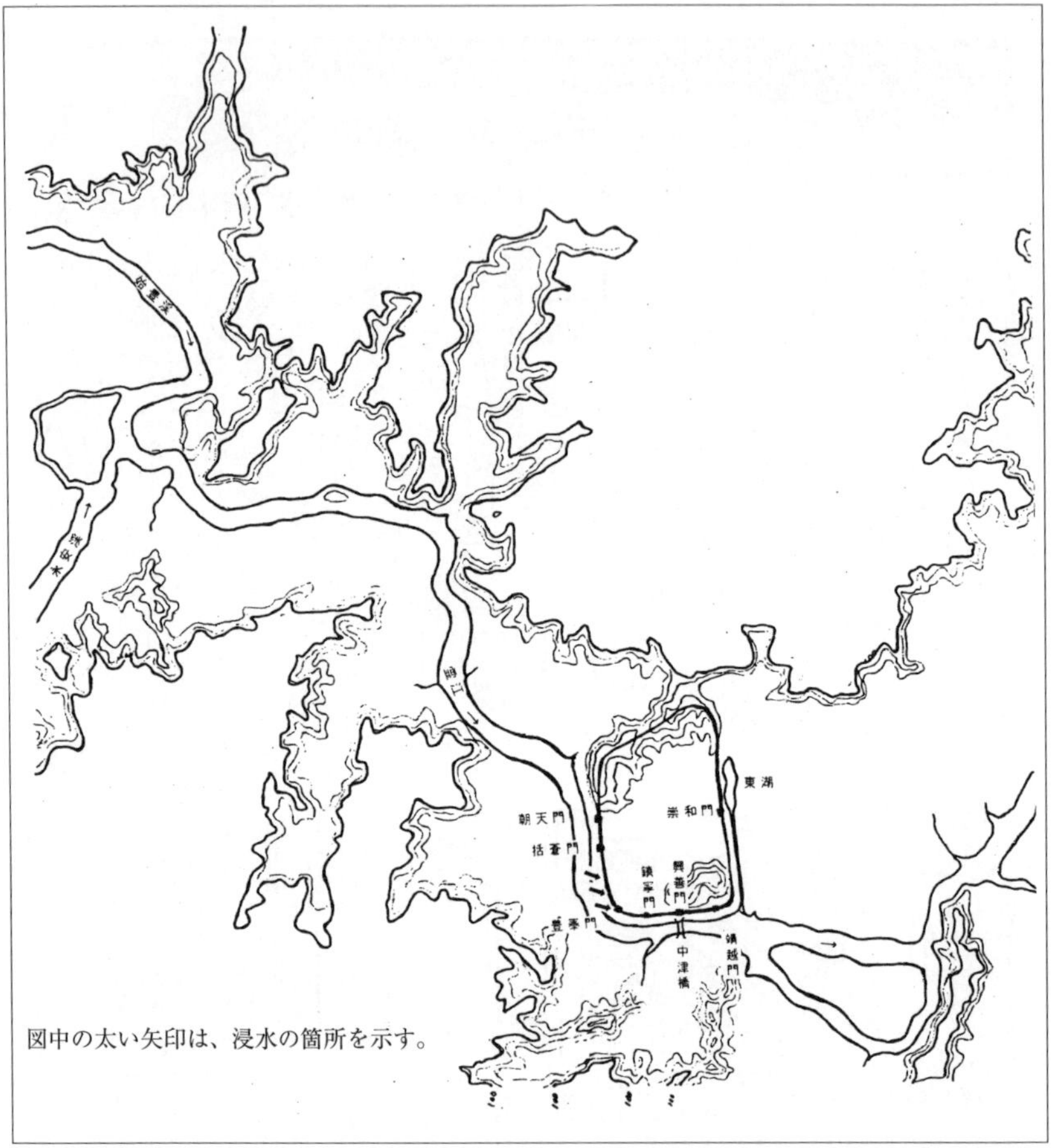

図中の太い矢印は、浸水の箇所を示す。

結　論――今後への展望――

国家の政策を進め、地域社会をまとめる上で、士大夫は要となる存在であった。第一部・第二部いずれの視点でも、中心となるのはいわゆる士大夫達の存在であり、彼らの認識であり、水利政策や地域社会との関わり方である。社会経済史を扱う以上、統計数字の吟味は当然重要な作業である。と同時にその背景となる人文的な理解も不可欠である。水利政策や地域開発が進められる過程で、如何なる議論が戦わされ、その主張には如何なる背景や立場の違いがあるのか。こうした政治動態的な考察は、今まで不十分であった。

本研究は、岡崎文夫・池田静夫両氏以来、佐藤武敏・斯波義信・寺地遵等諸先学の優れた中国水利史研究、地域開発論、政治社会史研究の基礎の上に立ち、宋代の水利史研究全般を見通すことを通じて、宋代史の研究を深める事を目指す。と同時に、宋以後、金・元・明・清のいわゆる中国近世史について、通史的な水利史研究を通じて今後更に考察を深めていきたい。

第一部　宋代の水利政策

最後に、第一部と第二部で数章に亙って考察してきた事を今一度要約しつつ、後世への影響と今後の課題を展望する。

宋王朝の水利政策は、多岐に亙っている。第一に、治水面は黄河治水、すなわち治河の問題である。当初は、黄河周辺の諸州県を中心に、州県官に担当させ、民を動員して治水に当たっていた。やがて、機構面が次第に整備され、使臣の派遣に止まらず、専門の官衙が形作られていく（付表の職官表参照）。宋初は六部よりも三司使に機能が集中しており、中央では塩鉄（使）の中の胄案が、河渠行政を掌っていた。これは、河渠案とも言われる。やがて、河渠司が置かれ、そこから都水監の設立を見る。都水監には、内監と外監とがあった。ただし、繰り返し触れられている様に、宋代は党争が激しく、また天譴論も盛んに持ち出されたため、治河政策は混乱を来した。

水災から生命・財産を守るという意味では、各地の河川整備事業も治水の重要な要素であり、その意味では運河渠道の整備も治水の一面を担っている。また、都市の防災も重要な課題であった。国都開封には、四本の水路（汴河・蔡河・広済河・五丈河）と、園苑に匯する金水河が通じていた。普通には、四通八達の地とされるこの地は、裏返せば常に水災の可能性と隣り合わせの危機をはらんでいたのである。特に汴河の管理は、この国都と宋王朝の命運そのものを担っていたといっても過言でない。

中国の都市は、一般に低地の水路指向を持つと言われており、多くの地方都市でも事情は同様であった。台州城の事例は、河川と海潮の二つの脅威に晒されていた場合である。後述の農田水利に関連して、特に江南のクリーク地帯では、排水路の確保が重要な課題であり、幹河を中心に護岸や濬泄の工事が、地方官の下、度々実施された。重要な工事については、中央からの援助もあった。

第二の利水面は、農田水利・漕運・交通を大きな柱とする。治水政策も利水政策も、財政面での制約を受ける事は言うまでもない。その中で農田水利・漕運は財政を確保するためのものであり、隅々にまで血液を行きわたらせるための、いわば血管・動脈に相当する。この問題は、地域開発と密接に結びついている。まず交通の発達が、地域開発の潜在的要因となる。そして、人と物資が集まり、食糧の増産と共に、農地が開かれ、灌漑・排水といった水利が重要視される様になる。宋代、真宗の時には勧農使が置かれ、より積極的な農政・水利政策への端緒が開かれた。その後、水利に関する項目が、勤務評定に加えられていく。やがて人口が増え、移民も流入し、本格的に開発が始まる。新県の設置や鎮の設置が見られる様になる。

さて、漕運は、国都以下の官僚と禁軍を支えるために必要であり、更に北辺への軍量輸送と緊密にリンクしていた。宋朝の支配領域拡大に伴い、漕運額も増加した。建国から約半世紀後の景徳四年（一〇〇七）には六〇〇万石に達し、これが定額となった。この漕運額を満たすため、毎年営々たる努力が続けられる。毎年の様に水旱災等の自然災害が各地で頻発、租税の蠲免措置が取られる。荒政には常平・義倉米が放出されると同時に、漕運用の上供米確保には、他州県・他路からの移用や和糴等で調整が図られる事になる。漕運の手順を見ると、県→州→路の順に上供米等が集められ、長距離の漕運を円滑に実施するため、近距離から順に納入期限をずらし、綱を組んで搬送させた。従って、品種作柄の違いも重要になってくる。この漕運は、元もと転般（搬）法を用い、数ヶ所の転般倉に蓄えていたものが、熙寧年間の直達法試行を経て、徽宗の崇寧・政和年間には全面的な直達法となり、塩の直達法と相俟って、制度としては変容していく。

南宋では、定額の或る部分は受け継ぎながら、首都圏と三総領所（後には四総領所）で軍糧その他を調達する体制が整備された。紹興末年の頃からは、対金講和の影響もあり、一時的に在地の要望を受け、水利秩序を妨げる水利田の開掘などが行われた。また、当時頻発した水旱災に対処すべく、荒政にも配慮されていた。加えて、地域の輿望を担った人物を、本貫地の近くに重点的に地方官として配置する配慮も、朝廷は示した。これが、孝宗朝の大きな特徴であろう。同時に、この措置は平時を前提としており、「開禧用兵」以後は、再び各水利田は、軍糧等の目的で、租課の重要な対象として復活していく。更に、地域に配慮した地方官配置も、次第に地域主義の傾向・弊害を強めていく。

北宋の全国主義に比べて、南宋では地域主義を強めた、という指摘は、この辺とも関係があると思われる。

宋代水利政策の展望と後世への影響について、言及する。宋朝は、華北に成立した北方政権であり、経済的・人文的な比重は次第に東南（南方）に移っていくにもかかわらず、華北の影響力が相対的に高い水準を維持したと考えられる。また財政的には、塩・茶等の諸税の比重が次第に増加した事は事実だが、両税収入全体の〝数値〟で見ると、漕運額が突出しないような配慮が働いていた。これは、江南の水利田開発が特徴視される熙・豊の間においても淤田法や他の改革を通じて、勘案されていた。本稿で管見したように、軍事・開発・漕運等、総合的な水利政策が実施されたと考えられる。北宋末になり、このバランスが崩れていく。南宋に入っても、彊域内での南北の比重に配慮しつつ、総合的な水利政策が実施されたと考えられる。南宋でも同様に、末期になるとこのバランスが崩れていく。

華中以南の開発は、元以後にも順調に伸展していくが、税糧等の数量的な分析に留まらず、正史・地方志・文集等を丹念に読み解き、歴史地理・経済史・政治史等の複眼的な視座から、解明する必要があろう。

宋初の塘泊の経営や王安石の淤田法は、後の畿輔水利の議論に結びつく。長江中流域での堤防網構築は、明以後の湖広開発の呼び水となった。ただし、遊水池の減少が、その後の水災を招く端緒となった、との指摘もある。また、広州周域での基幹的水路網構築は、明以後にやはり結実する。

漕運の制度は、宋代に大きく整備された。もちろん、漕運そのものは、漢代にもあるが、隋代の大運河建設が、やはり転機となる。当初は高句麗遠征のための軍事輸送路として機能したが、唐代後半には次第に漕運路として機能し始めた。宋代の漕運制度の祖型は、唐代の劉晏・裴耀卿の漕運改革に由来する。宋代に比して、唐代の漕運額自体は少ないが、転般法は継承されている。以後、元・明（初期を除く）・清いずれも燕の地に都を置き、江南からの漕運が課題となった。元代、黄河南流により、漕運路は度々淤塞し、ために新路を開削したり、海運を導入したりと、元朝は様々な措置を講じ、漕糧の確保に努めた。明代、新運河が開削され、ほぼ現在の経路、京杭運河が完成した。しかし、山東で常に運河の水源に悩まされ、諸河からの引水工事を施したり、黄河水からの引水を計画したが、いずれも恒久的な水源とはならなかった。また、淮安（楚州）附近での黄淮交匯が一大問題となっており、治河のみならず、民生上でも大きな懸案事項となっていた。同時に、漕運改革も永年の焦点となっており、運軍をはじめとする漕運機構の腐敗が進んだ。度々奏上される改革案も、宋代の転般・直達法の変遷の域を超えていないように思われる。

都市は、元・明・清と、益々発展するが、運河沿線上の揚州・淮安・臨清・天津・通州等、長江中流域の武漢三鎮、華南の玄関口広州などを挙げる事ができよう。江南・華南を中心に、市鎮網も、格段に稠密になっていった。その他、清の康熙年間に洪澤湖中に没した泗州、江西安康等の研究もある。黄河は、建炎元年（一一二八）即ち南宋初年に、杜充が禦敵のために堤防を切って以来、南流（東南流）に転じ、清の咸豊五年（一八五五）、河南蘭陽庁の銅瓦廂で北岸が決壊して北流に転じるまで、七百余年に亙って、南流したのである。上記、漕運の所で触れたように、南流期の最大の課題は、いかに漕運路を保全して、漕糧を確保するかにあり、民生の安定よりも、至上命題であったと言えよう。人為的要因に加え、自然的な要因も含めて、複合的な背景の中で、南流時期を考察する必要がある。宋・金対立、金・元対立のある時期、黄河は天然の要害として重視されていた。その後、版図内に包摂されても、黄河は南流し続けた。南流定着の画期は、元末の賈魯による河工で、白茅口で北岸決壊を塞ぎ、北流への復道を阻止すると共に、明清に至る河道の基軸線を定めた点である。その他、明の劉大夏による北岸太行堤の建設、同じく潘季馴、清の靳輔による淮安・洪澤湖附近での束水攻沙も、一時期はかなりの効果を上げたが、根本的な治河対策とはなり得ず、乾隆年間以後は、上流部の河南で、度々氾濫を起こし、遂に咸豊年間、銅瓦廂で北岸が決壊し、以後北流に転じて今日に至るのである。

第二部　地域社会と水利

第一章では、まず湖田問題を取り上げた。この問題は、頗る政治的な問題として立ち現れてきた。まず中央の思惑として、こうした湖田（水利田）は、格好の官租田にでき都合がよい。明州に縁のある高麗使節の接待費用を賄うため、というのが表向きの設置理由であった。一方で、地域社会の実情は、二つの立場に分かれていた。従来からの水利秩序を重視し、湖田化に反対する勢力と、むしろ積極的に湖田化し、この地の水利田を開発・拡大しようとする勢力とがあった。明州の州城（負郭は鄞県）にほど近い広徳湖の湖田化には、政治的色彩が強く働いていた。廃湖派（推進派）の樓氏や王氏は、広徳湖辺に定住していた。また樓异は権臣蔡京と接近していた。対して守湖派（反対派）の中心舒亶や王庭秀は慈渓県の人で、湖辺の民ではなかった。守湖派に名を列ねる史氏は、鄞県東郷、東銭湖周辺に地盤を持っていた。広徳湖は同じ鄞県でも西郷に位置し、これも、必ずしも湖辺の民とは言えなかった。この湖田論争は、議論として行われた所が多分にあり、両者の議論は必ずしも噛み合っていなかった。また、廃湖派は一族のための宗人義田を、守湖派は郷人義田を設ける傾向があった。こうした対応の相違から捉えた場合、当時の明州の地域社会には、〝陞官発財〟型と、〝経世済民〟型とが現れている点、大変興味深い。

第二章では、この明州鄞県の広徳湖・東銭湖という二つの湖水水利を通して、鄞県の郷村社会を考察した。まず、湖田経営の実態について、南宋初には請佃をさせていた。租米は、四万五〜六〇〇〇石にも及んだ。当時明州には、二五種の早禾・中禾・晩禾が栽培されていた。樓异の子樓璹は『耕織図志』を著している。湖辺の民として、実際に水稲作に携わり、陳旉『農書』と共に、当時の農業技術を体現したものである。ただし、『耕織図志』の方は、儒教的な色彩がやや強く、一種の勧農文としての側面が濃厚である。廃湖派は、経済面と技術面の両方から、湖田化を推進し、且つ実際に湖田を経営した主体者であった。東銭湖は鄞県の東六郷を灌漑した。唐代では、周辺の被恵田から湖田銭を取り、管理は官が担当していた。湖畔には数多くの寺院があり、放生池もまた多く存在した。南宋では、葑草による湖面の淤塞が甚だしくなり、豪民はこれに乗じて屢々湖田化を試みた。『寶慶四明志』巻一二、東銭湖の条には、歴代の開濬工事の様子が詳細に記されている。本格的な開濬が検討されるのは、やはり乾道・淳熙年間であった。乾道五年、張津の後を受けた趙伯圭は、淤塞した湖面の実面積を測量させた。淳熙四年には、魏王趙愷が湖辺の父老・士大夫に詢い、開濬の同意を得、実面積を測量させた。費用は内帑会子と義倉米であった。措置としては、湖を四隅に分け、官を差わし、董役させたが、「因銭米不給、頗有擾民」と記されている。嘉定七年、程覃は捐田を置き、開濬について士庶から広く利害を尋ねた。捐田の穀子は、近郷の物力最高の等戸に輪番で管理させ、湖辺の寺院に安頓させた。農隙に民間の船を動員し、刈り取り作業量に応じた穀子を支払おうとした。宝慶二年には、胡榘が山に登り、舟で湖底を竿差し、状況を具に検証した。具体策として、工事は農隙の八・九月の交に行う事、適正な生券・労賃を支払い、開湖局を置き、費用は官からの支給とし、管理・罰則の厳正化を図った。一〇月に水軍を交替で動員し、七郷の水利を食む者を募り、祈寒までとした。農繁期には、漁戸五〇〇人を四隅に分け、翔鳳郷の郷長に司らせ、管隅・管隊にあたらせ、府属・県丞に督察させ、提挙常平司に治めさせた。淳祐二年には、陳塏が〝開葑之策〟を行い、適正に銭を支給した。東銭湖水利も、淤葑・淤塞・湖田化との闘いであった。その後、元・明・清と、在地の共同体と豪強の間で、守湖と廃湖の立場が、対立を繰り返した。官の調停が試みられたが、次第に郷紳を中心とした支配秩序に取って代わられていったという。

第三章は、水利開発の担い手達を取り上げ、考察した。台州黄巖県は、南宋期になって、むしろ開発が進展した。

黄巖県は台州南部に位置し、比較的広い平野を擁する。黄巖県開発の上で最も重要だったのが、永寧江から取水した官河であった。ここに、北宋の元祐六年、提点刑獄羅適によって諸閘が設置された。南宋に入り、この官河水系を中心に、集中的に置閘・濬泄工事が実施されていく。時期的には、戦乱が一まず収まり、国情が落ち着きを取り戻した紹興年間後半以降の事である。紹興一八年、台州でも経界法が実施され、翌一九年、黄巖県知県楊煒により、水利興修が再開された。楊煒はこの当時常に東南（江南）の在地の利害を代弁し、明・越等の湖田廃止を訴え続けた李光と親しかった。工事の規模も、従って民に負担のない規模で収め、また賑恤にも民の便宜を図ったため、性急な開発と田産拡大を望む豪民から訴えられ、また知州とも隙を生じている。後任の知州蕭振は、楊煒を支持した廉で、貶謫させられている。南宋中期、孝宗朝の乾道・淳熙年間、本格的な水利事業が展開する。淳熙九年、浙東提挙常平として赴任した朱熹は、管轄下の七府州を巡歴して各種の荒政を実施した。朱熹は、黄巖県の生産力に注目しており、地勢や水利の特性、更には近年の状況を的確に把握・報告している。具体的な措置については、民の公平な負担に配慮している。州県当職官だけでなく、蔡鎬・林鼐・陳緯など、土居の官員・士人にも協力を求め、上戸に説諭して米穀や銭物を出させ、都正・郷官といった郷村の職役も利用して、各戸の実態把握に努めさせている。従って、史料には、「邑丞に其事を董めさせ、又、郷寓居と士人とに委ねて之を分領せしむ。」と記されている。一方で、知県と雖も現場指揮に堪え得ないと判断すれば、代替人事を建言している。朱熹の転出に伴い、後任の勾昌泰が、その事業を引き継いでいる。この度の費用は転運司所管の窠名銭・南庫銭・度牒の交付、合わせて三万貫を要している。同じく中期の嘉定年間、後期の淳祐・咸淳年間を中心に、義役（田）の運営や義行の記事が屡々登場する。これらは、右の「郷寓居与士人」と、構成員達の直接の関連性は見出せない。従って、当時の黄巖県社会は、かなり流動性が大きかったと推測できる。郷党社会の発展には、朱熹の来任及び黄巖県士人達と講学仲間の関係を創出した事が、大きく寄与したと考えられる。その後も黄巌県は社会的紐帯の強い社会と目される。一方で、水利をめぐる高郷と下郷の対立は容易に解消せず、明の成化年間に太平県（下郷）と黄巌県（高郷）の分県という形で一応の決着を見た。

第四章では、地方都市の水利問題を、主に治水対策を通じて考察した。台州城は霊江の北岸に築かれたが、扇状地の要（扇頭）に位置するため、しばしば出水に見舞われ、また、海潮の逆流の被害をも受け易い立地であった。歴代の治水対策やその問題点は、台州の地方志である陳耆卿編『嘉定赤城志』と林表民編『赤城集』により、比較的詳細に復元する事ができる。州城修築と治水対策を内容的に類別すると、㈠城壁・城門等の修築、㈡城西・城南西の長堤の建設・修築、㈢州河（城内河）の浚渫、㈣東湖の開鑿・浚渫、等に分けられる。当然、これらは、いくつか併行して実施される例が多い。担当官の類別は、以下の様になる。㈠監司（北宋では、転運使・提点刑獄、南宋では提挙常平使）。これは、特に災傷が甚だしく、大規模な賑恤・救済を必要とする場合。㈡知州。州城修築・子城修築・州河浚渫は、ほとんどが知州の発令で、実務は属僚（主に戸曹参軍）に担当させる。㈢知県。県治の修築は、知県の発令。費用及び人夫は、以下の様になる。㈠州城修築の費用は、通常は州銭等で、有力戸に銭米を支出させる場合もあった。大規模な場合は、中央に願った。人夫は、主に壮城指揮を用いた。一時期民に割り当てたが、負担が重く、後には有償の雇傭となった。㈡州河の浚渫は、末端の溝溜は住民の自弁、幹線部分の淤土の浚渫・運搬は官が費用・道具を負担した。ここでも、壮城指揮が動員された。官衙は城内西北の大固山麓に位置し、旧来の居住地域もその周辺に限られていた。人口増加に伴い、次第に低湿地に拡大した。城西・南の城門一帯では内市・外市が設けられ、人口が集中した。特に要衝たる南門、興善門外には、中津橋が築かれて、交通の便が図られた。林表民の『赤城集』は、州城修築・州河浚渫等の関連史料を多く含む。『嘉定赤城志』の編纂者陳耆卿の立場を継ぎ、要路の支援を要請する目的で出版されたものである。元以後も、台州城修築は繰り返し実施されたようだが、「邑人捐資」あるいは「紳董」等の実例は、清朝末の道光二〇年（一八四〇）以降の事である。台州城内の戸口数は、微増に止まっている。これは、度重なる水災で、都市そのものの順調な発展が阻害されたためと考えられる。台州城の州治としての地位は、その後も変わらないが、台州の発展は、むしろ南部の黄巌県に重点が移って行く。都市研究との関連で、今後の課題を述べる。地域開発・都市化の一環として見た場合には、周辺の農村部や鎮市との商業・流通のネットワークの中で捉え直す事が重要であろう。都市社会史の一環として見た場合には、住民構成、自治も含めた管理制度、貧民の救済対策等、更に詳細な研究が必要であろう。当面、㈠断代史的側面からは、宋代の他の都市の具体例、㈡通史的側面からは、県城・鎮市も含め、元明清以降の台州の都市の発展、という両面から、事例研究を深める事が大切であろう。

総じて言えば、宋代は士大夫の議論が重視され、様々な政策決定に大きな影響を与えたと言える。彼らは在地の様々な意見を背景に、多くの意見書を書き、又上奏した。朝廷も言路を開き、それらに耳を傾けなければならない。国防を論じ、財政を確保し、災害時に民を安撫するため、常に議論が戦わされた。一方で、激しい党争が戦わされたのも宋代の特徴であり、又文人官僚の通弊で、実務に疎く、実務を担った胥吏が大きな力を持つに至ったのが、近世史の大きな特徴であるとも言われている。ただ、この時代の士大夫は、科学的・合理的な考えをもつ様になっており、水利の面でもその傾向は大いに評価できる。

実際の水利政策が地方で評価される際、州の士人、郷の士人や父老等の意見を踏まえて行われた事は当然ではあるが、実証はそれほど容易ではない。今後は、本稿での考察を踏まえて更に多くの事例を集めて考察を深めていきたい。宋代の事例に加えて、特に元以後、明・清を見通した通史的な考察も深めていきたい。

参考文献一覧

第一部　宋代の水利政策

序章（問題提起）

愛宕　元「唐代の蒲州河中府城と河陽三城――浮梁と中潬城を伴った城郭――」（唐代史研究会編『中国の都市と農村』汲古書院、一九九二年）

伊原　弘「中国の港町――海の港泉州――」（シンポジウム「歴史の中の港・港町Ｉ――その成立と形態をめぐって」中近東文化センター、一九九四年）

岡元　司「南宋期浙東海港都市の停滞と森林環境」（『史学研究』二二〇、一九九八年）

小野　泰「宋代浙東の都市水利――台州城の修築と治水対策――」（『中国水利史研究』二〇号、一九九〇年）

「中国水利史　研究会　四十年の歩み」（『中国水利史研究』三七号、二〇〇八年）

中村治兵衛「宋代黄河南岸の都市滑州と商人組合『行』」（唐代史研究会編『中国の都市と農村』汲古書院、一九九二年）

汪家倫・張芳著『中国農田水利史』（農業出版社、一九九〇年）

鄭　学　檬『中国古代経済重心南移和唐宋江南経済研究』（岳麓書社、一九九六年、二〇〇三年再版）

漆　　侠『宋代経済史』（上）・（下）（上海人民出版社、一九八七・八八年）

程　民　生『宋代地域経済』（河南大学出版社、一九九二年）

韓　茂　莉『宋代農業経済』（山西古籍出版社、一九九三年）

呉　宏　岐　『元代農業地理』（西安地図出版社、一九九七年）
唐啓宇編著　『中国農史稿』（農業出版社、一九八五年）
彭雨新・張建民『明清長江流域農業水利研究』（武漢大学出版社、一九九二年）
馮　賢　亮　『明清江南地区的環境変動与社会控制』（上海人民出版社、二〇〇二年）
"Ordering the world: approaches to state and society in Sung Dynasuty China" edited by Robert P. Hymes and Conrad Shirokauer. University of California 1993
"The Song-Yuan-Ming Transition in Chinese History" Paul Jakov Smith and Richard von Glahn, editors Harverd University Press 2003

第一章　宋代水利政策の展開とその特徴

青山定雄「北宋の漕運法に就いて」（『市村博士古稀記念東洋史論叢』冨山房、一九三三年
『唐宋時代の交通と地誌地図の研究』（吉川弘文館、一九六三年）
梅　原　郁「王安石の新法」（『岩波講座　世界歴史』9　岩波書店、一九七〇年）
「3改革の嵐」（『世界歴史大系　中国史3』山川出版社、一九九七年）
岡崎文夫「支那ノ文献ニヨル黄河問題綱要」（東亜研究所、一九三九年）
岡崎文夫・池田静夫『江南文化開発史』（弘文堂、一九四〇年）
小　野　泰「宋代運河政策の形成——淮南路を中心に——」（『東洋史苑』六九、二〇〇七年）
河原由郎『北宋期・土地所有の問題と商業資本』（西日本学術出版社、一九六四年）
木田知生『司馬光とその時代』（白帝社、一九九四年）
熊　本　崇「熙寧年間の察訪使——王安石新法の推進者たち——」（『集刊東洋学』五八、一九八七年）

小林義廣　『欧陽脩　その生涯と宗族』（創文社、二〇〇〇年）
近藤一成　『北宋「慶暦の治」小考』（『史滴』五、一九八四年）
佐伯　富　『王安石』（一九四一年、冨山房。後『中国史研究』第三、一九七七年、同朋舎所収。中公文庫、一九九〇年）
竺沙雅章　『范仲淹』（白帝社、一九九五年）
寺地　遵　「天人相関説よりみた司馬光と王安石」（『史学雑誌』七六―一〇、一九六七年）
　「南宋期、浙東の盗湖問題」（『史学研究』一八三、一九八九年）
長瀬　守　「宋代における塘泊」（『都立杉並高紀要』二、一九六二年。後『宋元水利史研究』国書刊行会、一九八三年所収）
　「宋代における単鍔の水利学」、（『宋元水利史研究』国書刊行会、一九八三年所収）
　『宋元水利史研究』（国書刊行会、一九八三年）
西奥健志　「宋代の物流と商人――軍糧納入への関わりを中心として――」（『鷹陵史学』三二、二〇〇六年）
東　一夫　『王安石新法の研究』（風間書房、一九七〇年）
蛭田展充　「宋初河北の屯田政策」（『史観』一四一、一九九九年）
本田　治　「宋代地方官の水利建設と勤務評定」（森田明編『中国水利史の研究』国書刊行会、一九九五年）
松井　等　「宋対契丹の戦略地理」（『満蒙地理歴史研究報告』四、一九一八年）
宮崎市定　「王安石の吏士合一策――倉法を中心として――」（『桑原博士還暦記念東洋史論叢』、一九三〇年。後『宮崎市定全集』一〇　岩波書店、一九九二年）
諸橋轍次　『儒学の目的と宋儒の活動』（『諸橋轍次著作集』第一巻　大修館、一九八〇年）
吉岡義信　「宋代の勧農使について」（『史学研究』六〇、一九七〇年）
　『宋代黄河史研究』（お茶の水書房、一九七八年）
吉田清治　『北宋全盛期の政治』（弘文堂書房、一九四一年）

汪家倫・張芳編『中国農田水利史』（農業出版社、一九九〇年）
王　瑞　来『宋代の皇帝権力と士大夫政治』（汲古書院、二〇〇一年）
　　　　中国水利史稿編写組編『中国水利史稿』中冊（水利電力出版社、一九八七年）
姚　漢　源『中国水利史綱要』（水利電力出版社、一九八七年）
梁　庚　堯『南宋的地利用政策』（国立台湾大学文史叢刊四六、一九七七年）

第二章　宋代運河政策の形成

青山定雄「北宋の漕運法に就いて」（『市村博士古稀記念東洋史論叢』冨山房、一九三三年）
　　　　『唐宋時代の交通と地誌地図の研究』（吉川弘文館、一九六三年）
池田静夫「北宋に於ける水運の発達一・四」（『東亜経済研究』二三―二・五、一九三九年）
井上孝範「南宋の権場貿易――盱眙軍権場と管理体制――」（『東洋経済史学会記念論集　中国の歴史と経済』中国書店、二〇〇〇年）
梅　原　郁「南宋淮南の土地制度試探――屯田・営田を中心に――」（『東洋史研究』二一―四、一九六三年）
沈　　　括『夢渓筆談』（一～三）（梅原郁訳注・平凡社東洋文庫、一九七八・七九・八〇年）
大崎富士夫「宋代における漕運運営形態の変革――客船の起用を中心として――」（『史学研究』四八、一九五二年）
愛宕　　元「唐代の揚州城とその郊区」（梅原郁編『中国近世の都市と文化』京都大学人文科学研究所、一九八四年）
河上光一「宋初の衙前について」（『史学雑誌』六〇―一一、一九五一年）
　　　　『宋代塩業史の基礎研究』（吉川弘文館、一九九二年）
河原由郎『北宋期・土地所有の問題と商業資本』（西日本学術出版社、一九六四年）
清木場東『唐代財政史研究（運輸編）』（九州大学出版会、一九九六年）
久保田和男「五代宋初の洛陽と国都問題」（『東方学』九六、一九九八年）

熊本　崇　「均輸法試論――『薛向略傳補遺』――」（『東方学』六九、一九八五年）
斯波義信　「大運河のインパクト」（『月刊しにか　特集・大運河――中国・水と生きる』大修館書店、一九九三年七月号）
伊原　弘　「大運河――いかにしてつくられ維持されたか」（『月刊しにか　特集・大運河――中国・水と生きる』大修館書店、一九九三年七月号）
森田　明　「揚州と大運河」（『月刊しにか　特集・大運河――中国・水と生きる』大修館書店、一九九三年七月号）
後藤久勝　「北宋における商業流通の地域構造――『宋会要輯稿』所収熙寧十年商税統計を中心として」（『史淵』一三九、二〇〇二年）
佐伯　富　「王安石の淤田法」（『東亜経済研究』二八―一・二、一九四四年）
「宋代の坐倉」（『人文科学』二―四、一九四八年。後いずれも『中国史研究』第一　同朋舎、一九六九年）
『中国塩政史の研究』（法律文化社、一九八七年）
斯波義信　『宋代商業史研究』（風間書房、一九六八年）
『宋代江南経済史の研究』（東京大学東洋文化研究所、一九八八年）
『世界歴史大系　中国史3五代▽元』「第一章五代　4五代の社会経済」（山川出版社、一九九七年）
「宋代の都市化を考える」（『東方学』一〇二、二〇〇一年）
島居一康　「宋代上供米と均輸法」（『宋代の政治と社会』汲古書院、一九八八年。後『宋代税政史研究』汲古書院、一九九三年所収）
妹尾達彦　「唐代後半期における江淮塩税機関の立地と機能」（『史学雑誌』九一―二、一九八二年）
曾我部静夫　『宋代財政史』（生活社、一九四〇年）
竺沙雅章　『范仲淹』（中国歴史人物選第五巻　白帝社、一九九五年）
寺地　遵　「范仲淹の政治論とその歴史的意義」（『広島大学文学部紀要』三一―二、一九七二年）
「李覯の礼思想とその歴史的意義（上・下）」（『史学研究』一二八・一二九、一九七三年）

中村太一「隋唐宋代の運河」（『栃木史学』一一、一九九七年）
長井千秋「中華帝国の財政」（松田孝一編『東アジア経済史の諸問題』阿吽社、二〇〇一年）
西岡弘晃「揚州の都市水利と大運河」（『中国近世の都市と水利』中国書店、二〇〇四年）
星　斌夫『大運河――中国の漕運――』（世界史研究双書3　近藤出版社、一九七一年）
本田　治「唐宋時代両浙淮南の海岸線について」（『唐・宋時代の行政・経済地図の作製　研究成果報告書』、一九八一年）
宮澤知之「北宋の財政と貨幣経済」（中国史研究会編『中国専制国家と社会統合――中国史上の再構成Ⅱ――』文理閣、一九九〇年）
森田　明「清代淮安の都市水利について」（『中国水利史研究』九、一九七九年。後『清代水利社会史研究』国書刊行会、一九九〇年）
幸　徹「宋代の南北経済交流について」（『歴史学・地理学年報』一〇　九州大学教養部、一九八六年）
「唐宋時代の南北経済交流と南下手形類について」（『歴史学・地理学年報』一五　九州大学教養部、一九九一年）
「唐宋時代における南北商業流通と証券類についての諸問題」（川勝守編『東アジアにおける生産と流通の歴史社会学的研究』中国書店、一九九三年）
汪　聖鐸『両宋財政史』上・下（中国伝統文化研究双書）（中華書局、一九九五年）
郭　黎安「里運河変遷的歴史過程」（『歴史地理』五、上海人民出版社、一九八七年）
漆　侠『宋代経済史』（上冊・下冊）（上海人民出版社、一九八七・八八年）
史　念海『中国的運河』（陝西人民出版社、一九八八年）
周　建明「論北宋漕運転般法」（『史学月刊』、一九八八―六）
鄒　逸麟「淮河下游南北運口変遷和城鎮興衰」（『歴史地理』六、上海人民出版社、一九八七年）
鄒宝山・何凡能・何為剛編著『京杭運河治理与開発』（水利電力出版社、一九九〇年）

全　漢　昇　『唐宋帝国与運河』（中央研究院歴史語言研究所専刊之二十四、一九四四年）
曹　家　斉　『宋代交通管理制度研究』（『宋代研究叢書』河南大学出版会、二〇〇二年）
譚　徐　明　「宋代復閘的技術成就――兼及復閘消失原因的探討」（『漢学研究』一七―一、一九九九年）
陳璧顕主編　『中国大運河史』（中華書局、二〇〇一年）
陳　　　琳　「明代泗州城考」（『歴史地理』一七、上海人民出版社、二〇〇一年）
中国水運史叢書　『江蘇省航運史（古代部分）』（人民交通出版社、一九八九年）
中国水利史稿編写組編　『中国水利史稿』（中冊）（水利電力出版社、一九八七年）
中国唐史学会唐宋運河考察隊　『唐宋運河考察記』（人民叢刊編集部、一九八五年）
張　　　芳　「揚州五塘」（『中国農史』一九八七―一）
鄭　肇　経　『中国水利史』（商務印書館、一九三九年）
　田辺泰訳　『支那水利史』（大東出版社、一九四一年）
　東亜研究所第二調査委員会訳　『中国水利史』（岡本書店復刻版、一九八四年）
鄭　連　第　「唐宋船閘初探」（「水利学報」一九八一―二。後『水利史研究室五十周年学術論文集』水利電力出版社、一九八六年）
程　民　生　『宋代地域経済』（『宋代研究叢書』河南大学出版社、一九九二年）
傅　崇　蘭　『中国運河発展史』（同済大学出版社、一九八七年）
傅　宗　文　『宋代草市鎮研究』（福建人民出版社、一九八九年）
姚　漢　源　『中国水利史綱要』（水利電力出版社、一九八七年）
Chao-Ting Chi,（冀朝鼎）*"Key Economic Areas In Chinese History" as Revealed in the Development of public works for Water-Control, Allen & Unwin, 1936*
　佐渡愛三訳　『支那基本経済と灌漑』（白揚社、一九三九年）

朱詩鰲　訳　『中国歴史上基本経済区与水利　事業的発展』（中国社会科学出版社、一九八一年）
ジョセフ・ニーダム　『中国の科学と文明』第一〇巻・土木工学（思索社　一九七九年）

第三章　宋代治河政策の諸問題

伊藤敏雄　「宋代の黄河治水機構」（『中国水利史研究』一六「黄河水利史シンポジウム」特集、一九八六年）
　　　　　「宋史河渠志訳註稿」（一～六）（『中国水利史研究』一一・一四・一五・一八・一九・二〇、一九八一・八四・八五・八八・八九・九〇年）
岡崎文夫　『支那ノ文献ニヨル黄河問題綱要』「第五章、宋史の河渠志」（東亜研究所、一九三九年）
小野　泰　「清代前期の治河政策――『清史稿』河渠志の記事を手がかりとして――」（『中国水利史研究』三〇、二〇〇二年）
遠藤隆俊　「北宋時代の黄河治水論議――「商胡河道」の形成をめぐって――」（『海南史学』三七、一九九九年）
河原由郎　「『河獄』――宋代中国の治水と党争――」（『高知大学教育学部研究年報』六二、二〇〇二年）
佐伯　富　『北宋期・土地所有の問題と商業資本』（西日本学術出版社、一九六四年）
佐藤武敏　『王安石』（冨山房、一九四一年。後『中国史研究』第三、一九七七年、同朋舎所収。中公文庫、一九九〇年）
竹島卓一　「王景の治水について」（『佐藤博士還暦記念中国水利史論集』国書刊行会、一九八一年）
谷　光隆　『営造方式の研究』（中央公論社、一九七〇年）
寺地　遵　『明代河工史研究』（同朋舎、一九九一年）
外山軍治　「天人相関説より見たる司馬光と王安石」（『史学雑誌』七六―一〇、一九六七年）
　　　　　「黄河河道を繞る金宋交渉」（『東洋史研究』二―四、一九三七年）
中山八郎　「章宗時代における黄河の氾濫」（後『金朝史研究』東洋史研究会、一九六四年）
長瀬　守　「至正十一年に於ける紅巾の起事と賈魯の河工」（『和田博士古稀記念東洋史論叢』講談社、一九六一年）
　　　　　『宋元水利史研究』「第二編・第二章北宋の治水事業」（国書刊行会、一九八三年）

濱川　栄　「金代華北における水利開発の展開」（『佐藤博士退官記念中国水利史論叢』国書刊行会、一九八四年）
藤田勝久　『中国古代の社会と黄河』（早稲田大学出版部、二〇〇九年）
松田吉郎　「漢代の黄河治水機構」（「特集・黄河水利史シンポジウム」『中国水利史研究』一六号、一九八六年）
宮崎市定　「清代の黄河治水機構」（「特集・黄河水利史シンポジウム」『中国水利史研究』一六号、一九八六年）
　「王安石の黄河治水策」（『東亜問題』四―一、一九四二年『アジア史研究』二、一九五九年、『全集』一〇、一九九二年）
森田　明　「清代山東の民埝と村落」（『東方学』五〇、一九七五年）
藪内　清　「河防通議について」（『篠田統先生退官記念論文集』生活文化研究第十三冊、一九六〇年）
　「宋元時代における科学技術の展開」（『東方学報・京都』第三十七冊、一九六六年）
吉岡義信　『宋代黄河史研究』「第二章宋代の河役」、「第三章宋代黄河治水政策」（お茶の水書房、一九七八年）
汪家倫・張芳編　『中国農田水利史』（農業出版社、一九九〇年）
岑　仲勉　『黄河変遷史』（北京人民出版社、一九五七年）
　『黄河水利史述要』（水利電力出版社、一九八二年）
中国科学院　『中国自然地理・歴史自然地理』（科学出版社、一九八二年）
　『中国水利史稿』中冊（水利電力出版社、一九八七年）
張　含英　『歴代治河方略探討』（水利電力出版社、一九八五年）
　『明清治河概論』（水利電力社、一九八五年）
姚　漢源　『中国水利史綱要』（水利電力出版社、一九八七年）
　『黄河史研究』（黄河水利出版社、二〇〇三年）

第四章　南宋時代の水利政策

池田静夫「銀林河考」（東洋学報二六―三、一九三九年。後岡崎文夫・池田静夫『江南文化開発史』弘文堂出版、一九四〇年所収）
大澤正昭「宋代河谷平野地域の農業経営について――江西・撫州の場合――」（上智史学三四、一九八九年。後『唐宋変革期農業社会史研究』汲古書院、一九九六年所収）
小川快之「宋代長江下流域における農業と訴訟」（宋代史研究会研究報告第八集『宋代の長江流域――社会経済史の視点から――』汲古書院、二〇〇六年）
佐藤武敏「宋代における湖水の分配――浙江省蕭山県湘湖を中心に――」（人文研究七―八、一九五六年）
『中国災害史年表』（国書刊行会、一九九三年）
斯波義信「『湘湖水利志』と『湘湖考略』――浙江蕭山県湘湖の水利始末――」（佐藤博士退官記念『中国水利史論叢』国書刊行会、一九八四年。後『宋代江南経済史の研究』東京大学東洋文化研究所・汲古書院発行、一九八八年所収）
『宋代江南経済史の研究』（東京大学東洋文化研究所・汲古書院、一九八八年）
島居一康『宋代税政史研究』（汲古書院、一九八八年）
佐竹靖彦「唐宋変革期における江南東西路の土地所有と土地政策――義門の成長を手がかりに――」（東洋史研究三一―四、一九七三年。後『唐宋変革の地域的研究』同朋舎、一九九〇年）
周藤吉之「宋元時代の佃戸について」（史学雑誌四四―一〇・一一、一九三三年。後、『唐宋社会経済史研究』東京大学出版会、一九六五年所収）
「宋代の圩田と荘園制――特に江南東路について――」（東洋文化研究所紀要一〇、一九五六年。後『宋代経済史研究』東京大学出版会、一九六二年所収）
『宋代経済史研究』（東京大学出版会、一九六二年）

「宋代浙西地方の囲田の発展」・「同補論」（東洋文化研究所紀要三九・東洋大学大学院紀要四、一九六五・六八年。後『宋代史研究』東洋文庫、一九六九年所収）

玉井是博「宋代水利田の一特異相」（史学論叢七、一九三八年。後『支那社会経済史研究』岩波書店、一九四二年所収）

寺地遵「秦檜後の政治過程に関する若干の考察」（東洋史研究三五―三、一九七六年。後『南宋初期政治史研究』溪水社、一九八八年所収）

「湖田に対する南宋郷紳の抵抗姿勢――陸游と鑑湖の場合――」（史学研究一七三、一九八六年）

『南宋初期政治史研究』（溪水社、一九八八年）

「南宋期、浙東の盗湖問題」（史学研究一八三、一九八九年）

中島敏「高宗孝宗両朝貨幣史」一九三九年→一九八七、「支那に於ける湿式収銅の沿革」一九四〇年他二篇。（『東洋史学論集――宋代史研究とその周辺――』汲古書院、一九八八年所収）

長瀬守「北宋末における趙霖の水利政策」（東洋史学論集二、一九五四年。後『宋元水利史研究』国書刊行会、一九八三年所収）

「宋元時代建康周域における各県の水利開発（一～三）」（中国水利史研究五・八・南島史論二、一九七一・七七・七八年。後、『宋元水利史研究』国書刊行会、一九八三年所収）

西岡弘晃「宋代蘇州における浦塘管理と囲田構築」（佐藤博士還暦記念『中国水利史論集』国書刊行会、一九八一年。後『中国近世の都市と水利』中国書店、二〇〇四年所収）

本田治「宋元時代の夏蓋湖水利について」（佐藤博士還暦記念『中国水利史論集』国書刊行会、一九八一年）

森田明「江東における『東壩』の史的考察」（『古代水利施設の歴史的価値及びその保護利用国際学術討論会論文集』文科省科研費補助金特定領域研究『東アジアの海域交流と日本伝統文化の形成――寧波を焦点とする学際的創生――』「寧波地域の水利開発と環境」班、研究代表　松田吉郎　二〇〇九年三月所収）

王凱「胥渓河上的古堰――東壩的荒廃――」（『古代水利施設の歴史的価値及びその保護利用国際学術討論会論文集』文科省

科研費補助金特定領域研究『東アジアの海域交流と日本伝統文化の形成――寧波を焦点とする学際的創生――』「寧波地域の水利開発と環境」班、研究代表　松田吉郎　二〇〇九年三月所収）
柳田節子「宋代の父老――宋朝専制権力の農民支配に関連して――」（『東洋学報』八一―三、一九九九年）
幸　徹「北宋の過税制度」（『史淵』八三、一九六〇年）
冀朝鼎著・佐渡愛三訳『支那基本経済と灌漑』（白楊社、一九三九年）
許懐林『江西史稿』（江西高校出版社、一九九八年《第二版》）
鄭肇経『太湖水利技術史』（農業出版社、一九八七年）
梁庚堯『南宋的農地利用政策』（国立台湾大学文史叢刊、一九七七年）

第二部　地域社会と水利

第一章　明州における湖田問題

青山定雄「隋唐宋三代に於ける戸数の地域的考察」（一）・（二）（『歴史学研究』三〇・三二、一九三六年）
安蘓幹夫「南宋初期における沙田・蘆場の租税対策」（『福岡大学大学院研究論集』四―一、一九七二年）
足立啓二「宋代両浙における水稲作の生産力水準」（『熊本大学文学部論叢』一七〈史学篇〉一九八五年）
天野元之助「中国の稲考」（『人文研究』一〇―一〇、一九五九年。後『中国農業史研究』農業総合研究所・お茶の水書房、一九六二年所収）
「宋・陳旉『農書』について――中国古農書考――」（『東方学』三二、一九六六年）
「陳旉『農書』と水稲作技術の展開（上）・（下）」（『東方学報』（京都）一九・二一、一九五〇・一九五二年。後『中国農業史研究』農業総合研究所・お茶の水書房、一九六二年所収）

伊原　弘「宋代明州における官戸の婚姻関係」（『中央大学大学院研究年報』一、一九七二年）
大澤正昭「〝蘇湖熟天下足〟――『虚像』と『実像』のあいだ――」（『新しい歴史学のために』一七九、一九八五年）
小野寺郁夫「宋代における陂湖の利――越州・明州・杭州を中心として――」（『金沢大学法文学部論集』二、一九六四年）
草野　靖「唐宋時代に於ける農田の存在形態」（上）・（中）・（下）（〈熊本大学〉『法文論叢』三一・三三、『熊本大学文学部論叢』一七、一九七二・七四・八五年）
小林義廣「宋代史研究における宗族と郷村社会の視角」（『名古屋大学東洋史研究報告』八、一九八二年）
斯波義信「宋代明州の都市化と地域開発」（『待兼山論叢』三、一九六九年）
「唐宋時代における水利と地域組織」（『星博士退官記念中国史論集』記念事業会、一九七八年）
「宋代江南の水利と定住について」（『唐・宋時代の行政・経済地図の作製、研究成果報告書』布目湖渢編、一九八一年）
島居一康「宋代に於ける官田出売策」（『東洋史研究』三六―一、一九七七年）
清水盛光『中国族産制度攷』（岩波書店、一九四九年）
周藤吉之「宋元時代の佃戸に就いて」（『史学雑誌』四四―一〇・一一、一九三三年。後『唐宋社会経済史研究』東京大学出版会、一九六五年所収）
『宋代官僚制と大土地所有』（『社会構成史体系』八、日本評論社、一九五〇年）
玉井是博「宋代水利田の一特異相」（『史学論叢』七、一九三七年。後『支那社会経済史研究』岩波書店、一九四二年所収）
檀上　寛「義門鄭氏と元末の社会」（『東洋学報』六三―三・四、一九八二年）
「元・明交替の理念と現実――義門鄭氏を手掛りとして――」（『史林』六五―二、一九八二年）
寺地　遵「南宋政権確立過程研究覚書――宋金和議・兵権回収・経界法の政治史的考察――」（『広島大学文学部紀要』四二、一九八二年。後『南宋初期政治史研究』渓水社、一九八八年所収）
「陳旉『農書』と南宋初期の諸状況」（『東洋の科学と技術――藪内清先生頌寿記念論文集――』同朋舎、一九八二年）
「湖田に対する南宋郷紳の抵抗姿勢――陸游と鑑湖の場合――」（『史学研究』一七三、一九八六年）

内藤雋輔「朝鮮支那間の航路及びその推移について」(『内藤博士頌寿記念史学論叢』弘文堂、一九三〇年。後『朝鮮史研究』東洋史研究会、一九六一年所収)

長瀬　守「宋代江南における水利開発――とくに鄞県とその周域を中心として――」(『青山博士古稀記念宋代史論叢』省心書房、一九七四年、後『宋元水利史研究』国書刊行会、一九八三年所収)

「日本における宋元水利史研究の成果と課題」(『中国水利史研究』一三、一九八三年)

西岡弘晃「宋代鑑湖の水利問題」(『史学研究』一一七、一九七二年)

「宋代浙東における農田水利の一考察――とくに鄞県広徳湖を中心として――」(『中村学園研究紀要』五、一九七二年)

西山武一「中国における水稲農業の発達」(『農業総合研究』三―一、一九四九年。後『アジア的農法と農業社会』東京大学出版会、一九六九年所収)

福沢与九郎「宋代郷曲(郷人)義田荘小考」(『史学研究』六二、一九五六年)

福田立子「宋代義荘小考――明州樓氏を中心として――」(『史艸』一三、一九七二年)

本田　治「宋元時代温州平場県の開発と移住」(『佐藤博士退官記念中国水利史論叢』国書刊行会、一九八四年)

松田吉郎「明清時代浙江鄞県の水利事業」(『佐藤博士還暦記念中国水利史論集』国書刊行会、一九八一年)

丸亀金作「高麗と宋との通交問題」(一)・(二)(『朝鮮学報』一七・一八、一九六〇・六一年)

宮澤知之「宋代先進地帯の階層構成」(『鷹陵史学』一〇、一九八五年)

森　克己「日宋麗連鎖関係の展開」(『史淵』四一、一九四九年)

森田　明「明末清初における練湖の盗湖問題」(『明清時代の政治と社会』京都大学人文科学研究所、一九八三年)

森　正夫「明代の郷紳――士大夫と地域社会との関連についての覚書――」(『名古屋大学文学部論集』七七〈史学、二六〉、一九八〇年)

山内正博「南宋政権の推移」(『岩波講座世界歴史』九、岩波書店、一九七〇年)

吉岡義信「宋代の湖田」(『鈴峰女子短大研究集報』三、一九五六年)

渡部忠世・桜井由躬雄編『中国江南の稲作文化——その学際的研究——』（日本放送出版協会、一九八四年）
魏　嵩　山「唐代小江湖考」（『文史』八、中華書局、一九八〇年）
張　其　昀「宋代四明之学風」（『宋史研究集』三、一九六六年）
梁　庚　尭『南宋的農地利用政策』（国立台湾大学文史叢刊四六　国立台湾大学文学院、一九七七年）
「家族合作、社会声望与地方公益・宋元四明郷曲義田的源起与演変」（『中国近世家族与社会学術研討会論文集』中央研究院歴史語言研究所、一九九八年）
陸　敏　珍『唐宋時期明州区域社会経済研究』（上海古籍出版社、二〇〇七年）
黄　寛　重『宋代的家族与社会』（国家図書館出版社、二〇〇九年）
包　偉　民「宋代明州樓氏家族研究」（『大陸雑誌』九四—五、一九九七年）
Linda Walton Kinship "Marriage, and Status in Song China: A Study of The Lou Lineage of Ningbo, c.1050-1250 Journal of Asian History volume 18 No.1 1984 pp.41-44
Richard L. Davis "Court and Family in Sung China, 960-1279 Bureaucratic Success and Kinship Forrtures for the Shih of Ming-chou" Duke University Press Durham 1986 pp.35-36

第二章　広徳湖・東銭湖水利と地域社会

小野寺郁夫「宋代における陂湖の利——越州・明州・杭州を中心として——」（金沢大学法文学部論集二、一九六四年）
周藤吉之「南宋の農書とその性格——特に王禎『農書』の成立と関連して——」（『東洋文化研究所紀要』一四、一九五七年。後『宋代経済史研究』東京大学出版会、一九六二年所収）
寺地　遵「陳旉『農書』と南方初期の諸状況」（『東洋の科学と技術』藪内清先生頌寿記念論文集、同朋舎、一九八二年）

中村治兵衛「宋代の魚税・魚利と漁場」（『中央大学文学部紀要・史学科』二八、一九八三年）
米沢嘉圃「中国絵画における庶民――特に農民画について――」（『東洋文化』二、一九五〇年）
陸　敏珍『唐宋時期明州区域社会経済研究』（上海古籍出版社、二〇〇七年）
梁　庚尭「家族合作、社会声望与地方公益・宋元四明郷曲義田的源起与演変」（『中国近世家族与社会学術研討会論文集』中央研究院歴史語言研究所、一九九八年）
黄　寛重『宋代的家族与社会』（国家図書館出版社、二〇〇九年）
包　偉民「宋代明州樓氏家族研究」（『大陸雑誌』九四―五、一九九七年）
Linda Walton Kinship "Marriage, and Status in Song China: A Study of The Lou Lineage of Ningbo, c.1050-1250 Journal of Asian History volume 18 No.1 1984 pp.41-44
Richard L. Davis "Court and Family in Sung China, 960-1279 Bureaucratic Success and Kinship Fortures for the Shih of Ming-chou" Duke University Press Durham 1986 pp.35-36

第三章　浙東台州の水利開発

伊藤正彦「"義役"――南宋期における社会的結合の一形態――」（『史林』七五―四、一九九二年）
伊原　弘「宋代士大夫覚え書」（『宋代の社会と宗教』宋代史研究会研究報告第二集・汲古書院、一九八五年）
「宋代台州臨海県における庶民の経済力と社会――寺観への寄付金一覧表から――」（『駒澤大学禅研究所年報』第七号、一九九六年）
大崎富士夫「宋代の義役」（広島文理科大学史学科教室編『史学研究記念論叢』一九五〇年、柳原書店）
梅原　郁『宋代官僚制度研究』（同朋舎、一九八七年）
小野　泰「宋代浙東の都市水利――台州城の修築と治水対策――」（『中国水利史研究』二〇、一九九〇年）

衣川　強　「朱子小伝」上（『神戸商科大学人文論集』一五―一、一九七九年）
草野　靖　「唐宋時代に於ける農田の存在形態」（上・中）〈熊本大学〉『法文論叢』三一・三二、一九七二・七四年）
小林義廣　「宋代史研究における宗族と郷村社会の視角」（『名古屋大学東洋史研究報告』八、一九八二年）
佐藤武敏　「明清時代浙東における水利事業――三江閘を中心に――」（『集刊東洋学』二〇、一九六八年）
斯波義信　「唐宋時代における水利と地域組織」（『星博士退官記念中国史論叢』、一九七八年）
清水盛光　『中国族産制度攷』（一九四九年、岩波書店）
　　　　　『中国郷村社会論』（一九五一年、岩波書店）
周藤吉之　「南宋郷都の税制と土地所有――特に経界法との関連に於いて――」（『東洋文化研究所紀要』八、一九五五年。後『宋代経済史研究』東京大学出版会、一九六二年所収）
　　　　　「宋代の陂塘の管理機構と水利規約――郷村制との関連において――」（『東方学』二九、一九六四年。後、『唐宋社会経済史研究』東京大学出版会、一九六五年所収）
　　　　　「南宋における義役の設立とその運営――特に義役田について――」（『東洋学報』四八―四、一九六六年。後『宋代史研究』東洋文庫、一九六九年所収）
曾我部静雄　「南宋の土地経界法」（『文化』五―二、一九三八年。後『宋代政経史の研究』吉川弘文館、一九六四年所収）
高橋芳郎　「宋代の士人身分について」（『史林』六九―三、一九八六年）
竺沙雅章　「宋代官僚の寄居について」（『東洋史研究』四一―一、一九八二年）
寺地　遵　「南宋政権確立過程覚書――宋金和議兵権回収・経界法の政治史的考察――」（『広島大学文学部紀要』四二・特輯号、一九八二年。後『南宋初期政治史研究』渓水社、一九八八年所収）
　　　　　「南宋末期台州黄巌県事情素描」（『唐宋間における支配層の構成と変動に関する基礎的研究』研究代表者　吉岡真、一九九三年三月）
　　　　　「義役・社倉・郷約――南宋期台州黄巌県事情素描、続篇」（『広島東洋史学報』創刊号、一九九六年）

本田　治「方国珍政権の性格——宋元期台州黄巖県事情素描、第三篇——」（『史学研究』二二三号、一九九九年）
「宋元時代の濱海田開発について」（『東洋史研究』四〇—四、一九八二年）
「宋元時代温州平陽県の開発と移住」（佐藤博士退官記念『中国水利史論叢』国書刊行会、一九八四年）
松田吉郎「明清時代浙江鄞県の水利事業」（佐藤博士還暦記念『中国水利史論集』国書刊行会、一九八一年）
宮澤知之「宋代先進地域の階層構成」（『鷹陵史学』一〇、一九八五年）
柳田節子「宋代土地所有制にみられる二つの型——先進と辺境——」（『東洋文化研究所紀要』二九、一九六三年）
「中国前近代社会における専制支配と農民運動」（『歴史評論』三〇〇、一九七五年）
「郷村制の展開」（岩波講座『世界歴史』九、岩波書店、一九七〇年。後、いずれも『宋元郷村制の研究』創文社、一九八六年所収）
山内正博「南宋政権の推移」（岩波講座『世界歴史』九、岩波書店、一九七〇年）
渡辺紘良「宋代福建・浙東社会小論——自耕農をめぐる諸問題——」（『史潮』九七、一九六六年）
『台州墓誌集禄』（台州地区文物管理委員会・台州地区文化局編、丁伋点校、一九八八年）
『浙江地理簡志』（浙江人民出版社、一九八五年）
劉子健著・梅原郁抄訳「劉宰小論——南宋一郷紳の軌跡——」（『東洋史研究』三七—一、一九七八年）
梁　庚　堯『南宋的農地利用政策』（国立台湾大学文史叢刊四六　国立台湾大学文学院、一九七七年）

第四章　浙東台州の都市水利

伊原　弘「唐宋時代の浙西における都市の変遷——宋平江図解読作業——」（『中央大学文学部紀要』史学科二四、一九七九年）
「宋代浙西における都市と士大夫——宋平江図坊名考——」（『中嶋敏先生古稀記念論集』〈上巻〉一九八〇年）
「江南における都市形態の変遷——宋平江図解析作業——」（『宋代の社会と文化』宋代史研究会・汲古書院、一九八三

年)
梅原　郁 「宋代の都市管理者達――序章として――」(『社会文化史学』二二、一九八六年)
「宋代を中心としてみた都市研究概論――寄木細工の多面体解剖学――」(『中国-社会と文化』二、一九八七年)
『中国中世都市紀行――宋代の都市と都市生活――』(中公新書、一九八八年)
「宋代の開封と都市制度」(『鷹陵史学』三・四、一九七七年)
梅原郁編 『中国近世の都市と文化』(京都大学人文科学研究所、一九八四年)
林　和生 「中国近世における地方都市の発達――太湖平原烏青鎮の場合――」(梅原郁編『中国近世の都市と文化』京都大学人文科学研究所、一九八四年)
秋山元秀 「上海県の成立――江南歴史地誌の一駒として――」(梅原郁編『中国近世の都市と文化』京都大学人文科学研究所、一九八四年)
小野　泰 「中国における最近の水利史研究」(『中国水利史研究』一八、一九八八年。「三、漕運関係」・「四、都市水利」・「七、中国水利史研究文献目録」)
岸俊男編 『中国の都城遺跡――中国都城制研究学術友好訪中団報告記録――』(同朋舎、一九八二年)
『中国江南の都城遺跡――日本都城制の源流を探る――』(同朋舎、一九八五年)
木田知生 「宋代の都市研究をめぐる諸問題――国都開封を中心として――」(『東洋史研究』三七―二、一九七八年)
草野　靖 「唐宋時代に於ける農田の存在形態」(中)(『法文論叢』〈熊本大学〉三三、一九七四年)
近藤一成 「知杭州蘇軾の救荒策――宋代文人官僚政策考――」(『宋代の社会と文化』宋代史研究会研究報告第一集、汲古書院、一九八四年)
佐藤武敏 「唐宋時代都市における飲料水の問題――杭州を中心として――」(『中国水利史研究』七、一九七五年)
山根幸夫 「中国中世の都市」(『中世史講座』三・中世の都市 学生社、一九八二年)
斯波義信 『宋代商業史研究』(風間書房、一九七三年)

「中国都市史研究から」（『講座　日本の封建都市』巻一、総説　文一総合出版、一九八二年）
「宋代明州の都市化と地域開発」（『待兼山論叢』三、一九六九年）
「江西宜春の李渠（八〇九～一八七一）について」（『東洋史研究』三六―三、一九七七年）
「唐宋時代における水利と地域組織」（星博士退官記念『中国史論集』、一九七八年）
「荒政の地域史――漢陽軍（一二一三～四年）の事例――」（『東洋学報』六六―一・二・三・四、一九八五年）
「宋代の都市城郭」（『中嶋敏先生古稀記念論集』〈下巻〉、一九八一年。後いずれも『宋代江南経済史の研究』汲古書院、一九八八年所収）
周藤吉之　「南宋郷都の税制と土地所有」（『東洋文化研究所紀要』八、一九五五年。後『宋代経済史研究』東京大学出版会、一九六二年所収）
唐代史研究会編　『中国都市の歴史的研究』（唐代史研究会報告　第Ⅵ集、一九八八年）
中村圭爾　「建康と水運」（佐藤博士退官記念『中国水利史論叢』国書刊行会、一九八四年）
古林森廣　「北宋前半期における汴河の水路工事」（『中国水利史研究』一二、一九八一年）
「北宋熙寧・元豊年間における汴河の水路工事」（佐藤博士退官記念『中国水利史論叢』国書刊行会、一九八四年）
本田　治　「宋元時代の濱海田開発について」（『東洋史研究』四〇―四、一九八二年）
「宋代の地方流通組織と鎮市」（『立命館文学五〇〇号記念論集』、一九八七年）
松田吉郎　「明清時代浙江鄞県の水利事業」（佐藤博士還暦記念『中国水利史論集』国書刊行会、一九八一年）
「明代南京の水利について」（山根幸夫教授退休記念『明代史論叢』汲古書院、一九九〇年）
森田　明　「清代淮安の都市水利について」（『中国水利史研究』九、一九七九年）
「清代蘇州における商工業の発展と水利機能」（『人文研究』三四―一二、一九八二年）
「清代常州の浚河事業について」（佐藤博士退官記念『中国水利史論叢』国書刊行会一九八四年。後いずれも『清代水利社会史の研究』国書刊行会、一九九〇年所収）

柳田節子「宋代土地所有制にみられる二つの型――先進と辺境――」（『東洋文化研究所紀要』二九、一九六三年）
吉田　寅「『救荒活民書』と宋代の救荒政策」（青山博士古稀記念『宋代史論叢』省心書房、一九七四年）
渡辺紘良「宋代福建・浙東社会小論――自耕農をめぐる諸問題――」（『史潮』九七、一九六六年）
『浙江地理簡志』（浙江人民出版社、一八八五年。一三二・一三三頁）
潘洪萱（武部健一編訳）『中国名橋物語』（技報堂出版、一九八七年）
兪縄方・陳楽平訳「水郷蘇州（Ⅱ川からの報告――都市と水路の再生――）」（上田篤・世界都市研究会編『水網都市――リバーウォッチングのすすめ――』学芸出版社、一九八七年所収）

あとがき

本書は、私がこの二〇年余りの間、大学院での研究生活と、その後の高等学校での教育活動のかたわら、書きため、発表した幾篇かの論文を基に再構成したものである。大学の二、三回生の頃、「唐宋変革」という言葉に魅せられ、それを社会経済史の面からアプローチをしてみようと考えたのが、そもそもの研究の出発点であった。宋代における経済の発展、それを支えた水利開発に、とりわけ興味を持った。母校の龍谷大学では、小田義久・北村敬直・木田知生・内田吟風・小野勝年・佐藤圭四郎等の諸先生方から、史料の読み方、歴史学の基本的な考え方について、基礎から厳しくお教えを頂いた。同時に厳しさと共に、学問の楽しさも教わった気がする。大学院生になると、中国水利史研究会の存在を知り、多いときには月に二回の割合で、活動の中心である大阪市立大学で勉強会に参加させて頂いた。そこで、佐藤武敏先生・森田明先生にお引き合わせを頂いた。勉強会では、当時博士課程に在籍しておられた藤田勝久・松田吉郎両先生から、市大の院生諸君と共に、基本文献の輪読会やテーマ発表への批評など、様々なご指導を頂いた。そして、時折、佐藤先生、森田先生、また中村圭爾先生からも励ましのお言葉を頂いた。因みに、私の学部時代の卒業論文は「北宋時代の江南水開発」である。また、大学院での修士論文は「南宋時代明州における湖田と水利」である。

約二〇年前、大学院での研究生活に一区切りをつけて、その後は高等学校に職を得て、若い生徒諸君を教え、共に学んできた。そこでの授業内容は、世界史や日本史である。当然、過去の事象を扱う事が圧倒的に多いが、同時に、常に現実との対比を問い掛けている。また、日本史からの視点も大切にしている。研究に専念できる環境とは決して言えない毎日ではあるが、それでも細々と研究の糸は紡ぎ続けてきたつもりである。ここに、改めて私を支えて下さった職場の同僚に感謝したい。

長年の研究を、常に励まし、導いて下さったのは、佐藤武敏先生・森田明先生・西岡弘晃先生をはじめとする中国水利史研究会の諸先生方である。宋代史では、伊原弘先生・寺地遵先生から、いつも高所より見守っていただき、指針をお示し頂いた。同世代では、平田茂樹先生・川村康先生・岡元司先生・塩卓悟先生をはじめとする宋代史談話会の諸先生方から、議論や交流を深める場を与えて頂いた。そして、常に私の身近にあってご指導を賜ったのが、松田吉郎先生、本田治先生である。本書の構成や出版に至るまで、様々な形でお世話になった。この場を借りて、改めて深甚の謝意を表す。その他、ここには一々お名前を書ききれないが、お世話になった多くの先生方、研究仲間にも、感謝の意を表したい。また、汲古書院の石坂叡志氏には、本書の出版を快くお引き受け頂いた。同じく編集部の柴田聡子氏には、細部にわたって丹念に目配りをして頂いた。改めて感謝の意を表したい。最後に、いつも温かく見守ってくれた家族、特に妻道子に感謝したい。

本書は、諸先学の研究を基に、更にそれらを深めようとしたものである。水利史というやや特殊な分野だが、それを通じて、宋代の政治・経済・社会の一端を動態的に捉え、分析しようとする姿勢・方向性は一貫して持ち続けてきたつもりである。水利政策や地域社会を考察する糸口として、一貫して士大夫達の政策論や在地での提言に注目して本書の構成の柱に据えた。最後に、各章立ての初出一覧を掲げる。

初出一覧

序　論　（問題の所在）（二〇〇七年一一月、中国水利史研究大会での発表「中国近世の地域社会と水利」を基に、新たに書き下ろし）

第一部　宋代の水利政策

第一章　「宋代水利政策の展開とその特徴——政治・財政面からの論争を通じて——」（『古代水利施設の歴史的価値及びその保護利用国際学術討論会論文集』　文科省科研費補助金特定領域研究『東アジアの海域交流と日本伝統文化の形成——寧波を焦点とする学際的創生——』「寧波地域の水利開発と環境」班、研究代表　松田吉郎　二〇〇九年）

第二章　「宋代運河政策の形成——淮南路を中心に——」（『東洋史苑』六九、二〇〇七年）

第三章　「宋代治河政策の諸問題——治水論議の前提と背景——」（書き下ろし。二〇〇三年二月、宋代史談話会での発表〈同名タイトル〉を基に、執筆）

第四章　「南宋時代の水利政策——孝宗朝の諸課題と関連して——」（書き下ろし。二〇〇九年、中国水利史研究大会での発表〈同名タイトル〉を基に執筆）

第二部　地域社会と水利

第一章　「宋代明州における湖田問題——廃湖をめぐる対立と水利——」（『中国水利史研究』一七、一九八七年）

第二章　「広徳湖・東銭湖水利と地域社会」（一九八五年度龍谷大学文学研究科に提出の修士論文「南宋時代明州における湖田と水利」の第二章「明州鄞県における湖水水利とその問題点」を修正・加筆）

第三章　「宋代浙東における地域社会と水利——台州黄巖県の事例について——」（『中国水利史の研究』国書刊行会、一九九五年）

第四章　「宋代浙東の都市水利——台州城の修築と治水対策——」（『中国水利史研究』二〇、一九九〇年）

あとがき　296

結　論　――今後への展望――（書き下ろし）

二〇一〇年　一二月

小野　泰

汲古叢書

1	秦漢財政収入の研究	山田　勝芳著	本体 16505円
2	宋代税政史研究	島居　一康著	12621円
3	中国近代製糸業史の研究	曾田　三郎著	12621円
4	明清華北定期市の研究	山根　幸夫著	7282円
5	明清史論集	中山　八郎著	12621円
6	明朝専制支配の史的構造	檀上　寛著	13592円
7	唐代両税法研究	船越　泰次著	12621円
8	中国小説史研究－水滸伝を中心として－	中鉢　雅量著	品　切
9	唐宋変革期農業社会史研究	大澤　正昭著	8500円
10	中国古代の家と集落	堀　敏一著	品　切
11	元代江南政治社会史研究	植松　正著	13000円
12	明代建文朝史の研究	川越　泰博著	13000円
13	司馬遷の研究	佐藤　武敏著	12000円
14	唐の北方問題と国際秩序	石見　清裕著	品　切
15	宋代兵制史の研究	小岩井弘光著	10000円
16	魏晋南北朝時代の民族問題	川本　芳昭著	品　切
17	秦漢税役体系の研究	重近　啓樹著	8000円
18	清代農業商業化の研究	田尻　利著	9000円
19	明代異国情報の研究	川越　泰博著	5000円
20	明清江南市鎮社会史研究	川勝　守著	15000円
21	漢魏晋史の研究	多田　狷介著	品　切
22	春秋戦国秦漢時代出土文字資料の研究	江村　治樹著	品　切
23	明王朝中央統治機構の研究	阪倉　篤秀著	7000円
24	漢帝国の成立と劉邦集団	李　開元著	9000円
25	宋元仏教文化史研究	竺沙　雅章著	品　切
26	アヘン貿易論争－イギリスと中国－	新村　容子著	品　切
27	明末の流賊反乱と地域社会	吉尾　寛著	10000円
28	宋代の皇帝権力と士大夫政治	王　瑞来著	12000円
29	明代北辺防衛体制の研究	松本　隆晴著	6500円
30	中国工業合作運動史の研究	菊池　一隆著	15000円
31	漢代都市機構の研究	佐原　康夫著	13000円
32	中国近代江南の地主制研究	夏井　春喜著	20000円
33	中国古代の聚落と地方行政	池田　雄一著	15000円

34	周代国制の研究	松井　嘉徳著	9000円
35	清代財政史研究	山 本　進著	7000円
36	明代郷村の紛争と秩序	中島　楽章著	10000円
37	明清時代華南地域史研究	松田　吉郎著	15000円
38	明清官僚制の研究	和田　正広著	22000円
39	唐末五代変革期の政治と経済	堀　敏 一著	12000円
40	唐史論攷－氏族制と均田制－	池 田　温著	未　刊
41	清末日中関係史の研究	菅 野　正著	8000円
42	宋代中国の法制と社会	高橋　芳郎著	8000円
43	中華民国期農村土地行政史の研究	笹川　裕史著	8000円
44	五四運動在日本	小野　信爾著	8000円
45	清代徽州地域社会史研究	熊　遠 報著	8500円
46	明治前期日中学術交流の研究	陳　捷著	16000円
47	明代軍政史研究	奥山　憲夫著	8000円
48	隋唐王言の研究	中村　裕一著	10000円
49	建国大学の研究	山根　幸夫著	品　切
50	魏晋南北朝官僚制研究	窪添　慶文著	14000円
51	「対支文化事業」の研究	阿 部　洋著	22000円
52	華中農村経済と近代化	弁納　才一著	9000円
53	元代知識人と地域社会	森田　憲司著	9000円
54	王権の確立と授受	大原　良通著	品　切
55	北京遷都の研究	新 宮　学著	品　切
56	唐令逸文の研究	中村　裕一著	17000円
57	近代中国の地方自治と明治日本	黄　東 蘭著	11000円
58	徽州商人の研究	臼井佐知子著	10000円
59	清代中日学術交流の研究	王　宝 平著	11000円
60	漢代儒教の史的研究	福井　重雅著	12000円
61	大業雑記の研究	中村　裕一著	14000円
62	中国古代国家と郡県社会	藤田　勝久著	12000円
63	近代中国の農村経済と地主制	小島　淑男著	7000円
64	東アジア世界の形成－中国と周辺国家	堀　敏 一著	7000円
65	蒙地奉上－「満州国」の土地政策－	広川　佐保著	8000円
66	西域出土文物の基礎的研究	張　娜 麗著	10000円

67	宋代官僚社会史研究	衣川　強著	11000円
68	六朝江南地域史研究	中村　圭爾著	15000円
69	中国古代国家形成史論	太田　幸男著	11000円
70	宋代開封の研究	久保田和男著	10000円
71	四川省と近代中国	今井　駿著	17000円
72	近代中国の革命と秘密結社	孫　江著	15000円
73	近代中国と西洋国際社会	鈴木　智夫著	7000円
74	中国古代国家の形成と青銅兵器	下田　誠著	7500円
75	漢代の地方官吏と地域社会	髙村　武幸著	13000円
76	齊地の思想文化の展開と古代中國の形成	谷中　信一著	13500円
77	近代中国の中央と地方	金子　肇著	11000円
78	中国古代の律令と社会	池田　雄一著	15000円
79	中華世界の国家と民衆　上巻	小林　一美著	12000円
80	中華世界の国家と民衆　下巻	小林　一美著	12000円
81	近代満洲の開発と移民	荒武　達朗著	10000円
82	清代中国南部の社会変容と太平天国	菊池　秀明著	9000円
83	宋代中國科學社會の研究	近藤　一成著	12000円
84	漢代国家統治の構造と展開	小嶋　茂稔著	10000円
85	中国古代国家と社会システム	藤田　勝久著	13000円
86	清朝支配と貨幣政策	上田　裕之著	11000円
87	清初対モンゴル政策史の研究	楠木　賢道著	8000円
88	秦漢律令研究	廣瀬　薫雄著	11000円
89	宋元郷村社会史論	伊藤　正彦著	10000円
90	清末のキリスト教と国際関係	佐藤　公彦著	12000円
91	中國古代の財政と國家	渡辺信一郎著	14000円
92	中国古代貨幣経済史研究	柿沼　陽平著	13000円
93	戦争と華僑	菊池　一隆著	12000円
94	宋代の水利政策と地域社会	小野　泰著	9000円

（表示価格は2011年３月現在の本体価格）

著者紹介

小野　　泰（おの　やすし）

1961年　京都市生まれ

1984年　龍谷大学文学部卒業

1989年　龍谷大学大学院文学研究科後期博士課程退学

現　在　京都府立高校教諭

汲古叢書94

宋代の水利政策と地域社会

平成二十三年三月三十一日　発行

著　者　小　野　　泰

発行者　石　坂　叡　志

整版印刷　富　士　リ　プ　ロ　㈱

発行所　汲　古　書　院

〒102-0072　東京都千代田区飯田橋二-五-四

電　話　〇三（三二六五）九七六四

ＦＡＸ　〇三（三二二二）一八四五

ISBN978 - 4 - 7629 - 2593 - 1　C3322

State Policies of Water utilization and Regional Society in Song Dynasty.

Yasushi　Ono

総合索引